高等职业教育机电类专业规划教材

电气控制与 PLC（三菱）

主　编　杨林建

参　编　方　婷　刘淑香

　　　　王代清　王俊英

主　审　罗光伟

机械工业出版社

本书是基于机床电气控制技术的实践需要而编写的，主要内容有交直流电动机及调速、机床常用电器元件、机床电气控制基本环节、设备电气控制电路、可编程序控制器，介绍了机床继电器－接触器控制系统中电器元件的结构、原理、图形符号、文字符号及电器元件的基本性能参数和选用、机床电气控制的基本环节、典型设备电气控制电路分析、电气控制电路设计、电气故障诊断的基本方法以及可编程序控制器等内容，本书关于可编程序控制器的内容以三菱 FX_{2N} 系列为主，简要介绍了西门子 S7-200 系列。

本书可作为高职高专院校机电类、电子信息类专业学生的教材，也可供相关专业的工程技术人员参考。

本书配有电子课件，凡使用本书作为教材的教师可登录机械工业出版社教育服务网 www.cmpedu.com 注册后下载。咨询邮箱：cmpgaozhi@ sina. com。咨询电话：010-88379375。

图书在版编目（CIP）数据

电气控制与 PLC：三菱/杨林建主编 . —北京：机械工业出版社，2015.8
高等职业教育机电类专业规划教材
ISBN 978-7-111-50680-5

Ⅰ. ①电…　Ⅱ. ①杨…　Ⅲ. ①电气控制—高等职业教育—教材②plc 技术—高等职业教育—教材　Ⅳ. ①TM571. 2②TM571. 6

中国版本图书馆 CIP 数据核字（2015）第 142864 号

机械工业出版社（北京市百万庄大街 22 号　邮政编码 100037）
策划编辑：刘良超　责任编辑：刘良超
版式设计：霍永明　责任校对：肖　琳
封面设计：鞠　杨　责任印制：李　洋
北京瑞德印刷有限公司印刷（三河市胜利装订厂装订）
2015 年 9 月第 1 版第 1 次印刷
184mmx260mm·13.25 印张·328 千字
0001—3000 册
标准书号：ISBN978-7-111-50680-5
定价：29.00 元

前　言

本书基于机床电气控制技术的实践需要，按照"必需、够用"的原则进行编写，本书在编写过程中注重培养学生解决实际问题的能力及自学能力、训练学生的职业实践技能，并针对高职类教材在实用性、通用性和新颖性方面的特殊要求，即教材的内容要满足学生毕业后的工作需要，在内容选取上注重与工作过程相结合，突出实用和易学的特点。

本书内容共 5 章，包括交直流电动机及调速、机床常用电器元件、机床电气控制基本环节、设备电气控制电路、可编程序控制器。

本书特点：

1）内容选取由简单到复杂，全书配有工业应用图例和在企业中大量使用的机床控制电路，深入浅出，通俗易懂。

2）注重理论知识培养的同时，增加了实践技能训练的内容。为建立学生学习的长效机制，在每章最后增加了拓展资源的内容。

3）考虑工业应用实际，在 PLC 部分主要以日本三菱公司的 FX_{2N} 系列为主，同时简要介绍了西门子公司 S7-200 系列，以便于工程技术人员和学生触类旁通。

4）综合性强，为适应企业对机电一体化技术人才的需要，根据自动化技术的发展现状，本书以继电器、接触器和可编程序控制器为主，同时介绍了液压系统电气控制的设计和电液控制技术。在机床电气控制设计部分介绍了逻辑设计方法和经验设计方法。增加了机床电气故障诊断的基本知识，考虑到部分企业的生产实际，增加了桥式起重机电气控制电路分析的部分内容。

本书由四川工程职业技术学院杨林建担任主编，由罗光伟担任主审。第 1 章由王代清编写，第 2 章由王俊英编写，第 3 章由刘淑香编写，绪论、第 4 章由方婷编写，第 5 章由杨林建编写。

由于编者水平有限，加之编写时间仓促，书中不足和错误之处在所难免，恳请广大读者批评指正。如有意见和建议请发到邮箱 810372283@ qq. com，以便再版时改进。

编　者

目　　录

绪　　论

各工业生产部门的生产机械设备，基本上都是通过金属切削机床加工生产出来的，因此机床是机械制造业中的主要加工设备，机床的质量、数量及自动化水平，都直接影响到整个机械工业的发展。机床工业发展的水平是一个国家工业水平的重要标志。

0.1　电气自动控制技术在现代机床设备中的地位

过去，生产机械由工作机构、传动机构、原动机三部分组成。自从电器元件与计算机应用在机械上后，现代化生产机械已包含第四个组成部分——以电气为主的自动控制系统，它使机器的性能不断提高，使工作机构、传动机构的结构大大简化。

所谓"自动控制"是指在没有人直接参与（或仅有少数人参与）的情况下，利用自动控制系统，使被控制对象自动地按预定规律工作。导弹能准确地命中目标，人造卫星能按预定轨道运行并返回地面指定的地点，宇宙飞船能准确地在月球上着陆并安全返回，都离不开自动控制技术。在工业上，机器按照规定的程序自动地实现起动与停止；在微型计算机控制的数控机床上，按照计算机发出的程序指令，自动按预定的轨迹进行加工，自动退刀、自动换工件，再自动加工下一个工件；在轧钢机设备上，用电子计算机计算出轧制速度与轧辊压下量，并通过晶闸管可控整流电路控制电动机来实现这些指令；在自动化仓库中，由可编程序控制器（PLC）自动控制货物的存放与取出；利用可编程序控制器，按照预先编制的程序，使机床实现各种自动加工循环，所有这些都是电气自动控制的应用。

实现自动控制的手段是多种多样的，可以用电气的方法来实现，也可以用机械的、液压的、气动的等方法来实现自动控制。由于现代化的金属切削机床均用交、直流电动机作为动力源，因而电气自动控制是现代机床的主要控制手段。即使采用其他控制方法，也离不开电气控制的配合。本书就是以机床作为典型对象来研究电气自动控制技术的基本原理、方法和应用，这些基本控制方法自然也适用于其他机器设备及生产过程。

机床设备经过一百多年的发展，结构不断改进，性能不断提高，在很大程度上取决于电气拖动与电气控制技术的更新。电气拖动在速度调节方面具有无可比拟的优越性和发展前途。采用直流或交流无级调速电动机驱动机床，使结构复杂的变速箱变得十分简单，简化了机床结构，提高了效率和刚度，也提高了精度。近年研制成功用于数控车床、铣床、加工中心的电动机–主轴部件（电主轴单元技术），是将交流电动机转子直接安装在主轴上，使其具有宽广的无级调速范围，且振动和噪声均较小，它完全代替了主轴变速齿轮箱，对机床传动与结构将产生变革性影响。

现代化机床设备在电气自动控制方面综合应用了许多先进的科学技术成果，如计算机技术、电子技术、自动控制理论、精密测量技术及传感技术等，特别是在当今的信息时代，微型计算机已广泛用于各行各业，机床是最早应用电子计算机的设备之一。早在 20 世纪 40 年代末期，电子计算机就与机床有机结合产生了新型机床——数控机床。现在价廉可靠的微型计算机在机床行业中的应用日益广泛，由微型计算机控制的数控机床与数显装置越来越多地在我国各类工厂中获得使用和推广。这些新科学技术的应用，使机床电气设备不断实现现代化，从而提高了机床自动化程度和机床加工效率，扩大了工艺范围，缩短了新产品试制周期，加速了产品更新换代。现代化机床还可以提高产品加工质量，减少工人劳动强度，降低产品成本等。近20年来出现的各种机电一体化产品、数控机床、机器人、柔性制造单元及系统等均是机床电气设备实现现代化的硕果。总之，电气自动控制在机床中占有极其重要的地位。

0.2　机床电气自动控制技术发展简介

0.2.1　电气拖动的发展与分类

电气控制与电气拖动有着密切的关系。20世纪初，由于电动机的出现，使机床的拖动技术发生了变革，人们用电动机代替蒸汽机，使机床的电气拖动技术随着电动机的发展而发展。

1. 成组拖动技术

成组拖动是指一台电动机经天轴（或地轴）通过传送带传动驱动若干台机床工作。由于这种方式存在传动路线长、效率低、结构复杂等缺点，因此早已被淘汰。

2. 单电动机拖动技术

单电动机拖动是指一台电动机拖动一台机床。与成组拖动相比，单电动机拖动简化了传动机构，缩短了传动路线，提高了传动效率，至今有些中小型通用机床仍然采用单电动机拖动技术。

3. 多电动机拖动技术

随着机床自动化程度的提高和重型机床的发展，机床的运动增多，受到的要求也随之提高，从而出现了采用多台电动机驱动一台机床（如铣床）乃至十余台电动机拖动一台重型机床（如龙门刨床）的拖动方式，这样可以缩短机床传动链，易于实现各工作部件运动的自动化。当前重型机床、组合机床、数控机床、自动线等均采用多电动机拖动的方式。

4. 交、直流无级调速技术

由于电气无级调速具有可灵活选择最佳切削用量和简化机械传动结构等优点，20世纪30年代出现的交流电动机–直流发电机–直流电动机无级调速系统，至今还在重型机床上有所应用。20世纪60年代以后，随着大功率晶闸管的问世和变流技术的发展，又出现了晶闸管直流电动机无级调速系统，它较之前者，具有效率高、动态响应快、占地面积小等优点，当前在数控机床、磨床及仿形等机床中已得到广泛应用。由于逆变技术的出现和高压大功率管的问世，20世纪80年代以来交流电动机无级调速系统有了迅速发展，它利用改变交流电的频率等措施来实现电动机转速的无级调速。交流电动机无电刷与换向器，较之直流电动机易于维护且寿命长，很有发展前途。

0.2.2　电气控制系统的发展与分类

1. 逻辑控制系统

逻辑控制系统又称开关量或断续控制系统，逻辑代数是它的理论基础，采用具有两个稳定工作状态的各种电器和电子器件可构成各种逻辑控制系统。逻辑控制系统按自动化程度的不同可分为以下几种：

（1）手动控制系统　在电气控制的初期，大都采用电气开关对机床电动机的起动、停止、反向等动作进行手动控制，这在现在的砂轮机、台钻等动作简单的小型机床上仍有应用。

（2）自动控制系统　按其控制原理与采用电器元件的不同又可分为：

1）继电器。接触器自动控制系统。多数通用机床至今仍采用继电器、接触器、按钮等电器元件组成的自动控制系统，它具有直观、易掌握、易维护等优点，但功耗大、体积大，并且改变控制工作循环较为困难（如果要改变，需重新设计电路）。

2）顺序控制器。由集成电路组成的顺序控制器具有程序变更容易、程序存储量大、通用性强等优点，广泛用于组合机床、自动线等。20 世纪 60 年代末，又出现了具有运算功能和较大功率输出能力的可编程序控制器（Programmable Controller，PC），又称 PLC（Programmable Logic Controller），它是由大规模集成电路、电子开关、晶闸管等组成的专用微型电子计算机，可代替大量的继电器，且功耗小、质量小，在机床上具有广阔的应用前景。

3）数字控制系统。20 世纪 40 年代末，为了适应中小批量机械加工生产自动化的需要，工程师们应用电子技术、计算机技术、现代控制理论、精密测量等近代科学成就，研制成了数控机床。它是由电子计算机按照预先编好的程序，对机床实行自动化的数字控制。数控机床既有专用机床生产效率高的优点，又兼有通用机床工艺范围广、使用灵活的特点，并且还具有能自动加工复杂的成形表面、精度高等优点，因而具有强大的生命力，发展前景广阔。

数控机床的控制系统最初是由硬件逻辑电路构成的专用数控装置（Numerical Control，NC），但其成本昂贵，工作可靠性差，逻辑功能固定。随着电子计算机的发展，又出现了DNC（Direct Numerical Control）、CNC（Computer Numerical Control）、AC（Adaptive Control）等数控系统。

为了充分发挥电子计算机运算速度快的潜力，曾出现过由一台电子计算机控制数台、数十台、甚至上百台数控机床的"计算机群控系统"，又称计算机直接控制系统，这就是 DNC。

随着小型电子计算机的问世，又产生了用小型电子计算机控制的数控系统（CNC），不仅降低了制造成本，还扩大了控制功能和使用范围。

近十年来，随着价格低廉、工作可靠的微型电子计算机的出现，更加促进了数控机床的发展，出现了大量的微型计算机数控系统（Micro-Computer Numerical Control，MNC），当今世界各国生产的全功能和经济型数控机床均系 MNC 系统。

AC 称为自适应控制系统，它能在毛坯余量变化、硬度不均、刀具磨损等随机因素出现时，使机床具有最佳切削用量，从而始终保证具有较高的加工质量和生产效率。

由数控机床、工业机器人、自动搬运车、自动化检测、自动化仓库等组成的统一由中心计算机控制的机械加工自动线称为柔性制造系统（Flexible Manufacturing System，FMS），它是自动化车间和自动化工厂的重要组成部分与基础。较之专用机床自动线，它具有能同时加工多种工件、能适应产品变化、使用灵活等优点，当前世界各国均在大力发展数控机床和柔性制造系统。

随着生产的发展，由单个机床的自动化逐渐发展为生产过程的综合自动化。柔性制造系统 FMS，再加上计算机辅助设计 CAD、计算机辅助制造 CAM、计算机辅助质量检测 CAQ 及计算机信息管理系统就可以构成计算机集成制造系统（Computer Integrated Manufacturing System，CIMS），它是当前机械加工自动化发展的高级形式。机床电气自动化的水平在电气控制技术迅速发展的进程中将被不断推向新的高峰。

2. 连续控制系统

对物理量（如电压、转速等）进行连续自动控制的系统称为连续控制系统，又称模拟控制系统。这类系统一般是具有负反馈的闭环控制系统，常伴有功率放大的特点，且有精度高、功率大、抗干扰能力强等优点。例如，直流电动机驱动机床主轴实现无级调速的系统，交、直流伺服电动机拖动数控机床进给机构和工业机器人的系统均属连续控制系统。

3. 混合控制系统

同时采用数字控制和模拟控制的系统称为混合控制系统，数控机床、机器人的控制驱动系统多属于这类控制系统。数控机床由数字电子计算机进行控制，通过数 – 模转换器和功率放大等装置驱动伺服电动机和主轴电动机带动机床执行机构产生所需的运动。

0.2.3　课程的内容及要求

机床电气控制技术就是采用各种控制元件、自动装置，对机床进行自动操纵、自动调节转速、按给定程序和自动适应多种条件的随机变化而选择最优的加工方案，以及工作循环自动化等。

机床电气控制技术课程，就是研究解决机床电气控制的有关问题，阐述机床电气控制原理，机床电气控制电路的设计方法及常用电器元件的选择、可编程控制器等内容，本书只涉及最基本、最典型的控制电路及控制实例。

在学完本课程以后，学生应掌握电气控制技术的基本原理；学会分析一般机床的电气控制电路并具有一定的设计能力；对可编程序控制器应具有基本的运用能力。

综上所述，通过对本门课程的学习，学生应具有机电一体化产品的综合分析和设计能力。

本节主要知识点

1. 机床电气控制是采用电器元件构成的电气线路对生产设备、生产过程所进行的控制；继电器 – 接触器控制系统主要是根据控制要求，用导线将一定数量的继电器、接触器连接而成的电路。

2. 电气拖动的发展：成组拖动—单电动机拖动—多电动机拖动—交、直流无级调速。

第1章 交直流电动机及调速

1.1 交流电动机及调速

交流电动机主要分为同步电动机和感应电动机两大类，它们的工作原理和运行性能都有很大差别。同步电动机的转速与电源频率之间有着严格的关系，感应电动机的转速虽然也与电源频率有关，但不像同步电动机那样严格。同步电动机主要用作发电机，目前交流发电机几乎都是采用同步电动机。感应电动机则主要用作电动机，大部分生产机械用感应电动机作为原动机。

本章主要分析讨论三相感应电动机并结合讨论交流电动机中的一般问题。

1.1.1 三相感应电动机的工作原理

在图 1-1 中，N—S 是一对磁极，在两个磁极相对的空间里装有一个能够转动的圆柱形铁心，在铁心外圆槽内嵌放有导体，导体两端各用一圆环将它们接成一个整体。

如图 1-1 所示，如在某种因素的作用下，使磁极以 n_1 的速度逆时针方向旋转，形成一个旋转磁场，转子导体就会切割磁力线而产生感应电动势 e。用右手定则可以判定，在转子上半部分的导体中，感应电动势的方向为 $\oplus$，下半部分导体的感应电动势方向为 $\odot$。在感应电动势的作用下，导体中就有电流 i，若不计电动势与电流的相位差，则电流 i 与电动势 e 同方向。载流导体在磁场中将受到一电磁力的作用，由左手定则可以判定电磁力 F 的方向。由于电磁力 F 所形成的电磁转矩 T 使转子以 n 的速度旋转，旋转方向与磁场的旋转方向相同，这就是感应电动机的基本工作原理。

旋转磁场的旋转速度 n_1 称为同步转速。由于转子转动的方向与磁场的旋转方向是一致的，所以如果 $n = n_1$，则磁场与转子之间就没有相对运动，它们之间就不存在电磁感应关系，也就不能在转子导体中形成感应电动势、产生电流，从而不能产生电磁转矩。所以感应电动机的转子速度不可能等于磁场旋转的速度，因此这种电动机一般也称为异步电动机。

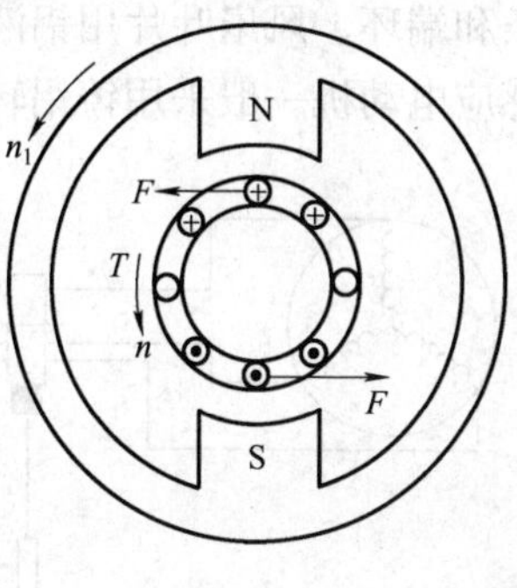

转子转速 n 与旋转磁场转速 n_1 之差称为转差 Δn，转差与磁场转速 n_1 之比称为转差率 s。

图 1-1　三相感应电动机工作原理

$$s = \frac{n_1 - n}{n_1} \times 100\% \qquad (1-1)$$

转差率 s 是决定感应电动机运行情况的一个基本数据，也是感应电动机一个很重要的参数。

实际上感应电动机的旋转磁场是由装在定子铁心上的三相绕组，通入对称的三相电流而产生的。

1.1.1.1　三相感应电动机的结构

　　和其他旋转电动机一样，感应电动机也是由定子和转子两大部分组成。定子、转子之间为气隙，感应电动机的气隙比其他类型的电动机要小得多，一般为 0.25~2.0mm，气隙的大小对感应电动机的性能影响很大。下面简要介绍感应电动机主要零部件的构造、作用和材料。

　1. 定子部分

　　(1) 机座　感应电动机的机座仅起固定和支撑定子铁心的作用，一般用铸铁铸造而成。根据电动机防护方式、冷却方式和安装方式的不同，机座的形式也不同。

　　(2) 定子铁心　定子铁心由厚 0.5mm 的硅钢片叠压而成，铁心内圆有均匀分布的槽，用以嵌放定子绕组，冲片上涂有绝缘漆（小型电动机也有不涂漆的）作为片间绝缘以减少涡流损耗，感应电动机的定子铁心是电动机磁路的一部分。

　　(3) 定子绕组　三相感应电动机的定子绕组是一个三相对称绕组，它由三个完全相同的绕组组成，每个绕组即为一相，三个绕组在空间相差 120° 电角度，每相绕组的两端分别用 U1—U2、V1—V2、W1—W2 表示，可以根据需要接成星形或三角形。

　2. 转子部分

　　(1) 转子铁心　转子铁心的作用和定子铁心相同，一方面作为电动机磁路的一部分，一方面用来安放转子绕组。转子铁心也是用厚 0.5mm 的硅钢片叠压而成，套在转轴上。

　　(2) 转子绕组　感应电动机的转子绕组分为绕线转子与笼型两种，根据转子绕组的不同，分为绕线转子感应电动机与笼型感应电动机。

　　绕线转子绕组也是一个三相绕组，一般接成星形，三根引出线分别接到转轴上的三个与转轴绝缘的集电环上，通过电刷装置与外电路相连。这就有可能在转子电路中串接电阻以改善电动机的运行性能，如图 1-2 所示。

　　笼型绕组在转子铁心的每一个槽中插入一根铜条（导条），在铜条两端各用一个铜环（称为端环）将导条连接起来，称为铜排转子，如图 1-3a 所示。也可用铸铝的方法，将转子导条和端环、风扇叶片用铝液一次浇铸而成，称为铸铝转子，如图 1-3b 所示。100kW 以下的感应电动机一般采用铸铝转子。

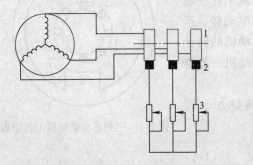
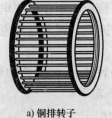
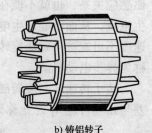

　　　　　　　　　　　　　　　　　　　a) 铜排转子　　　　　b) 铸铝转子

图 1-2　绕线转子绕组与外加变阻器的连接　　　　　图 1-3　笼型转子绕组

　　笼型绕组因结构简单、制造方便、运行可靠，所以得到了广泛的应用。

　　图 1-4、图 1-5 分别表示笼型感应电动机和绕线转子感应电动机的结构图。

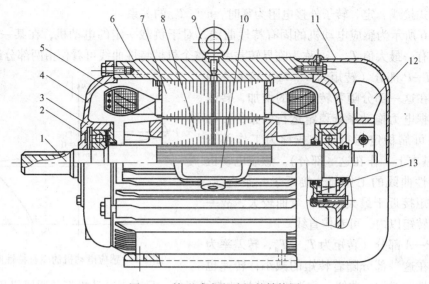

图 1-4　笼型感应电动机的结构图

1—轴　2—弹簧片　3—轴承　4—端盖　5—定子绕组　6—机座　7—定子铁心
8—转子铁心　9—吊环　10—出线盒　11—风罩　12—风扇　13—轴承内盖

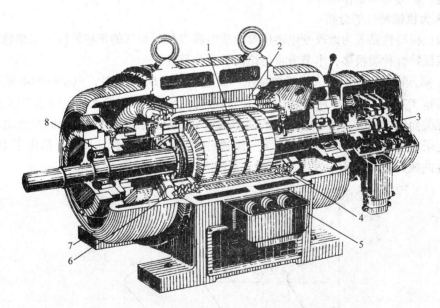

图 1-5　绕线转子感应电动机的结构图

1—转子　2—定子　3—集电环　4—定子绕组　5—出线盒　6—转子绕组　7—端盖　8—轴承

1.1.1.2　三相感应电动机的机械特性

三相感应电动机的机械特性是指在一定条件下，电动机的转速 n 与转矩 T_{em} 之间的关系：$n = f(T_{em})$。因为感应电动机的转速与转差率存在一定的关系，所以感应电动机的机械特性也往往用 $T_{em} = f(s)$ 的形式表示，通常称为 $T - s$ 曲线。

1. 固有机械特性的分析

三相感应电动机的固有机械特性是指感应电动机工作在额定电压和额定频率下，按规定的接线方式接线，定、转子外接电阻为零时，n 与 T_{em} 的关系。

图 1-6 所示为感应电动机的固有特性曲线，对于负载一定的电动机，在某一转差率 s_m 时，转矩有一最大值 T_m，s_m 称为临界转差率，整个机械特性曲线可看作由两部分组成。

1）H—P 部分（转矩为 $0 \sim T_m$，转差率为 $0 \sim s_m$）。在这一部分随着转矩 T 的增加，转速降低，根据电力拖动系统稳定运行的条件，称这部分为可靠稳定运行部分或称为工作部分（电动机基本上工作在这一部分）。感应电动机的机械特性曲线的工作部分接近于一条直线，只是在转矩接近于最大值时，弯曲较大，故一般在额定转矩以内，可看作直线。

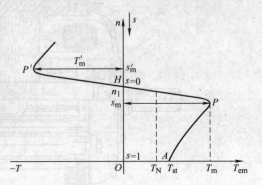

图 1-6　感应电动机的固有特性曲线

2）P—A 部分（转矩为 $T_m \sim T_{st}$，转差率为 $s_m \sim 1$）。在这一部分随着转矩的减小，转速也减小，特性曲线为一曲线，称为机械特性的曲线部分。只有当电动机带动通风机负载时，才能在这一部分稳定运行；而对恒转矩负载或恒功率负载，在这一部分不能稳定运行，因此有时也称这一部分为非工作部分。

2. 人为机械特性的分析

人为机械特性是人为地改变电动机参数或电源参数而得到的机械特性，三相感应电动机的人为机械特性种类很多，本节着重讨论两种人为特性。

（1）降低定子电压时的人为机械特性　当定子电压 U_1 降低时，电动机的电磁转矩（包括最大转矩 T_m 和起动转矩 T_{st}）将与 U_1^2 成正比地降低，但产生最大转矩的临界转差率 s_m 因与电压无关而保持不变；由于电动机的同步转速 n_1 也与电压无关，因此同步点也不变。可见降低定子电压的人为机械特性曲线为一组通过同步点的曲线簇。图 1-7 给出了 $U_1 = U_N$ 的固有特性曲线和 $U_1 = 0.8U_N$ 及 $U_1 = 0.5U_N$ 时的人为机械特性曲线。

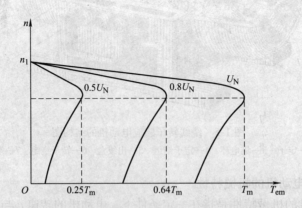

图 1-7　感应电动机降低电压时的人为特性曲线

由图 1-7 可见，当电动机在某一负载下运行时，若降低电压，将使电动机转速降低，转差率增大，转子电流将因此增大，从而引起定子电流的增大。若电动机电流超过额定值，则电动机最终温升将超过允许值，导致电动机寿命缩短，甚至使电动机烧坏。如果电压降低过多，致使最大转矩 T_{m} 小于总的负载转矩时，则会发生电动机停转事故。

（2）转子电路中串接对称电阻时的人为机械特性 在绕线转子感应电动机转子电路内，三相分别串接大小相等的电阻 R_{pa}，由以上分析可知，此时电动机的同步转速 n_1 不变，最大转矩 T_{m} 不变，而临界转差率 s_{m} 则随 R_{pa} 的增大而增大，人为特性曲线为一组通过同步点的曲线簇，如图 1-8 所示。

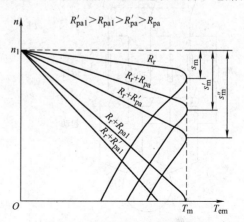

图 1-8 转子电路中串接对称电阻时的人为机械特性曲线

显然在一定范围内增加转子电阻，可以增大电动机的起动转矩 T_{st}，如果串接某一数值的电阻后使 $T_{\mathrm{st}} = T_{\mathrm{m}}$，这时若继续增大转子电阻，起动转矩将开始减小。

转子电路串接附加电阻适用于绕线转子感应电动机的起动和调速。

三相感应电动机人为机械特性的种类很多，除了上述两种外，还有改变定子极对数、改变电源频率的人为特性等，以后将在讨论感应电动机的各种运行状态时进行分析。

1.1.1.3 三相感应电动机的起动

1. 三相笼型转子感应电动机的起动

三相笼型转子感应电动机有直接起动与减压起动两种方法。

（1）直接起动 直接起动也称为全压起动，起动时，电动机定子绕组直接承受额定电压。这种起动方法最简单，也不需要复杂的起动设备，但是，这时起动的电流较大，一般可达额定电流的 4~7 倍。过大的起动电流对电动机本身和电网电压的波动均会带来不利影响，一般直接起动只允许在小功率电动机中使用（$P_{\mathrm{N}} \leqslant 7.5\mathrm{kW}$）。

（2）减压起动 减压起动的目的是限制起动电流，通过起动设备使定子绕组承受的电压小于额定电压，待电动机转速达到某一数值时，再使定子绕组承受额定电压，使电动机在额定电压下稳定工作。

1）电阻减压或电抗减压起动。图 1-9 所示为电阻减压起动的原理图，电动机起动时，在定子电路中串接电阻，这样就降低了加在定子绕组上的电压，从而减小了起动电流。若起动瞬时加在定子绕组上的电压为 $U_{\mathrm{N}}/\sqrt{3}$，则起动电流 I_{st}' 将为全压起动时起动电流 I_{st} 的 $1/\sqrt{3}$，即 $I_{\mathrm{st}}' = I_{\mathrm{st}}\sqrt{3}$。因为转矩与电压的二次方成正比，所以起动转矩 T_{st}' 仅为全压起动时起动转矩 T_{st}' 的 1/3，即 $T_{\mathrm{st}}' = T_{\mathrm{st}}/3$。这种起动方法由于起动时能量损耗较多，故目前已被其他方法所代替。

2）星 - 三角（丫 - △）起动。用这种起动方法的感应电动机，必须是定子绕组正常接法为 "△" 的电动机。在起动时，先将三相定子绕组接成星形，待转速接近稳定时，再改接成三角形，图 1-10 所示为星 - 三角起动电路的原理图。起动时，开关 S2 投向 "丫" 位置，定子绕组为星形联结，这时定子绕组承受的电压只有三角形联结时的 $1/\sqrt{3}$，电动机减压起动，当电动机转速接近稳定值时，将开关 S2 迅速投向 "△" 位置。定子绕组接成三角形运行，起动过程结束。

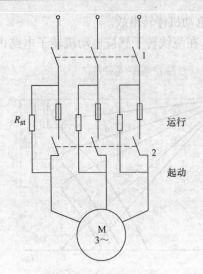

图 1-9　电阻减压起动

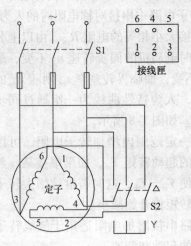

图 1-10　电动机的星-三角（丫-△）起动

电动机停转时，可直接断开电源开关 S1，但必须同时将开关 S2 放在中间位置，以免再次起动时造成直接起动。

丫-△起动时，定子电压为直接起动的 $1/\sqrt{3}$，起动转矩则为直接起动的 $1/3$，由于三角形联结时绕组内的电流是线路电流的 $1/\sqrt{3}$，而星形联结时，线路电流等于绕组内的电流。因此，接成星形起动时的线路电流只有接成三角形直接起动时的 $1/3$。

丫-△起动操作方便，起动设备简单，应用较广泛，但它仅适用于正常运转时定子绕组接成三角形的电动机。为此，对于一般用途的小型感应电动机。当容量大于 4kW 时，定子绕组的正常接法都采用三角形。

2. 三相绕线转子感应电动机的起动

（1）转子串联电阻起动　在上一节分析转子串电阻的人为特性时，已经说明适当增加转子电路电阻，可以提高电动机的起动转矩，绕线转子感应电动机正是利用了这一特性。当起动时，在转子电路中接入起动电阻器，借以提高起动转矩，同时，增加转子电阻也限制了起动电流。为了在整个起动过程中得到比较大的加速转矩，并使起动过程平滑，将起动电阻也分成几级，在起动过程中逐步切除。

图 1-11 所示为绕线转子感应电动机起动时的接线图和特性曲线。其中曲线 1 对应于转子电阻为 $R_3 = R_r + R_{st3} + R_{st2} + R_{st1}$ 的人为特性曲线（R_r 为内阻）。相应的曲线 2 对应于转子电阻为 $R_2 = R_r + R_{st2} + R_{st1}$ 的人为特性曲线，曲线 3 对应于转子电阻为 $R_1 = R_r + R_{st1}$ 的人为特性曲线，曲线 4 则为固有机械特性曲线。

开始起动时，$n = 0$，电阻全部接入，这时起动转矩为 T_{st1}，随着转速上升，转矩沿曲线 1 变化，逐渐减小，当减小到 T_{st2} 时，接触器触点 KM1 闭合，R_{st3} 被短接，电动机的运行点由曲线 1（g 点）移到曲线 2（f 点）上，转矩跃升为 T_{st1}；电动机的转速和转矩沿曲线 2 变化，待转矩又减小到 T_{st2} 时，接触器触点 KM2 闭合，电阻 R_{st2} 被短接，电动机的运行点由曲线 2（e 点）移到曲线 3（d 点）上，电动机的转速和转矩沿曲线 3 变化，最后接触器触点 KM3 闭合，起动电阻全部切除，转子绕组直接短路，电动机运行点沿固有特性曲线变化，直到电磁转矩与负载转矩平衡，电动机稳定工作。

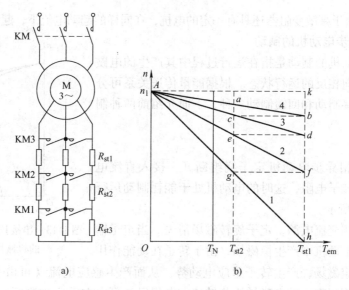

图 1-11 绕线转子感应电动机起动时的接线图和特性曲线

在起动过程中，一般取起动转矩的最大值 T_{st1} 为（0.7 ~ 0.85）T_m，最小值 T_{st2} 为（1.1 ~ 1.2）T_N。

起动电阻通常用高电阻系数合金或铸铁电阻片制成，在大容量电动机中，也有用水电阻的。

（2）转子串接频敏变阻器起动 绕线转子感应电动机采用转子串接起动电阻的起动方法，可以增大起动转矩，减小起动电流，但是若要在起动过程中始终保持有较大的起动转矩，使起动平稳，就必须增加起动级数，这就会使起动设备复杂化。为此可以采用在转子电路中串入频敏变阻器的起动方法。所谓频敏变阻器，实质上就是一个铁耗很大的三相电抗器，从结构上看，它好似一个没有二次绕组的三相心式变压

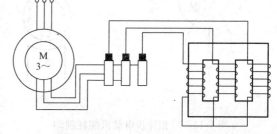

图 1-12 转子串接频敏变阻器起动

器，只是它的铁心不是用硅钢片而是用厚 30 ~ 50mm 的钢板叠成，以增大铁心损耗，三个绕组分别绕在三个铁心柱上，并且接成星形，然后接到转子集电环上，如图 1-12 所示。

当电动机起动时，转子频率较高，由于 $f_2 = f_1$，f_1 为电源频率，频敏变阻器的铁耗就大，因此等效电阻 R_m 也较大。在起动过程中，随着转子转速的上升，转子频率逐步降低，频敏变阻器的铁耗和相应的等效电阻 R_m 也就随之减小，这就相当于在起动过程中逐渐切除转子电路串入的电阻。起动结束后，转子频率很低（$f_2 = 1 ~ 3Hz$），频敏变阻器的等效电阻和电抗都很小，于是可将频敏变阻器切除，转子绕组直接短路。因为等效电阻 R_m 是随着频率的变化而自动变化的，因此称为频敏变阻器（相当于一种无触点的变阻器）。在起动过程中，它能够自动、无级地减小电阻，如果频敏变阻器的参数选择恰当，可以在起动过程中保持起动转矩不变，这时的机械特性曲线如图 1-13 中曲线 2 所示，曲线 1 为固有特性曲线。

频敏变阻器结构简单，运行可靠，使用维护方便，因此应用日益广泛，但与转子串电阻的

起动方法相比，由于频敏变阻器还具有一定的电抗，在同样的起动电流下，起动转矩要小些。

1.1.1.4 三相异步电动机的制动

三相异步电动机的制动是指在运行过程中其产生的电磁转矩与转速的方向相反的运行状态。根据能量传送关系可分为能耗制动、反接制动和回馈制动三种，下面介绍前两种制动方式。

1. 能耗制动

将运行的三相异步电动机定子绕组断开，接入直流电源，串入适当的转子电阻，这时的电动机处于能耗制动运行状态，如图 1-14 所示。

断开定子三相交流电源，定子旋转磁场消失。当定子输入直流电时，在电动机中产生恒磁场，由于转子在动能作用

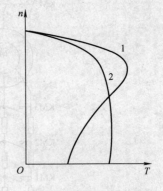

图 1-13　串接频敏变阻器起动时的机械特性曲线

下转动，切割恒定磁场，产生转子感应电动势，从而产生感应电流（可由右手定则判断）；转子电流与磁场作用产生的电磁转矩与转速方向相反（可由左手定则判断）。其特性曲线如图 1-15 所示。

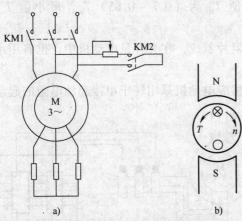

图 1-14　三相异步电动机能耗制动

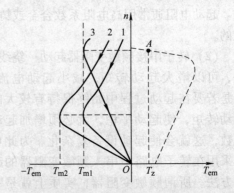

图 1-15　能耗制动特性曲线

三相异步电动机在能耗制动过程中，利用转子的动能进行发电，在转子电阻中以热的形式消耗掉。

能耗过程中，由于定子磁场固定，转子转速为 n，所以转差 $\Delta n = n$，转差率 $s = \dfrac{\Delta n}{n_1} = \dfrac{n}{n_1}$，转子感应电动势频率 $f_2 = \dfrac{pn}{60} = \dfrac{psn_1}{60} = sf_1$。

定子直流励磁电流越大→磁场越强→感应电动势越大→转子电流越大→制动电磁转矩越大→制动效果越好。但电流过大会使绕组过热，根据经验，对于笼型异步电动机，取直流励磁电流的 4~5 倍，即（4~5）I_0；对绕线转子异步电动机，取（2~3）I_0。能耗制动的优点是制动转矩较大，制动平稳，主要用于快速平稳停车。

2. 反接制动

反接制动分为电源反接制动与倒拉反接制动两种。

（1）电源反接制动 电源反接方法：电源反接是通过改变运行中的电动机的相序实现的，即将定子绕组的任意两相对调。如图 1-16 所示，设三相异步电动机正向运转，将正向开关 KM1 断开，接通 KM2，由于改变了相序，旋转磁场的方向与转子旋转方向相反，所以电动机进入反接制动运行状态。

由于在反接制动中，旋转磁场与转子的相对速度 $n_1 + n$ 很高，感应电动势很大，转子电流也很大。为了限制电流，常在转子回路中串入比较大的电阻。

电源反接制动的优点是制动迅速，但不经济，电能消耗大，有时还会出现反转，所以一般与机械抱闸配合使用。

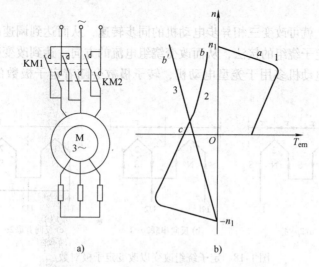

a)   b)

图 1-16 三相异步电动机电源反接制动

制动过程中的能量关系：定子由三相交流电源供电，电动机本身将动能发电消耗在转子回路的电阻中，以热的形式散发。

（2）倒拉反接制动 图 1-17 所示为绕线转子感应电动机转子串电阻的人为机械特性曲线，如果负载为一位能负载，负载转矩为 T_z，则电动机将稳定工作在特性曲线的 c 点。此时电磁转矩方向与电动机工作状态时相同，而转向与电动机工作状态时相反，电动机处于制动工作状态，这时转差率 $s = \dfrac{n_1 - (-n)}{n_1} = \dfrac{n_1 + n}{n_1} > 1$，所以也属于反接制动。

倒拉反接制动时的机械特性曲线就是电动机工作状态时的机械特性曲线在第四象限的延长部分。不论是两相反接制动还是倒拉反接制动，仍继续向电网输送功率，同时还输入机械功率（倒拉反接制

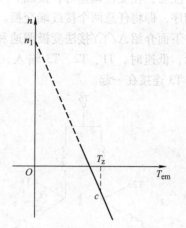

图 1-17 绕线转子感应电动机转子串
电阻的人为机械特性曲线

动是位能负载做功，两相反接时则是转子的动能做功），这两部分功率都消耗在转子电阻上，所以反接制动时，能量损耗是很大的。

1.1.2　三相异步电动机的调速方法

从三相异步电动机的转速关系可得异步电动机调速有三种基本方法。

$$n = n_1(1-s) = \frac{60f_1}{p}(1-s) \tag{1-2}$$

1）改变磁极对数 p 进行调速。

2）改变电源频率 f_1 进行调速。

3）变转差 s 进行调速。

1.1.2.1　变极调速

改变磁极对数，就可改变三相异步电动机的同步转速，从而达到调速的目的。变极常用的方法是通过改变定子绕组的接法，从而改变绕组电流的方向，达到改变磁极对数的目的。

变磁极对数的电动机多用于笼型电动机，转子极数会随着定子极数的改变而改变，如图 1-18 所示。

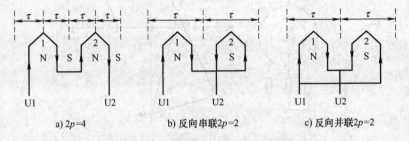

a) 2p=4　　　　　　　b) 反向串联2p=2　　　　　　c) 反向并联2p=2

图 1-18　定子绕组改变以改变定子极对数

结论：只要改变"半相绕组"电流方向，就可使极对数改变一半。如可将 2 对极→1 对极、4 对极→2 对极、8 对极→4 对极等。

注意：在变极调速时，接成丫丫时，为了不改变原来的相序，保持转速不变，就必须交换相序，即将任意两个接线端交换。

下面介绍△/丫丫接法变极调速和丫/丫丫接法变极调速的接线方式。如图 1-19 和图 1-20 所示，低速时，T1、T2、T3 输入，T4、T5、T6 为开路；高速时，T4、T5、T6 输入，T1、T2、T3 连接在一起。

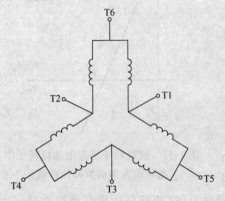

图 1-19　△/丫丫接法变极调速

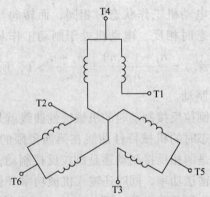

图 1-20　丫/丫丫接法变极调速

1.1.2.2　变频调速

随着电子技术和控制技术的发展，使得异步电动机变频调速发展迅速，进入了电动机控制的前沿。在实践应用中，往往要求在调速范围内，电动机具有恒转矩能力。根据

$$U_1 = 4.44 f_1 N_1 K_{d1} \Phi \tag{1-3}$$

$$\Phi = k \frac{U_1}{f_1} \tag{1-4}$$

只要保持磁通恒定，就可保证恒转矩调速，所以在变频调速时，常要同步调节电源电压的大小。

1.1.2.3　变转差调速

凡是可以改变三相异步电动机转差率的调速方法，都可称为变转差调速。常见的有绕线转子电动机变定子电源电压调速、变转子电阻调速等。

1. 变定子电源电压调速

这种调速方式主要用于笼型异步电动机，由于最大转矩和起动转矩与电压的二次方成正比，如当电压降低50%时，最大转矩和起动转矩将降为原来的25%，所以这种调速方式的起动转矩与带负载能力都是较低的。

2. 变转子电阻调速

这种调速方式只适用于绕线转子异步电动机，通过变电阻，达到变转差调速的目的。其调速特性曲线如图1-21所示。

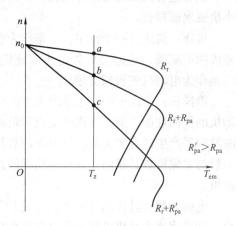

图 1-21　变转子电阻调速曲线

1.2　直流电动机及调速

直流电动机是一种可以完成直流电能与机械能转换的旋转电器。其中，能将直流电能转换成机械能的旋转电器称为直流电动机，或称其工作于直流电动状态；而将机械能转换成电能的旋转电器则称为直流发电机，或称其工作于直流发电状态。

直流电动机和直流发电机在结构上没有根本区别，只是由于工作条件不同，从而得到相反的能量转换过程。

直流电动机的主要优点是调速范围广，平滑性、经济性及起动性能好，过载能力较大，被广泛用于对调速性能要求较高的生产机械。因此在冶金、船舶、纺织、高精度机床加工等领域的大中型企业中都大量地采用了直流电动机拖动。

直流电动机的主要缺点是存在换向问题。这一缺陷的存在，使其制造工艺复杂，价格昂贵，维护技术要求较高。

本节主要分析直流电动机的结构、原理、起动方法、制动及调速方法。

1.2.1　直流电动机的结构

直流电动机可概括地分为静止部分和转动部分两大部分。其静止的部分称为定子；转动

的部分称为转子（电枢），这两部分由气隙分开，其结构如图 1-22 所示。

（1）定子部分　定子由主磁极、机座、换向极、端盖及电刷装置等组成。

主磁极：其作用是产生恒定的主磁场，由主磁极铁心和套在铁心上的励磁绕组组成。铁心的上部叫作极身，下部叫作极靴。极靴的作用是减小气隙磁阻，使气隙磁通沿气隙均匀分布。

铁心通常用低碳钢片冲压叠成，以减小励磁涡流损耗。

机座：机座有两个作用，一是作为各磁极间的磁路，这部分称为定子的磁轭；二是作为电动机的机械支撑。

换向极：换向极的作用是改善直流电动机的换向性能，消除直流电动机带负载时换向器产生的有害火花。换向极的数目

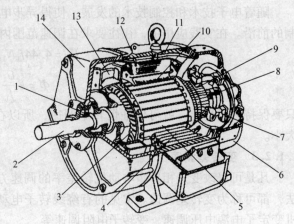

图 1-22　直流电动机结构
1—轴承　2—轴　3—电枢绕组　4—换相磁极绕组
5—电枢铁心　6—后端盖　7—电刷杆座
8—换向器　9—电刷　10—主磁极　11—机座
12—励磁绕组　13—风扇　14—前端盖

一般与主磁极数目相同，只有小功率的直流电动机不装换向极或装设只有主磁极数一半的换向极。

电刷装置：其作用有两个，一是使转子绕组与电动机外部电路接通；二是与换向器配合，完成直流电动机外部直流电与内部交流电的互换。

（2）转子部分　转子是直流电动机的重要部件。由于感应电动势和电磁转矩都是在转子绕组中产生，是机械能和电磁能转换的枢纽，因此直流电动机的转子也称为电枢。电枢主要由电枢铁心、电枢绕组、换向器及转轴等组成。

电枢铁心：电枢铁心有两个作用，一是作为磁路的一部分；二是将电枢绕组安放在铁心的槽内。为了减小由于电动机磁通变化产生的涡流损耗，电枢铁心通常采用 $0.35 \sim 0.5 \text{mm}$ 硅钢片冲压叠成。

电枢绕组：电枢绕组的作用是产生感应电动势和电磁转矩，从而实现电能和机械能的相互转换。它是由许多形状相同的线圈按一定的排列规律连接而成的。每个线圈的两个边分别嵌在电枢铁心的槽里，在槽内的这两个边，称为有效边。

换向器：换向器是直流电动机的关键部件，它与电刷配合，在直流电动机中，能将电枢绕组中的交流电动势或交流电流转变成电刷两端的直流电动势或直流电流。

1.2.2　直流电动机工作原理

直流电动机的工作原理是基于电磁感应定律和电磁力定律的。直流电动机是根据载流导体在磁场中受力这一基本原理工作的。

直流电动机的工作原理是建立在电磁力基础理论上的，通过电磁关系，将电能转变成机械能。这一原理有两个基本的条件：一是要有恒定的磁场，二是在磁场中的导体要有电流。

直流电动机要想将电能转换成机械能，拖动负载工作，首先要在励磁绕组上通入直流励磁电流，产生所需要的磁场，再通过电刷和换向器向电枢绕组通入直流电流，提供电能，于

是电枢电流在磁场的作用下产生电磁转矩，驱动电动机转动。图 1-23 所示为直流电动机工作原理模型。

将电刷 A、B 接到一直流电源上，电刷 A 接电源的正极，电刷 B 接电源的负极，此时在电枢线圈中将有电流流过。

根据毕 – 萨电磁力定律可知，导体每边所受电磁力的大小为

$$f = B_x lI \tag{1-5}$$

式中，I 为导体中流过的电流，单位为 A；f 为电磁力，单位为 N；B_x 为磁感应强度，单位为 T；l 为导体有效长度，单位为 m。

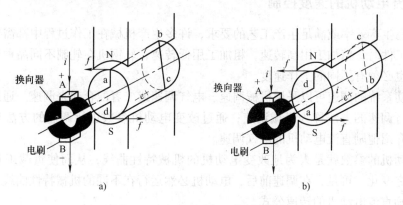

图 1-23　直流电动机工作原理模型

导体受力方向由左手定则确定。在图 1-23a 所示的情况下，位于 N 极下的导体 ab 的受力方向为从右向左，而位于 S 极上的导体 cd 的受力方向为从左向右。该电磁力与转子半径之积即为电磁转矩，该转矩的方向为逆时针。当电磁转矩大于阻力矩时，线圈按逆时针方向旋转。当电枢旋转到图 1-23b 所示的位置时，原来位于 S 极上的导体 cd 转到 N 极下，其受力方向变为从右向左；而原来位于 N 极下的导体 ab 转到 S 极上，导体 ab 受力方向变为从左向右，该转矩的方向仍为逆时针方向，线圈在此转矩作用下继续按逆时针方向旋转。这样，虽然导体中流通的电流为交变的，但 N 极下的导体受力方向和 S 极上的导体受力方向并未发生变化，电动机在此方向不变的转矩作用下转动。

与直流发电机相同，实际直流电动机的电枢并非单一线圈，磁极也并非一对。

电动机的起动是指电动机接通电源后，由静止状态加速到稳定运行状态的过程。电动机起动瞬间（$n = 0$）的电磁转矩称为起动转矩，此时所对应的电流称为起动电流，分别用 T_{st}、I_{st} 表示。起动转矩为

$$T_{st} = C_T \Phi I_{st} \tag{1-6}$$

如果他励直流电动机在额定电压下直接起动，由于起动瞬间 $n = 0$，电枢电动势 $E_a = 0$，故起动电流为

$$I_{st} = \frac{U_N}{R_a} \tag{1-7}$$

因为电枢电阻 R_a 很小，所以直接起动时起动电流很大，通常可达额定电流的 10～20 倍。过大的起动电流会使电网电压下降过多，影响本电网上其他用户的正常用电；使电动机的换向恶化，甚至烧坏电动机；同时过大的冲击转矩会损坏电枢绕组和传动机构。因此，除容量很小

的电动机以外，一般不允许直接起动。对直流电动机的起动，一般有如下要求：

1）要有足够大的起动转矩。

2）起动电流要限制在一定的范围内。

3）起动设备要简单、可靠。

为了限制起动电流，他励直流电动机通常采用电枢回路串电阻起动或降低电枢电压的起动方式。无论采用哪种起动方式，起动时都应保证磁通 Φ 达到最大值。因为在同样的电流下，Φ 越大则 T_{st} 越大；在同样的转矩下，Φ 越大则 I_{st} 越小。

1.2.3　直流电动机的速度控制

为了提高生产效率或满足生产工艺的要求，许多生产机械在工作过程中都需要调速。例如车床切削工件时，精加工用高转速，粗加工用低转速；轧钢机在轧制不同品种和不同厚度的钢材时，也必须有不同的工作速度。

电力拖动系统的调速可以采用机械调速、电气调速或二者配合起来调速。通过改变传动机构速比进行调速的方法称为机械调速；通过改变电动机参数进行调速的方法称为电气调速。本节只介绍他励直流电动机的电气调速。

改变电动机的参数就是人为地改变电动机的机械特性曲线，从而使负载工作点发生变化，转速随之变化。可见，在调速前后，电动机必然运行在不同的机械特性曲线上。

根据他励直流电动机的转速公式

$$n = \frac{U - I_a(R_a + R_s)}{C_e \Phi} \tag{1-8}$$

可知，当电枢电流 I_a 不变时（即在一定的负载下），只要改变电枢电压 U、电枢回路串联电阻 R_s 以及励磁磁通 Φ 三者之中的任意一个量，就可改变转速 n。因此，他励直流电动机具有三种调速方法：调压调速、电枢串电阻调速和调磁调速。

为了评价各种调速方法的优缺点，对调速方法提出了一定的技术经济指标，称为调速指标。评价调速性能好坏的指标有以下四个方面。

1. 调速范围

调速范围是指电动机在额定负载下可能运行的最高转速 n_{max} 与最低转速 n_{min} 之比，通常用 D 表示，即

$$D = \frac{n_{max}}{n_{min}} \tag{1-9}$$

不同的生产机械对电动机的调速范围有不同的要求。要扩大调速范围，必须尽可能地提高电动机的最高转速和降低电动机的最低转速。电动机的最高转速受到电动机的机械强度、换向条件、电压等级方面的限制，而最低转速则受到低速运行时转速的相对稳定性的限制。

2. 静差率（相对稳定性）

转速的相对稳定性是指负载变化时，转速变化的程度。转速变化小，其相对稳定性好。转速的相对稳定性用静差率 δ 表示。当电动机在某一机械特性曲线上运行时，由理想空载增加到额定负载，电动机的转速降落 $\Delta n_N = n_0 - n_N$ 与理想空载转速 n_0 之比，就称为静差率。

$$\delta = \frac{n_0 - n_N}{n_0} \times 100\% = \frac{\Delta n_N}{n_0} \times 100\% \tag{1-10}$$

显然，电动机的机械特性越硬，其静差率越小，转速的相对稳定性就越高。

静差率与调速范围这两个指标是相互制约的。若对静差率这一指标要求过高，即 δ 值越小，则调速范围 D 就越小；反之，若要求调速范围 D 越大，则静差率 δ 也越大，转速的相对稳定性越差。

不同的生产机械，对静差率的要求不同，普通车床要求 $\delta < 30\%$，而高精度的造纸机则要求 $\delta < 0.1\%$。在保证一定静差率指标的前提下，要扩大调速范围，就必须减小转速降落 Δn_N，即必须提高机械特性的硬度。

3. 调速的平滑性

在一定的调速范围内，调速的级数越多，就认为调速越平滑。相邻两级转速之比称为平滑系数，用 φ 表示：

$$\varphi = \frac{n_i}{n_{i-1}} \tag{1-11}$$

φ 值越接近 1，则平滑性越好，当 $\varphi = 1$ 时，称为无级调速。当调速不连续、级数有限时，称为有级调速。

4. 调速的经济性

调速的经济性主要指调速设备的投资、运行效率及维修费用等。

本节主要知识点

直流电动机是一种能将直流电能与机械能进行相互转换的电气设备，包括直流电动机与直流发电机两大类。直流电动机的工作原理是基于电磁感应定律和电磁力定律的。他励电动机是根据载流导体在磁场中受力这一基本原理工作的。

会分析直流电动机起动、制动和正/反转等控制方式。了解他励直流电动机速度调节的评价指标和调速方法。

【实践技能训练】　运用变频器改造桥式起重机控制电路

一、训练目的

通过操作，掌握运用变频器改造桥式起重机控制电路的基本方法。

二、实践技能训练参考图

设备原理图、安装接线图。

三、实践技能训练设备

起重机电气控制柜；电工工具及万用表。

四、训练步骤

1. 系统配置和变频器型号选择

由于起重机起升机构负载为恒转矩负载，故选用带低速转矩提升功能的电压型变频器

（通用变频器）。适用于起重机使用的变频器有日本安川 VS616G7 系列，三菱的 FR-A240E、FR-A241E、FR-540A 系列，德国西门子的 SIMOVERT-6ES70 系列，ABB 公司的 ACS600、ACS800 系列等。这类变频器都可以通过软件来选择其控制方式，通常有四种方式可选：U/f 开环控制方式、U/f 闭环控制方式、无反馈矢量控制方式和闭环矢量控制方式。根据本改造案例可选用三菱公司 FR-540A 系列变频器，其具有四象限运行特点，采用无反馈矢量控制方式。

2. 变频调速系统中电动机选用

为了与原有减速机安装尺寸配套，将原有 YZR 型绕线异步电动机转子短接，电刷举起或取消，直接由变频系统进行调速。这样，电动机运行在低速时原有自冷风扇风量变小，散热能力变差，将出现温升。为此拆除原有风叶，改装恒速冷却风扇，保证电动机运行在低速时的冷却效果。绕线异步电动机与笼型异步电动机相比，其绕组的阻抗较小，因此容易发生纹波电流而引起的过电流跳闸，且绕线异步电动机的极数往往较多、同步转速较低，同样功率下电动机的额定电流往往较大，所以在选择变频器时要留有一定的余量。电动机和变频器接法如图 1-24 所示。

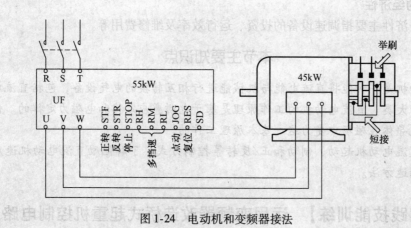

图 1-24　电动机和变频器接法

3. 提升机变频控制电路

位能负载上升时为阻力负载，下降时多为动力负载。空钩下降时是动力负载也是阻力负载，由效率、满负载重的比值等来确定。

不同载荷下的负载转矩不同。一般情况下，电动机最大静负载转矩为电动机额定转矩（基准接电持续率时）的 $0.7 \sim 1.3$ 倍。由于静负载转矩变化范围一般都较宽，所以调速必须具有硬特性。根据提升机变频控制电路分析所设计的提升机变频控制电路图如图 1-25 所示。

RUN 端子：用于控制 KMB，进而控制电磁铁线圈通电。

MRS 端子：当限位开关动作时，用于封锁逆变管，但不跳闸。

4. 制动器的接法

通常起升机构采用延时继电器实现松闸，但延时时间难以确定，如果时间过长，会导致电动机长时堵转，并在轻载时起动过猛；如果时间过短，可能会在重载时由于电动机力矩不够而溜钩。本方案中采用电磁制动器，接法如图 1-26 所示。

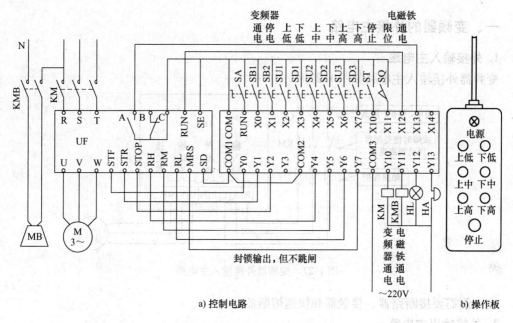

a) 控制电路　　　　　　　　　　　　　　　　b) 操作板

图 1-25　提升机变频控制电路

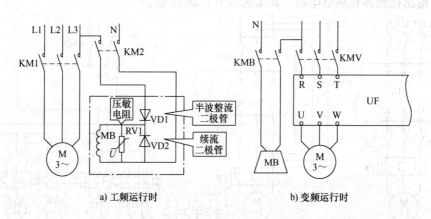

a) 工频运行时　　　　　　　　　　　　b) 变频运行时

图 1-26　电磁制动器的接法

5. 变频运行时防溜钩设计

起重用变频系统的设计重点之一是在电动机处于回馈制动状态下的可靠性，尤其需要引起注意的是起升机构的防止溜钩控制。溜钩是指在电磁制动器抱住之前和松开之后的瞬间，重物极易在停止状态下发生下滑的现象。

电磁制动器在通电到断电（或从断电到通电）之间需要的时间大约为 0.6s（视型号和大小而定）。因此，变频器如过早地停止输出，将容易出现溜钩，变频器必须避免在电磁制动器抱闸的情况下输出较高频率，以免发生"过电流"而跳闸的误动作。

【拓展资源】　变频调速的基本知识

本节主要以三菱的 FR-A240E、FR-A241E 为对象，简述其接线方法和用法。

一、变频器的外接主电路

1. 外接输入主电路

变频器外接输入主电路如图 1-27 所示。

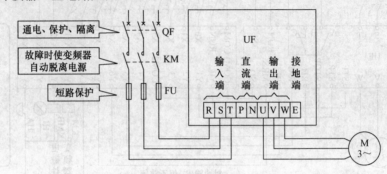

图 1-27　变频器外接输入主电路

输入侧需要接断路器、接触器和快速熔断器。

2. 外接输出主电路

（1）输出接触器和热继电器　其接法如图 1-28 所示。

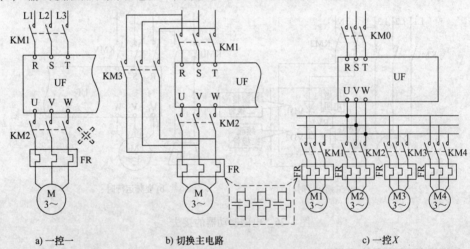

a) 一控一　　　　　　b) 切换主电路　　　　　　c) 一控 X

图 1-28　变频器外接输出主电路

1）"一控一、不切换"时，输出侧不接接触器和热继电器。

2）热继电器的发热元件须并联电容器，将高次谐波电流旁路掉。

（2）输出线太长的对策。

1）进行电动机参数的静止自动测量。

2）当 $L > 50\text{m}$ 时，应考虑接入输出电抗器，输出电抗器的接法如图 1-29

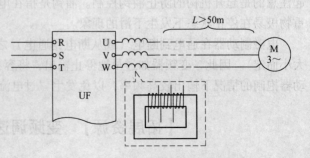

图 1-29　需要接入输出电抗器的场合

所示。

3) 加粗导线，接法如图 1-30 所示。

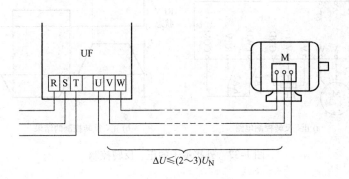

图 1-30   加粗导线的接法

线路压降的允许值：

工频：$\Delta U \leqslant 5\% U_N$。

变频：$\Delta U \leqslant (2 \sim 3)\% U_N$。

二、变频器的外接基本控制

1. 变频器的外接输入控制端的配置

以三菱的 FR-A240E、FR-A241E 为对象，简述其接线方法和用法。变频器的外接输入控制端的配置如图 1-31 所示。

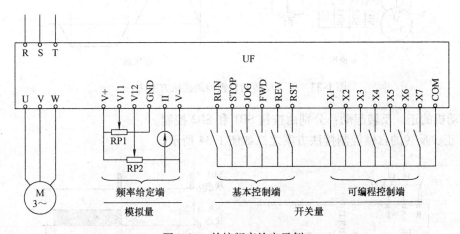

图 1-31   外接频率给定示例

模拟量输入端：主要输入频率给定信号。

开关量基本输入端：各端子功能不可预置。

开关量可编程输入端：各端子功能可以预置。

2. 基本运行控制

（1）电动机的起动与停止   电动机的正、反转控制接法如图 1-32 所示。

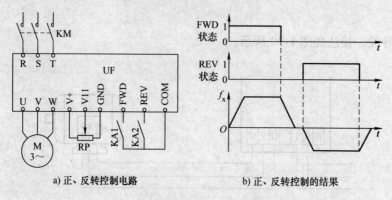

a) 正、反转控制电路　　　　　　　b) 正、反转控制的结果

图 1-32　外接端子的正、反转控制

变频器通电：由 KM 控制。

电动机起动：由 KA1 或 KA2 控制。

（2）自锁控制

1）正、反转的自锁控制接法方案之一如图 1-33 所示。

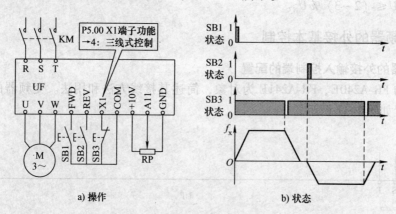

a) 操作　　　　　　　　　　b) 状态

图 1-33　正、反转的自锁控制接法方案之一

电动机的正、反转起动：分别由按钮 SB1 和 SB2 控制。

2）正、反转的自锁控制接法方案之二如图 1-34 所示。

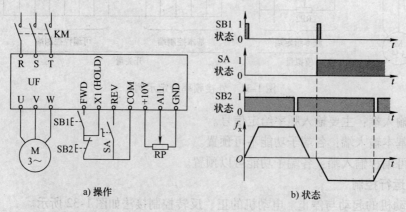

a) 操作　　　　　　　　　　b) 状态

图 1-34　正、反转的自锁控制接法方案之二

电动机的起动与停止：由按钮 SB1 和 SB2 控制。

电动机的旋转方向：由切换开关 SA 控制。

（3）点动控制 点动控制的接法如图 1-35 所示。

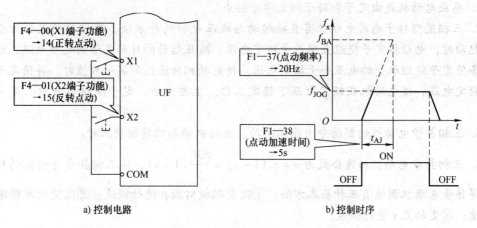

a) 控制电路   b) 控制时序

图 1-35 点动控制的接法

用户预置：

1）选择用于正转点动和反转点动的端子。

2）预置点动频率。

3）预置点动时的加、减速时间。

（4）外部故障与逆变管封锁 外部故障与逆变管封锁如图 1-36 所示。

外部故障：用于外部发生故障需要报警并切断电源时。

逆变管封锁：用于需要停机，但不必报警和切断电源时。

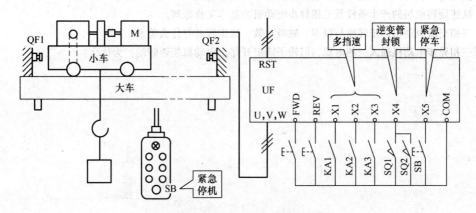

图 1-36 外部故障与逆变管封锁

本节主要知识点

本节讲授交流电动机的结构、工作原理，正/反转、制动的基本原理，调速的基本方法：①改变磁极对数 p 调速；②改变电源频率 f_1 调速；③变转差 s 调速。

本 章 小 结

1. 感应电动机是由定子和转子两大部分组成。

2. 三相笼型转子感应电动机有直接起动与减压起动两种方法。直接起动也称为全压起动，起动时，电动机定子绕组直接承受额定电压。减压起动的目的是限制起动电流，通过起动设备使定子绕组承受的电压小于额定电压，待电动机转速达到某一数值时，再使定子绕组承受额定电压，使电动机在额定电压下稳定工作。主要方法：定子绕组串电阻；星-三角起动。

3. 三相异步电动机的制动分为能耗制动、反接制动和回馈制动三种。

4. 三相异步电动机转速公式为 $n = n_1(1-s) = \dfrac{60f_1}{p}(1-s)$，从三相异步电动机的转速关系可得异步电动机调速有三种基本方法：①改变磁极对数 p 进行调速；②改变电源频率 f_1 进行调速；③变转差 s 进行调速。

5. 直流电机是一种能将直流电能与机械能进行相互转换的电气设备，包括直流电动机与直流发电机两大类。本章主要分析直流电动机起动、制动和正、反转等控制方式。

6. 他励直流电动机的速度调节方法有电枢回路串电阻调速、降低电源电压调速、减弱磁通调速。

思考题与习题

1. 简述直流电动机的基本结构及主要部件的作用。
2. 如何判断一台直流电动机是运行于发电工作状态还是电动工作状态？
3. 直流电动机有几种调速方式？它们各具有什么样的特点？
4. 试述旋转磁场的产生条件及三相异步电动机的基本工作原理。
5. 三相交流电动机同步转速与频率、磁极对数、额定转速有什么关系？
6. 三相异步电动机通入三相电源，但转子绕组开路，电动机能否转动？为什么？

第 2 章　机床常用电器元件

2.1　常用的开关电器

开关电器主要用于隔离、转换、接通和分断电路，多数用作机床电路的电源开关和局部照明电路的控制开关，有时也用来直接控制小容量电动机的起动、停止和正、反转。

2.1.1　刀开关

刀开关俗称闸刀开关，它是一种手动控制器，结构最简单，一般在不经常操作的低压电路中用来接通或切断电源或将电路与电源隔离，有时也用来直接控制小容量电动机的起动、停止和正、反转。常用的刀开关分为开启式负荷开关和封闭式负荷开关。

1. 开启式负荷开关

开启式负荷开关的基本结构如图 2-1a 所示，三极刀开关电气符号如图 2-1c 所示。它由刀开关和熔断器组合而成，包含瓷底板、静触点、触刀、瓷柄、胶盖等。

这种开关具有简易的灭弧装置，不宜用于带大负载接通或分断电路，故不宜频繁分、合电路。但因其结构简单，价格低廉，常用作照明电路的电源开关，也可用于 5.5kW 以下三相异步电动机不频繁起动和停止控制，是一种结构简单而应用广泛的开关电器。按极数不同刀开关分为单极、双极和三极三种。常用的 HK 系列刀开关的额定电压为 220V 或 380V，额定电流为 10～60A 不等。

2. 封闭式负荷开关

封闭式负荷开关俗称铁壳开关，图 2-1b 所示为常用的封闭式负荷开关示意图。

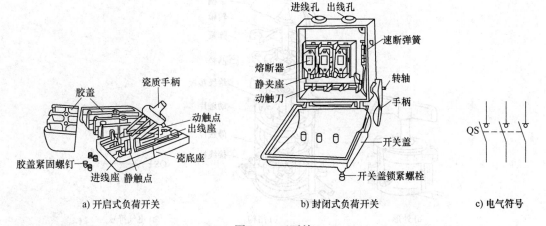

a) 开启式负荷开关　　　　　b) 封闭式负荷开关　　　　　c) 电气符号

图 2-1　刀开关

3. 低压刀熔开关

低压刀熔开关又称为熔断器式刀开关，俗称刀熔开关，是低压刀开关与低压熔断器组合的开关电器。

低压刀熔开关安装方法：

1）选择开关前，应注意检查动刀片对静触点接触是否良好、是否同步。如有问题，应予以修理或更换。

2）电源进线应接在静触点一边的进线端，用电设备应接在动触点一边的出线端。这样，当开关断开时，闸刀和熔体均不带电，以保证更换熔体时的安全。

3）安装时，刀开关在合闸状态下手柄应该向上，不能倒装或平装，以防止闸刀松动落下时误合闸。

注意事项：

1）安装后应检查闸刀和静触点是否成直线和紧密可靠。

2）更换熔丝时，必须先拉闸断电后，按原规格安装熔丝。

3）胶壳刀开关不适合用来直接控制 5.5kW 以上的交流电动机。

4）合闸、拉闸动作要迅速，使电弧很快熄灭。

2.1.2　组合开关

组合开关包括转换开关和倒顺开关，其特点是用动触片的旋转代替闸刀的推合和拉开，实质上是一种由多组触点组合而成的刀开关。这种开关可用作交流380V、50Hz 和直流220V以下的电路电源引入开关或控制 5.5kW 以下小容量电动机的直接起动，以及电动机正、反转控制和机床照明电路控制。额定电流有 6A、10A、15A、25A、60A、100A 等多种，在电气设备中主要作为电源引入开关。

1. 结构

（1）转换开关　HZ5—30/3 型转换开关的外形如图 2-2a 所示，其结构及电气符号分别如图 2-2b、c 所示。它主要由手柄、转轴、凸轮、动触片、静触片及接线柱等组成。当转动手柄时，每层的动触片随方形转轴一起转动，使动触片插入静触片中，接通电路；

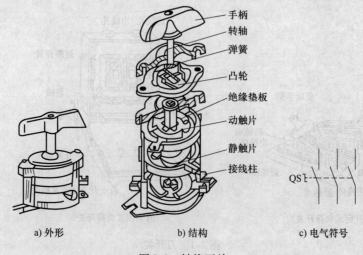

a) 外形　　　　　b) 结构　　　　　c) 电气符号

图 2-2　转换开关

或使动触片离开静触片，分断电路；各极是同时通断的。为了使开关在切断电路时能迅速灭弧，在开关转轴上装有扭簧储能机构，使开关能快速接通与断开，从而提高开关的通断能力。

（2）倒顺开关　其外形和结构如图 2-3a 所示，电气符号如图 2-3b 所示。倒顺开关又称为可逆转开关，是组合开关的一种特例，多用于机床的进刀、退刀，电动机的正、反转和停止的控制，升降机的上升、下降和停止的控制，也可作为控制小电流负载的负荷开关。

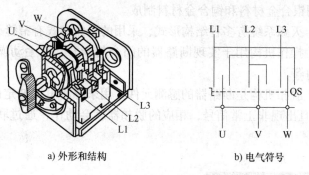

a) 外形和结构　　　　　　　　　b) 电气符号

图 2-3　倒顺开关

2. 组合开关的选用

1）选用转换开关时，应根据电源种类、电压等级、所需触点数及电动机容量来选用，开关的额定电流一般取电动机额定电流的 1.5 ~ 2 倍。

2）用于一般照明、电热电路，其额定电流应大于或等于被控电路的负载电流的总和。

3）当用作设备电源引入开关时，其额定电流应稍大于或等于被控电路的负载电流的总和。

4）用于直接控制电动机时，其额定电流一般可取电动机额定电流的 2 ~ 3 倍。

3. 安装方法

1）安装转换开关时应使手柄保持平行于安装面。

2）转换开关需安装在控制箱（或壳体）内时，其操作手柄最好伸出在控制箱的前面或侧面，应使手柄在水平旋转位置时为断开状态。

3）若需在控制箱内操作时，转换开关最好装在箱内右上方，而且在其上方不宜安装其他电器，否则应采取隔离或绝缘措施。

4. 注意事项

1）由于转换开关的通断能力较低，因此不能用来分断故障电流。当用于控制电动机正、反转时，必须在电动机完全停转后才能操作。

2）当负载功率因数较低时，转换开关要降低额定电流使用，否则会影响开关寿命。

2.1.3　低压断路器

低压断路器相当于熔断器、刀开关、热继电器和欠电压继电器的组合，是一种既能进行手动操作，又能自动进行欠电压、失电压、过载和短路保护的控制电器。

断路器结构有框架式（又称万能式）、塑料外壳式（又称装置式）和漏电保护式等。其结构示意图如图 2-4 所示。框架式断路器为敞开式结构，适用于大容量配电装置。塑料外壳式断路器的特点是各部分元器件均安装在塑料壳体内，具有良好的安全性，结构紧凑简单，可独立安装，常用作供电线路的保护开关和电动机或照明系统的控制开关，也广泛用于电气控制设备及建筑物内做电源线路保护、对电动机进行过载和短路保护。

低压断路器一般由触点系统、灭弧系统、操作机构、脱扣机构及外壳或框架等组成。各组成部分的作用如下。

（1）触点系统　　触点系统用于接通和断开电路。触点的结构形式有对接式、桥式和插入式三种，一般采用银合金材料和铜合金材料制成。

（2）灭弧系统　　灭弧系统有多种结构形式，采用的灭弧方式有窄缝灭弧和金属栅灭弧。

（3）操作机构　　操作机构用于实现断路器的闭合与断开，有手动操作机构、电动操作机构和电磁操作机构等。

（4）脱扣机构　　脱扣机构是断路器的感测元件，用来感测电路特定的信号（如过电压、过电流等）。电路一旦出现非正常信号，相应的脱扣器就会动作，通过联动装置使断路器自动跳闸而切断电路。

 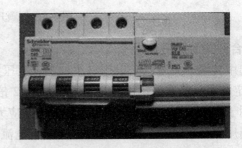

a) 断路器结构图　　　　　　　　b) 断路器外观图

图 2-4　断路器结构示意图

1. 低压断路器工作原理

低压断路器工作原理的示意图、图形符号和文字符号如图 2-5 所示。

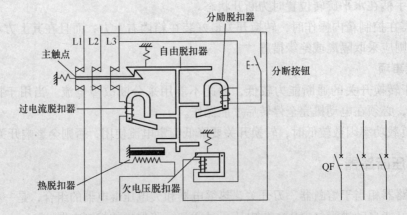

图 2-5　低压断路器工作原理的示意图、图形符号和文字符号

其工作原理分析如下：当主触点闭合后，若电路发生短路或过电流（电流达到或超过

过电流脱扣器动作值）事故时，过电流脱扣器的衔铁吸合，驱动自由脱扣器动作，主触点在弹簧的作用下断开；当电路过载时，热脱扣器的热元件发热，使双金属片产生足够的弯曲，推动自由脱扣器动作，从而使主触点断开，切断电路；当电源电压不足（小于欠电压脱扣器释放值）时，欠电压脱扣器的衔铁释放，使自由脱扣器动作，主触点断开，切断电路。分励脱扣器用于远距离切断电路，当需要分断电路时，按下分断按钮，分励脱扣器线圈通电，衔铁驱动自由脱扣器动作，使主触点断开而切断电路。

2. 断路器的选用

1）应根据具体使用条件和被保护对象的要求选择合适的类型。

2）一般在电气设备控制系统中，常选用塑料外壳式或漏电保护式断路器；在电力网主干线路中主要选用框架式断路器；而在建筑物的配电系统中则一般采用漏电保护式断路器。

3）断路器的额定电压和额定电流应分别不小于电路额定电压和最大工作电流。

4）脱扣器整定电流的计算。热脱扣器的整定电流应与所控制负载（如电动机等）的额定电流一致。电磁脱扣器的瞬时动作整定电流应大于负载电路正常工作的最大电流。

对于单台电动机来说，DZ 系列低压断路器电磁脱扣器的瞬时动作整定电流 I_z 可按下式计算：

$$I_z \geqslant KI_q$$

式中，K 为安全系数，可取 1.5 ~ 1.7；I_q 为电动机起动电流。

对于多台电动机来说，可按下式计算：

$$I_z \geqslant KI_{qmax} + 电路中其他电动机的额定电流$$

式中，K 也可取 1.5 ~ 1.7；I_{qmax} 为最大一台电动机的起动电流。

5）断路器用于电动机保护时，一般电磁脱扣器的瞬时脱扣整定电流应为电动机起动电流的 1.7 倍。

6）选用断路器用作多台电动机短路保护时，一般电磁脱扣器的整定电流为容量最大的一台电动机起动电流的 1.3 倍再加上其余电动机额定电流。

7）对用于分断或接通电路的断路器，其额定电流和热脱扣器的整定电流均应等于或大于电路中负载额定电流的两倍。

8）选择断路器时，在类型、等级、规格等方面要配合上、下级开关的保护特性，不允许因下级保护失灵而导致上级跳闸，扩大停电范围。

3. 安装维护方法

1）断路器在安装前应将脱扣器的电磁铁工作面的防锈油脂抹净，以免影响电磁机构的动作值。

2）断路器应上端接电源，下端接负载。

3）断路器与熔断器配合使用时，熔断器应尽可能装于断路器之前，以保证使用安全。

4）脱扣器的整定值一经调好后就不允许随意变动，长时间使用后要检查其弹簧是否生锈卡住，以免影响其动作。

5）断路器在分断短路电流后，应在切除上一级电源的情况下及时检查触点。若发现有严重的电灼痕迹，可用干布擦去；若发现触点烧毛，可用砂纸或细锉小心修整，但主触点一般不允许用锉刀修整。

6）定期清除断路器上的积尘和检查各种脱扣器的动作值，当操作机构使用一段时间

（1~2 年）后，应为其传动机构部分加润滑油（小容量塑壳断路器不需要）。

7）灭弧室在分断短路电流后，或较长时间使用后，应清除其内壁和栅片上的金属颗粒和黑烟灰，如灭弧室已破损，则绝不能再使用。

4. 注意事项

1）在确定断路器的类型后，再进行具体参数的选择。

2）断路器的底板应垂直于水平位置，固定后应保持平整，倾斜度不大于 5°。

3）有接地螺钉的断路器应可靠连接地线。

4）具有半导体脱扣装置的断路器，其接线端应符合相序要求，脱扣装置的端子应可靠连接。

2.2　常用的主令电器

自动控制系统中用于发送动作指令的电器称为主令电器。常用的主令电器有按钮、行程开关、接近开关及万能转换开关等。

2.2.1　按钮

按钮是一种短时接通或断开小电流电路的手动电器，常用于控制电路中发出起动或停止等指令，以控制接触器、继电器等电器的线圈电流的接通或断开，再由它们去接通或断开主电路。

1. 按钮的结构

按钮的外形图、图形符号、结构和原理示意图如图 2-6 所示。它是由按钮帽、复位弹簧、常闭触点、常开触点和外壳等组成。其触点允许通过的电流很小，一般不超过 5A。

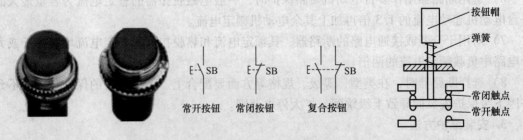

图 2-6　按钮的外形图、图形符号、结构和原理示意图

常开按钮（起动按钮）：手指未按下时，触点是断开的；当手指按下时，触点接通；手指松开后，在复位弹簧作用下触点又返回原位断开。它常用作起动按钮。

常闭按钮（停止按钮）：手指未按下时，触点是闭合的；当手指按下时，触点被断开；手指松开后，在复位弹簧作用下触点又返回原位闭合。它常用作停止按钮。

复合按钮：将常开按钮和常闭按钮组合为一体。当手指按下时，其常闭触点先断开，然后常开触点闭合；手指松开后，在复位弹簧作用下触点又返回原位。它常用在控制电路中做电气联锁。

为便于识别各个按钮的作用，避免误操作，通常在按钮帽上做出不同标记或涂上不同颜色，如蘑菇形表示急停按钮；红色表示停止按钮；绿色表示起动按钮。

2. 按钮的选用

1）根据使用场合选择按钮的种类，如开启式、保护式、防水式和防腐式等。

2）根据用途选用合适的形式，如手把旋钮式、钥匙式、紧急式和带灯式等。

3）按照控制电路的需要，确定不同的按钮数，如单钮、双钮、三钮和多钮等。

4）按照工作状态指示和工作情况要求，选择按钮和指示灯的颜色（参照国家有关标准）。

5）核对按钮额定电压、额定电流等指标是否满足要求。

3. 按钮的安装

1）按钮安装在面板上时，应布置合理，排列整齐。可根据生产机械或机床起动、工作的先后顺序，从上到下或从左至右依次排列。如果它们有几种工作状态，如上、下，前、后，左、右，松、紧等，则应使每一组正、反状态的按钮安装在一起。

2）在面板上固定按钮时安装应牢固，停止按钮用红色，起动按钮用绿色或黑色，按钮较多时，应在显眼且便于操作处用红色蘑菇头设置总停按钮，以应对紧急情况。

4. 注意事项

1）由于按钮的触点间距较小，有油污时极易发生短路故障，因此使用时应保持触点间的清洁。

2）用于高温场合时，塑料容易变形老化，导致按钮松动，引起接线螺钉间相碰短路，在安装时可视情况再多加一个紧固垫圈并压紧。

3）带指示灯的按钮由于灯泡要发热，时间长时易使塑料灯罩变形，造成调换灯泡困难，因此不宜用作长时间通电按钮。

2.2.2　行程开关

行程开关又称位置开关或限位开关，是一种小电流的控制器。它是根据运动部件的位置而切换的电器，可将机械信号转换为电信号，以实现对机械运动的控制，能实现运动部件极限位置的保护。它的作用原理与按钮类似，利用生产机械运动部件的碰压使其触点动作，从而将机械信号转变为电信号。使运动机械实现自动停止、反向运动、自动往复运动、变速运动等控制要求。

1. 行程开关的结构

各系列行程开关的结构基本相同，主要由触点系统、操作机构和外壳组成。行程开关按其结构可分为按钮式（又称直动式）、旋转式（又称滚轮式）和微动式三种，如图 2-7 所示，其图形符号如图 2-8 所示。行程开关动作后，复位方式有自动复位和非自动复位两种。按钮式和单轮旋转式行程开关为自动复位式，双轮旋转式行程开关没有复位弹簧，在挡铁离开后不能自动复位，必须由挡铁从反方向碰撞后，开关才能复位。

2. 行程开关的工作原理

当运动机械挡铁压到滚轮上时，杠杆连同转轴一起转动，并推动撞块。当撞块被压到一定位置时，推动微动开关动作，使常开触点闭合，常闭触点断开。当运动机械的挡铁离开后，复位弹簧使行程开关各部位部件恢复常态。

行程开关的触点动作方式有蠕动型和瞬动型两种。蠕动型触点的分合速度取决于挡铁的

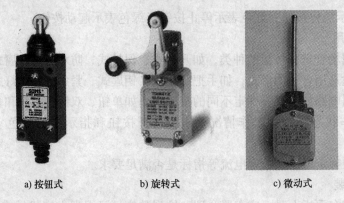

a) 按钮式　　　　　　b) 旋转式　　　　　　c) 微动式

图 2-7　行程开关外形图

移动速度，当挡铁移动速度低于
0.4m/min 时，触点切换太慢，易受
电弧烧灼，从而减少触点使用寿命，
也影响动作的可靠性。为克服以上
的缺点，可采用具有快速换接动作
机构的瞬动型触点。

a) 常开触点　　　　　b) 常闭触点　　　　　c) 复合触点

图 2-8　行程开关图形符号

2.2.3　万能转换开关

　　万能转换开关是一种具有更多操作位置和触点，能换接多个电路的手控电器。因它能控制多个电路，可适应复杂电路的要求，故称"万能"转换开关。万能转换开关主要用于控制电路换接，也可用于小容量电动机的起动、换向、调速和制动控制。

　　万能转换开关的结构如图 2-9 所示，它由触点座、凸轮、转轴、定位结构、螺杆和手柄等组成，并由 1~20 层触点底座叠装，其中每层底座装有三对触点，并由触点底座中的凸轮（套在转轴上）来控制三对触点的接通和断开。由于凸轮可制成不同形状，因此转动手柄到不同位置时，通过凸轮作用，可使各对触点按所需的变化规律接通或断开，以达到换接电路的目的。

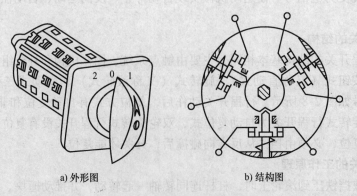

a) 外形图　　　　　　　　　　b) 结构图

图 2-9　万能转换开关的结构

　　万能转换开关在电路中的符号如图 2-10a 所示，中间的竖线表示手柄的位置，当手柄处

于某一位置时，处在接通状态的触点下方虚线上标有小黑点。触点的通断状态也可以用图 2-10b 所示的触点分合表来表示，"＋"号表示触点闭合，"－"号表示触点断开。

常用的万能转换开关有 LW2、LW5、LW6、LW8 等系列。

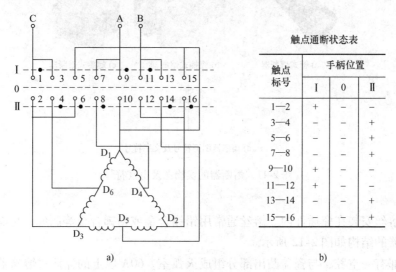

触点通断状态表

触点标号	手柄位置		
	I	0	II
1—2	+	-	-
3—4	-	-	+
5—6	-	-	+
7—8	-	-	+
9—10	+	-	-
11—12	+	-	-
13—14	-	-	-
15—16	-	-	+

a)　　　　　　　　　　b)

图 2-10　万能转换开关的电路图形与触点分合表

本节主要知识点

对于复合按钮和行程开关，可以用虚线连接；在电气原理图中有时为了方便阅读，也可以用如下方法表示：例如，SB1 按钮有两对触点，可分别标注 SB1-1、SB1-2；也可以在不同地方都标注 SB1，表明也是同一个按钮。例如，行程开关 SQ1-1、SQ1-2，表明分别为行程开关 SQ1 的第一对触点和第二对触点。

2.3　熔断器

熔断器是一种结构简单、使用方便、价格低廉的保护电器，广泛用于供电线路和电气设备的短路保护电路中。在使用时，熔断器串接在所保护的电路中，当电路发生短路或严重过载时，它的熔体能自动迅速熔断，从而切断电路，使导线和电气设备不致损坏。

2.3.1　熔断器的结构及类型

熔断器按其结构形式分为瓷插式、螺旋式、有填料密封管式、无填料密封管式等，其品种规格很多。熔断器的结构如图 2-11 所示。在电气控制系统中经常选用螺旋式熔断器，它有明显的分断指示，不用任何工具就可取下或更换熔体。最近推出的新产品有 RL9、RL7 系列，可以取代老产品 RL1、RL2 系列。RLS2 系列是快速熔断器，用以保护半导体硅整流元件及晶闸管，可取代老产品 RLS1 系列。

1. 瓷插式熔断器

瓷插式熔断器也称为半封闭插入式熔断器，它主要由瓷体、瓷盖、静触点、动触点和熔

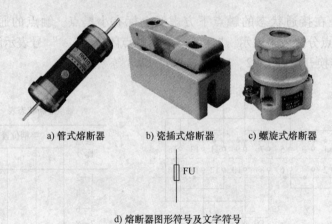

a) 管式熔断器　　　　b) 瓷插式熔断器　　　　c) 螺旋式熔断器

FU

d) 熔断器图形符号及文字符号

图 2-11　熔断器的实物图及电气符号

丝等组成，熔丝安装在瓷插件内。熔丝通常用铅锡合金或铅锑合金等制成，也有的用铜丝做熔丝。熔断器的结构如图 2-12 所示。

　　瓷体中部有一空腔，与瓷盖凸出部分组成灭弧室。60A 以上的瓷插式熔断器空腔中还垫有纺织石棉层，用以增强灭弧能力。该系列熔断器具有结构简单、价格低廉、体积小、带电更换熔丝方便等优点，且具有较好的保护特性，主要用于交流 400V 以下的照明电路中做保护电器。但其分断能力较小，电弧较大，只适用于小功率负载的保护。常用的型号有 RC1A 系列，其额定电压为 380V，额定电流有 5A、10A、15A、30A、60A、100A 和 200A 七个等级。

2. 螺旋式熔断器

　　螺旋式熔断器主要由瓷帽、熔断管、瓷套、上接线盒、下接线座和瓷座等组成，熔丝安装在熔断体的瓷质熔管内，熔管内部填充起灭弧作用的石英砂。熔断体自身带有熔体熔断指示装置。螺旋式熔断器是一种有填料的封闭管式熔断器，结构较瓷插式熔断器复杂，其结构如图 2-13 所示。

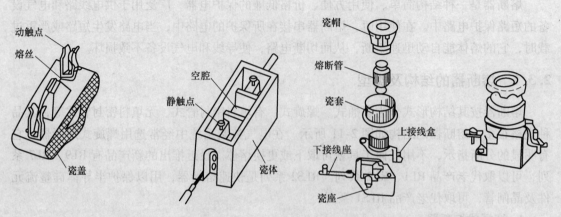

动触点
熔丝
空腔
静触点
瓷盖
瓷体

瓷帽
熔断管
瓷套
上接线盒
下接线座
瓷座

图 2-12　熔断器的结构和电气符号　　　　　　图 2-13　RL1 系列螺旋式熔断器

3. 有填料封闭管式熔断器

有填料封闭管式熔断器的结构如图 2-14 所示。它由瓷底座、熔断体两部分组成，熔体安放在瓷质熔管内，熔管内部充满石英砂，起灭弧作用。

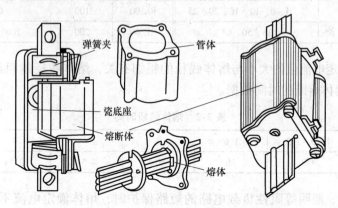

弹簧夹　　管体

瓷底座

熔断体

熔体

图 2-14　有填料封闭管式熔断器的结构

4. 无填料封闭管式熔断器

无填料封闭管式熔断器主要用于低压电力网及成套配电设备中。无填料封闭管式熔断器由插座、熔断管、熔体等组成，主要型号有 RM10 系列。

2.3.2　熔断器主要参数及选择

1. 额定电压

这是从灭弧角度出发，规定熔断器所在线路工作电压的最高限额。如果线路的实际电压超过熔断器的额定电压，一旦熔体熔断，则有可能发生电弧不能及时熄灭的现象。

2. 额定电流

实际上是指熔座的额定电流，这是由熔断器长期工作所允许的温升决定的电流值。配用的熔体的额定电流应小于或等于熔断器的额定电流。

3. 熔体额定电流

熔体长期通过此电流而不熔断的最大电流。生产厂家生产不同规格（额定电流）的熔体供用户选择使用。

4. 极限分断能力

熔断器所能分断的最大短路电流值。分断能力的大小与熔断器的灭弧能力有关，而与熔断器的额定电流值无关。熔断器的极限分断能力必须大于线路中可能出现的最大短路电流值。

5. 熔断器的选择

1）熔断器的选择包括种类的选择和额定参数的选择。

2）熔断器的种类选择应根据各种常用熔断器的特点、应用场所及实际应用的具体要求来确定。熔断器在使用中选用恰当，才能既保证电路正常工作又能起到保护作用。

3）在选用熔断器的具体参数时，应使熔断器的额定电压大于或等于被保护电路的工作电压；其额定电流大于或等于所装熔体的额定电流，RL 系列熔断器技术数据见表 2-1。

表 2-1　RL 系列熔断器技术数据

型　号	熔断器额定电流/A	可装熔丝的额定电流/A	型　号	熔断器额定电流/A	可装熔丝的额定电流/A
RL6-25	25	2、4、6、10、16、20、25	RL100	100	60、80、100
RL6-63	63	35、50、63	RL200	200	100、125、150、200

4）熔断器额定电流值的大小与熔体线径的粗细有关，熔体线径越粗额定电流值越大。表 2-2 中列出了熔体熔断的时间数据。

表 2-2　熔体熔断时间

熔断电流倍数	1.25 ~ 1.3	1.6	2	3	4	8
熔 断 时 间	∞	1h	40s	4.5s	2.5s	瞬时

5）用于电炉、照明等阻性负载电路的短路保护时，熔体额定电流不得小于负载额定电流。

6）用于单台电动机短路保护时，熔体额定电流 = （1.5 ~ 2.5）×电动机额定电流。

7）用于多台电动机短路保护时，熔体额定电流 = （1.5 ~ 2.5）×容量最大的一台电动机的额定电流 + 其余电动机额定电流总和。

2.3.3　熔断器安装方法

1）装配熔断器前应检查熔断器的各项参数是否符合电路要求。

2）安装熔断器时必须在断电情况下操作。

3）安装时熔断器必须完整无损，接触紧密可靠。

4）熔断器应安装在线路的各相线（俗称火线）上，在三相四线制的中性线上严禁安装熔断器，在单相二线制的中性线上应安装熔断器。

5）螺旋式熔断器在接线时，为了更换熔断管时的安全，下接线端应接电源，而连接螺口的上接线端应接负载。

本节主要知识点

1. 只有正确选择熔体和熔断器才能起到保护作用。

2. 熔断器的额定电流不得小于熔体的额定电流。

3. 对保护照明电路和其他非电感设备的熔断器，其熔丝或熔断管额定电流应大于电路工作电流。对于保护电动机电路的熔断器，应考虑电动机的起动条件，按电动机起动时间的长短和频繁起动的程度来选择熔体的额定电流。

4. 多级保护时应注意各级间的协调配合，下一级熔断器熔断电流应比上一级熔断电流小，以免出现越级熔断，扩大动作范围。

2.4　热继电器

热继电器是专门用来对连续运行的电动机进行过载保护，以防止电动机过热而烧毁的保护电器。

1. 热继电器的结构

常用的热继电器有由两个热元件组成的两相结构和由三个热元件组成的三相结构两种形式。两相结构的热继电器主要由加热元件、主双金属片动作机构、触点系统、整定电流装置、复位机构和温度补偿元件等组成，如图 2-15 所示。

（1）热元件　热元件是热继电器接收过载信号的部分，它由双金属片及绕在双金属片外面的绝缘电阻丝组成。双金属片由两种热膨胀系数不同的金属片复合而成，如铁－镍－铬合金和铁－镍合金。电阻丝用康铜和镍铬合金等材料制成，使用时串联在被保护的电路中。当电流通过热元件时，热元件对双金属片进行加热，使双金属片受热弯曲。热元件对双金属片加热的方式有三种：直接加热、间接加热和复式加热，其示意图如图 2-16 所示。

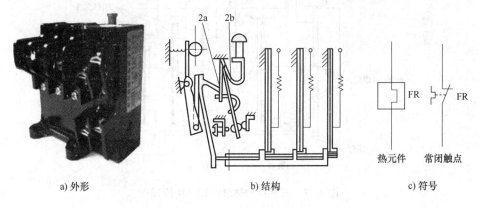

a) 外形　　　　　　　　b) 结构　　　　　　　　c) 符号

图 2-15　JR16 系列热继电器

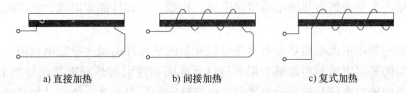

a) 直接加热　　　　　　b) 间接加热　　　　　　c) 复式加热

图 2-16　热继电器双金属片加热方式示意图

（2）触点系统　一般配有一组切换触点，可形成一个常开（动合）触点和一个常闭（动断）触点。

（3）动作机构　由导板、补偿双金属片、推杆、杠杆及拉簧等组成，用来补偿环境温度的影响。

（4）复位机构　热继电器动作后的复位有手动复位和自动复位两种，手动复位的功能由复位按钮来完成，自动复位的功能由双金属片冷却自动完成，但需要一定的时间。

（5）整定电流装置　由旋钮和偏心轮组成，用来调节整定电流的数值。热继电器的整定电流是指热继电器长期不动作的最大电流值，超过此值就要动作。

2. 热继电器的工作原理

由图 2-17 所示的 JR19 系列热继电器结构原理图可知，它主要由双金属片、加热元件、动作机构、触点系统、整定调整装置及手动复位装置等组成。双金属片作为温度检测元件，由两种膨胀系数不同的金属片压焊而成，它被加热元件加热后，因两层金属片伸长率不同而弯曲。

　　将热继电器的三相热元件分别串接在电动机三相主电路中，当电动机正常运行时，热元件产生的热量不会使触点系统动作；当电动机过载时，流过热元件的电流加大，经过一定的时间，热元件产生的热量使双金属片的弯曲程度超过一定值，通过导板推动热继电器的触点动作（常开触点闭合，常闭触点断开）。通常用热继电器串接在接触器线圈电路的常闭触点来切断线圈电流，使电动机主电路失电。故障排除后，按手动复位按钮，热继电器触点复位，可以重新接通控制电路。

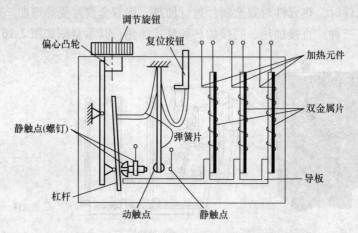

图 2-17　三相结构热继电器结构原理图

3. 热继电器主要参数

　　热继电器的主要参数有热继电器额定电流、相数、热元件额定电流、整定电流及调节范围等。

　　热继电器的额定电流是指热继电器中可以安装的热元件的最大整定电流值。

　　热继电器的整定电流是指能够长期通过热元件而不致引起热继电器动作的最大电流值。通常热继电器的整定电流是按电动机的额定电流整定的。对于某一热元件的热继电器，可手动调节整定电流旋钮，通过偏心轮机构调整双金属片与导板的距离，能在一定范围内调节其电流的整定值，使热继电器更好地保护电动机。

4. 热继电器的选用

　　1）热继电器种类的选择：应根据被保护电动机的联结形式进行选择。当电动机为星形联结时，选用两相或三相热继电器均可进行保护；当电动机为三角形联结时，应选用三相差分放大机构的热继电器进行保护。

　　2）热继电器主要根据电动机的额定电流来确定其型号和使用范围。

　　3）热继电器额定电压选用时要求额定电压大于或等于触点所在线路的额定电压。

　　4）热继电器额定电流选用时要求额定电流大于或等于被保护电动机的额定电流。

　　5）热元件规格用电流值选用时一般要求其电流规格小于或等于热继电器的额定电流。

　　6）热继电器的整定电流要根据电动机的额定电流、工作方式等而定。一般情况下可按电动机额定电流值整定。

7）对过载能力较差的电动机，可将热元件整定值调整到电动机额定电流的 0.6 ~ 0.8 倍。对起动时间较长，拖动冲击性负载或不允许停车的电动机，热元件的整定电流应调节到电动机额定电流的 1.1 ~ 1.15 倍。

8）对于重复短时工作制的电动机（如起重电动机等），由于电动机不断重复升温，热继电器双金属片的温升跟不上电动机绕组的温升变化，因而电动机将得不到可靠保护，故不宜采用双金属片式热继电器做过载保护。

热继电器的主要产品型号有 JR20、JRS1、JR0、JR14 和 JR15 等系列；引进产品有 T 系列、3μA 系列和 LR1-D 系列等。

5. 热继电器的安装

1）热继电器安装接线时，应清除触点表面污垢，以避免因电路不通或接触电阻加大而影响热继电器的动作特性。

2）如电动机起动时间过长或操作次数过于频繁，则有可能使热继电器误动作或烧坏热继电器，因此这种情况一般不用热继电器做过载保护，如仍用热继电器，则应在热元件两端并接一副接触器或继电器的常闭触点，待电动机起动完毕，使常闭触点断开后，再将热继电器投入工作。

3）热继电器周围介质的温度，原则上应和电动机周围介质的温度相同，否则，势必要破坏已调整好的配合情况。当热继电器与其他电器安装在一起时，应将它安装在其他电器的下方，以免其动作特性受到其他电器发热的影响。

本节主要知识点

热继电器出线端的连接导线不宜过细，若连接导线过细，轴向导热性差，则热继电器可能提前动作；反之，若连接导线太粗，轴向导热快，则热继电器可能滞后动作。在电动机起动或短时过载时，由于热元件的热惯性，热继电器不能立即动作（因此不能采用热继电器做短路保护），从而保证了电动机的正常工作。如果过载时间过长，超过一定时间（由整定电流的大小决定），则热继电器的触点动作，切断电路，起到保护电动机的作用。

2.5　交流接触器

接触器是一种通用性很强的自动电磁式开关电器，是电力拖动与自动控制系统中一种重要的低压电器。它可以频繁地接通和分断交、直流主电路及大容量控制电路。其主要控制对象是电动机，也可用于控制其他设备，如电焊机、电阻炉和照明器具等电力负载。它利用电磁力的吸合和反向弹簧力作用使触点闭合和分断，从而使电路接通或断开。它具有欠电压释放保护及零压保护，控制容量大，可运用于频繁操作和远距离控制，且工作可靠，寿命长，性能稳定，维护方便，接触器不能切断短路电流，因此通常需与熔断器配合使用。

接触器按主触点通过的电流种类，分为交流接触器和直流接触器两种。

2.5.1　交流接触器结构及工作原理

交流接触器由电磁系统、触点系统和灭弧系统三部分组成。交流接触器的工作原理是：当线圈通电后，静铁心产生电磁力将衔铁吸合，衔铁带动触点系统动作，使常闭触点断开，常开触点闭合。当线圈断电后，电磁吸引力消失，衔铁在弹簧的作用下释放，触点系统随之复位。图 2-18 所示为交流接触器的外形结构示意图和工作原理图，图 2-19 所示为它的图形符号与文字符号。

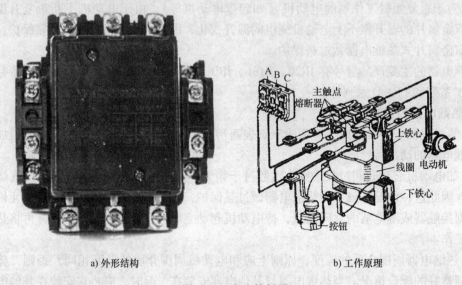

a) 外形结构　　　　　　　　　　　　　b) 工作原理

图 2-18　交流接触器

a) 线圈　　　　b) 主触点　　　　c) 辅助常开触点　　　　d) 辅助常闭触点

图 2-19　交流接触器图形符号和文字符号

1. 电磁系统

电磁系统是接触器的重要组成部分，它由线圈、铁心（静触点）和衔铁（动触点）三部分组成，其作用是利用电磁线圈的通电或断电，使衔铁和铁心吸合或释放，从而带动动触点与静触点接通或断开，实现接通或断开电路的目的。

交流接触器的线圈是由漆包线绕制而成的，为减少铁心中的涡流损耗，避免铁心过热。交流接触器的铁心和衔铁一般用 E 形硅钢片叠压铆成。同时交流接触器为了减少吸合时的振动和噪声，在铁心上装有一个短路的铜环作为减振器，使铁心中产生了不同相位的磁通量，以减少交流接触器吸合时的振动和噪声。

2. 触点系统

触点系统按照接触面积的大小可分为点接触、线接触、面接触。

触点系统用来直接接通和分断所控制的电路，根据用途不同，接触器的触点分主触点和辅助触点两种。主触点通常为三对，构成三个常开触点，用于通断主电路，通过的电流较大，接在电动机主电路中。辅助触点一般有常开、常闭触点各两对，用在控制电路中，起电气自锁和互锁作用。辅助触点通过的电流较小，通常接在控制电路中。

3. 电弧的产生与灭弧装置

如果电路中的电压超过 10V 和电流超过 80mA，则在动、静触点分离时在它们的气隙中间就会产生强烈的火花，通常称为"电弧"。电弧是一种高温高热的气体放电现象，其结果会使触点烧蚀，缩短使用寿命，因此通常要设灭弧装置，常采用的灭弧方法和灭弧装置有以下几种。

（1）电动力灭弧　电弧在触点回路电流磁场的作用下，受到电动力作用拉长，并迅速离开触点而熄灭，如图 2-20a 所示。

（2）纵缝灭弧　电弧在电动力的作用下，进入由陶土或石棉水泥制成的灭弧室窄缝中，电弧与室壁紧密接触，被迅速冷却而熄灭，如图 2-20b 所示。

（3）栅片灭弧　电弧在电动力的作用下，进入由许多定间隔的金属片所组成的灭弧栅之中，电弧被栅片分割成若干段短弧，使每段短弧上的电压达不到燃弧电压，同时栅片具有强烈的冷却作用，致使电弧迅速降温而熄灭，如图 2-20c 所示。

（4）磁吹灭弧　灭弧装置设有与

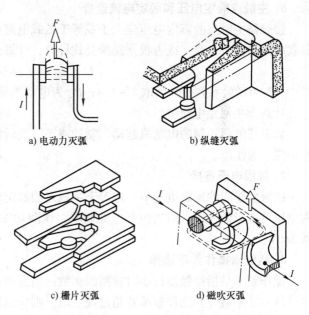

a) 电动力灭弧　　　b) 纵缝灭弧

c) 栅片灭弧　　　d) 磁吹灭弧

图 2-20　接触器的灭弧措施

触点串联的磁吹线圈，电弧在吹弧磁场的作用下受力拉长，吹离触点，加速冷却而熄灭，如图 2-20d 所示。

2.5.2 交流接触器的基本技术参数及选择

1. 额定电压

接触器额定电压是指主触点上的额定电压。其电压等级如下：

交流接触器：220V、380V、500V。

直流接触器：220V、440V、660V。

2. 额定电流

接触器额定电流是指主触点的额定电流。其电流等级如下：

交流接触器：10A、15A、25A、40A、60A、150A、250A、400A、600A，最高可达 2500A。

直流接触器：25A、40A、60A、100A、150A、250A、400A、600A。

3. 线圈额定电压

接触器线圈电压等级如下：

交流线圈：36V、110V、127V、220V、380V。

直流线圈：24V、48V、110V、220V、440V。

4. 额定操作频率

额定操作频率即每小时通断次数。交流接触器可高达 6000 次/h，直流接触器可达 1200 次/h。电气寿命达 500 万～1000 万次。

5. 类型选择

根据所控制的电动机或负载电流类型来选择接触器类型，交流负载应采用交流接触器，直流负载应采用直流接触器。

6. 主触点额定电压和额定电流选择

接触器主触点的额定电压应大于或等于负载电路的额定电压；主触点的额定电流应大于负载电路的额定电流，或者根据经验公式计算，计算公式如下：

$$I_C = P_N \times 10^3 / K U_N$$

式中，K 为经验系数，一般取 1～1.4；P_N 为电动机额定功率 kW；U_N 为电动机额定电压 V；I_C 为接触器主触点电流 A。

如果接触器控制的电动机起动、制动或正、反转较频繁，则一般将接触器主触点的额定电流降一级使用。

7. 线圈电压选择

接触器线圈的额定电压不一定等于主触点的额定电压，从人身和设备安全角度考虑，线圈电压可选择低一些；但当控制电路简单，线圈功率较小时，为了节省变压器，可选 220V 或 380V。

8. 接触器操作频率选择

操作频率是指接触器每小时通断的次数。当通断电流较大及通断频率过高时，会引起触点过热，甚至熔焊。操作频率若超过规定值，则应选用额定电流大一级的接触器。

9. 触点数量及触点类型的选择

通常接触器的触点数量应满足控制支路数的要求，触点类型应满足控制电路的功能要求。

2.6　电气控制中常用的继电器

继电器主要用于控制与保护电路中，可进行信号转换。继电器具有输入电路（又称感应元件）和输出电路（又称执行元件）功能，当感应元件中的输入量（如电流、电压、温度、压力等）变化到某一定值时继电器动作，执行元件便接通或断开控制电路。

继电器种类繁多，常用的有电流继电器、电压继电器、中间继电器、时间继电器、热继电器，以及温度、压力、计数和频率继电器等。

2.6.1　电磁式继电器

电磁式继电器的结构、工作原理与接触器相似，由电磁系统、触点系统和释放弹簧等组成。由于继电器用于控制电路，流过触点的电流小，故不需要灭弧装置。

电磁式继电器的图形和文字符号如图 2-21 所示。

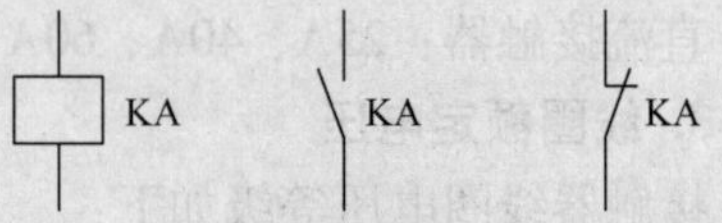

a) 线圈　　b) 常开触点　　c) 常闭触点

图 2-21　电磁式继电器的图形和文字符号

1. 电流继电器

根据输入（线圈）电流大小而动作的继电器称为电流继电器，按用途不同还可分为过电流继电器和欠电流继电器。其图形和文字符号如图 2-22 所示。过电流继电器的作用是当电路发生短路及过电流时立即将电路切断。当过电流继电器线圈通过的电流小于整定电流时，继电器不动作；只有超过整定电流时，继电器才动作。欠电流继电器的作用是当电路电流过低时立即将电路切断。当欠电流继电器线圈通过的电流大于或等于整定电流时，继电器吸合；只有电流低于整定电流时，继电器才释放。欠电流继电器一般是自动复位的。

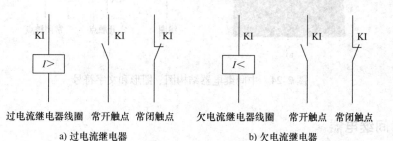

a) 过电流继电器　　　　　　b) 欠电流继电器

图 2-22　电流继电器的图形和文字符号

2. 电压继电器

电压继电器是根据输入电压大小而动作的继电器。按用途不同还可分为过电压继电器、欠电压继电器和零压继电器，其图形和文字符号如图 2-23 所示。过电压继电器是当电压大于其过电压整定值时动作的电压继电器，主要用于对电路或设备做过电压保护。欠电压继电器是当电压小于其电压整定值时动作的电压继电器，主要用于对电路或设备做欠电压保护。零压继电器是欠电压继电器的一种特殊形式，是当继电器的端电压降至或接近消失时才动作的电压继电器。

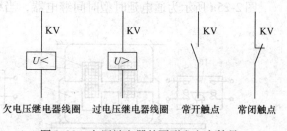

图 2-23　电压继电器的图形和文字符号

3. 中间继电器

中间继电器实质上是电压继电器的一种，它的触点数多，触点电流容量大，动作灵敏。中间继电器的主要用途是当其他继电器的触点数或触点容量不够时，可借助中间继电器来扩大它们的触点数或触点容量，从而起到中间转换的作用。中间继电器的结构及工作原理与接触器基本相同，因而中间继电器又称为接触器式继电器。但中间继电器的触点对数多，且没有主、辅之分，各对触点允许通过的电流大小相同，多数为 5A。因此，对于工作电流小于 5A 的电气控制电路，可用中间继电器代替接触器实施控制。中间继电器结构图、图形和文字符号如图 2-24 所示。

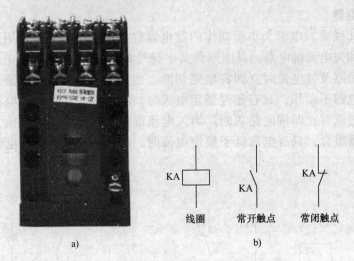

图 2-24　中间继电器结构图、图形和文字符号

2.6.2　时间继电器

时间继电器是一种用来实现触点延时接通或断开的控制电器，按其动作原理与结构不同，可分为空气阻尼式、电动式和电子式等多种类型。

1. 空气阻尼式时间继电器

空气阻尼式时间继电器是利用空气阻尼作用获得延时的，有通电延时和断电延时两种类型，其型号有 JS7-A 和 JS16 系列。图 2-25 所示为 JS7-A 系列时间继电器的结构示意图，它主要由电磁系统、延时机构和工作触点三部分组成，其工作原理如下。

图 2-25a 所示为通电延时型时间继电器，当线圈 1 通电后，铁心 2 将衔铁 3 吸合（推板

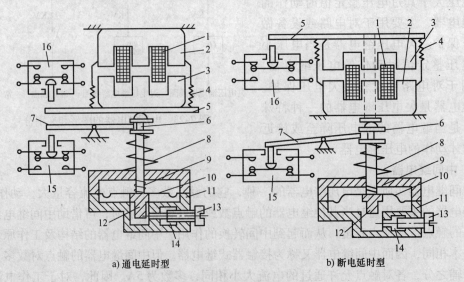

图 2-25　JS7-A 系列时间继电器的结构示意图

1—线圈　2—铁心　3—衔铁　4—复位弹簧　5—推板　6—活塞杆　7—杠杆　8—塔形弹簧　9—弱弹簧

10—橡皮膜　11—空气室壁　12—活塞　13—调节螺杆　14—进气孔　15、16—微动开关

5 使微动开关 16 立即动作），活塞杆 6 在塔形弹簧 8 作用下，带动活塞 12 及橡皮膜 10 向上移动，由于橡皮膜下方气室空气稀薄，形成负压，因此活塞杆 6 不能迅速上移。当空气由进气孔 14 进入时，活塞杆 6 才逐渐上移。移到最上端时，杠杆 7 才使微动开关 15 动作。延时时间即为自电磁铁吸引线圈通电时刻起到微动开关动作时为止的这段时间。通过调节螺杆 13 调节进气孔的大小，就可以调节延时时间。

当线圈 1 断电时，衔铁 3 在复位弹簧 4 的作用下将活塞 12 推向最下端。因活塞被往下推时，橡皮膜下方气室内的空气都通过橡皮膜 10、弱弹簧 9 和活塞 12 肩部所形成的单向阀，经上气室缝隙顺利排掉，因此延时与不延时的微动开关 15 与 16 都迅速复位。

将电磁机构翻转 180°安装后，可得到如图 2-25b 所示的断电延时型时间继电器。它的工作原理与通电延时型继电器相似，微动开关 15 是在吸引线圈断电后延时动作的。

空气阻尼式时间继电器的优点是结构简单、寿命长、价格低廉，还附有不延时的瞬动触点，所以应用较为广泛。其缺点是准确度低、延时误差大（±10% ~ ±20%），因此在要求延时精度高的场合不宜采用。

2. 晶体管式时间继电器

晶体管式时间继电器具有延时范围广、体积小、精度高、调节方便及寿命长等优点，所以发展很快，应用日益广泛。

晶体管式时间继电器常用产品有 JSJ、JSB、JJSB、JS14、JS20 等系列。

时间继电器主要根据控制电路所需要的延时触点的延时方式、瞬时触点的数目及使用条件来选择。

时间继电器的图形符号如图 2-26 所示，文字符号为 KT。

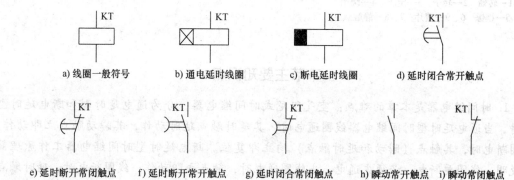

图 2-26　时间继电器的图形和文字符号

2.6.3　速度继电器

速度继电器是根据电磁感应原理制成的，用于转速的检测，如用来在三相交流感应电动机反接制动转速过零时自动切断反相序电源。图 2-27 所示为速度继电器的结构原理图。

速度继电器主要由转子、圆环（笼形空心绕组）和触点三部分组成。转子由一块永久磁铁制成，与电动机同轴相连，用以接收转动信号。当转子（磁铁）旋转时，笼形绕组切割转子磁场产生感应电动势，形成环内电流，此电流与磁铁磁场相作用，产生电磁转矩，圆环在此力矩的作用下带动摆锤，克服弹簧力而顺着转子转动的方向摆动，并拨动触点，改变其通断状态（在摆锤左、右各设一组切换触点，分别在速度继电器正转和反转时发生作用）。当调节弹簧弹力时，可使速度继电器在不同转速时切换触点，改变通断状态。

速度继电器的动作转速一般不低于 120r/min，复位转速约在 100r/min 以下，工作时允许的转速高达 1000～3900r/min。由速度继电器的正转和反转切换触点的动作来反映电动机转向和速度的变化。常用的速度继电器型号有 JY1 型和 JFZ0 型等。

速度继电器的图形和文字符号如图 2-28 所示。

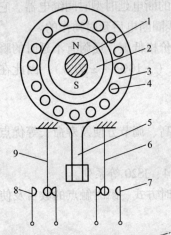

图 2-27　速度继电器的结构原理图
1—转轴　2—转子　3—定子　4—绕组
5—摆锤　6、9—簧片　7、8—静触点

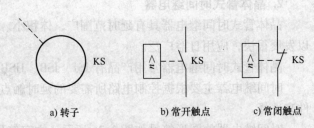

a) 转子　　　　　　b) 常开触点　　　　　c) 常闭触点

图 2-28　速度继电器的图形和文字符号

本节主要知识点

1. 时间继电器是本章的难点：空气阻尼式时间继电器，分为通电延时型和断电延时型两种，当通电延时型时间继电器线圈通电时，其延时触点延时动作，其瞬动触点立即动作。线圈断电时，其触点（瞬动和延时触点）均立即复位。断电延时型时间继电器工作原理简要说明：线圈要断电，必须先通电，当线圈通电时，触点立即动作；线圈断电时，延时触点延时复位，瞬动触点立即复位。

2. 时间继电器的符号记忆也是本章的难点之一：可以采用以下方法理解记忆，"（"表示通电延时型时间继电器触点，"）"表示断电延时型时间继电器触点；例如图 2-26d 所示的延时闭合常开触点，绘制时先画常开触点"╱"，常开触点闭合是触点动作，应该是线圈通电，所以采用"（"，同理根据符号也容易判断其触点类型"╱"，首先其为常开触点，"（"表明是通电延时，线圈通电常开触点闭合，因此分析为延时闭合常开触点。其他触点分析方法一致，在此不再赘述。当然不同老师教学和学生记忆方法不一定一致，此方法只是其中的一种，可供参考。

【实践技能训练】　低压电器的认识与拆装

一、训练目的

1）了解各类低压电器的结构、工作原理和接线方式。
2）熟悉低压电器的规格、型号及其意义。

二、训练设备（拆装的电器元件型号结合实训室情况确定）

①交流接触器。②热继电器。③过电流继电器。④组合开关。⑤时间继电器。⑥速度继电器。⑦断路器。⑧中间继电器。⑨熔断器：RC 系列、RL 系列、RT 系列。⑩按钮、行程开关等。⑪万用表。⑫电工工具。

三、实施的内容与步骤

1）详细观察各电器外部结构、使用方法。
2）拆装几个常用电器元件，了解其内部结构与工作原理。
① 拆开接触器底板，了解其内部组成。
② 拆开热继电器侧板，详细观察内部构造，了解双金属片实现过载保护的原理。
③ 拆开组合开关，观察其定位机构，触点通断调节的方法。
3）观察各电器铭牌，记录其型号规格、参数并了解它们的意义，了解其接线方法。
4）模拟时间继电器线圈得电动作，判断测试瞬动触点、延时触点的通断。

【拓展资源】　低压电器的基本知识

低压电器是指在交流 50Hz（或 60Hz）、额定电压 1200V 以下及直流额定电压 1500V 以下的电路中，起通断、保护、控制或调节作用的电器（简称电器），如各种刀开关、按钮、继电器、接触器等。低压电器作为基本器件，广泛应用于输配电系统中，在工农业生产、交通运输和国防工业中也起着极其重要的作用。

1. 低压电器分类

（1）按动作原理分类　按动作原理可将低压电器分为手动电器和自动电器。

1）手动电器。这类电器的动作是由工作人员手动操纵的，如刀开关、组合开关及按钮等。

2）自动电器。这类电器是按照操作指令或参量变化信号自动动作的，如接触器、继电器、熔断器和行程开关等。

（2）按用途和所控制的对象分类。

1）低压控制电器。主要用于设备电气控制系统，用于各种控制电路和控制系统的电器，如接触器、继电器及电动机起动器等。

2）低压配电电器。主要用于低压配电系统中，用于电能的输送和分配的电器，如刀开关、转换开关、熔断器和低压断路器等。

3）低压主令电器。主要用于自动控制系统中发送动作指令的电器，如按钮、转换开关等。

4）低压保护电器。主要用于保护电源、电路及用电设备，使它们不致在短路、过载等状态下运行遭到损坏的电器，如熔断器、热继电器等。

5）低压执行电器。主要用于完成某种动作或传送功能的电器，如电磁铁、电磁离合器等。

2. 低压电器的组成

低压电器一般有两个基本部分：一个是感受部分，它感受外界的信号，做出有规律的反应，在自动切换电器中，感受部分大多由电磁机构组成，在手控电器中，感受部分通常为操作手柄等；另一个是执行部分，如触点连同灭弧系统，它根据指令执行电路接通、切断等任务。对自动开关类的低压电器，还具有中间（传递）部分，它的任务是将感受和执行两部分联系起来，使它们协同一致，按一定的规律动作。但有些低压电器工作时，触点在一定条件下断开电流时往往伴随有电弧或火花，电弧或火花对断开电流的时间和触点的使用寿命都有极大的影响，特别是电弧，必须及时熄灭。故有些低压电器还有灭弧机构，用于熄灭电弧。

3. 低压电器的主要性能参数

（1）额定绝缘电压　额定绝缘电压是电器最大的额定工作电压。它是由电器结构、材料、耐压等因素决定的名义电压值。

（2）额定工作电压　低压电器在规定条件下长期工作时，能保证电器正常工作的电压值称为额定工作电压，通常是指主触点的额定电压。有电磁机构的控制电器还规定了吸引线圈的额定电压。

（3）额定发热电流　在规定条件下，电器长时间工作，各部分的温度不超过极限值时所能承受的最大电流值称为额定发热电流。

（4）额定工作电流　额定工作电流是保证电器能正常工作的电流值。同一电器在不同的使用条件下，有不同的额定电流等级。

（5）通断能力　低压电器在规定的条件下，能可靠接通和分断的最大电流称为通断能力。通断能力与电器的额定电压、负载性质、灭弧方法等有很大关系。

（6）电器寿命　电器寿命是指低压电器在规定条件下，在不需修理或更换零件时的负载操作循环次数。

（7）机械寿命　机械寿命是指低压电器在需要修理或更换机械零件前所能承受的负载操作次数。

本 章 小 结

1. **刀开关**：常用于小功率电动机的不频繁起动与停止，其主要有单极、双极、三极三种形式。

2. **组合开关**：主要用作电源的引入开关，有单极、双极、多极之分。

3. **低压断路器**：当电路发生短路、失电压、过载、短路等故障时，能自动切断电路。

4. **中心内容**：低压电器的基本原理是在力的作用下，触点动作，即常开触点闭合、常闭触点断开；力消失（部分没有复位装置的电器元件除外），触点复位。触点复位就是触点恢复到原来的工作状态，常闭触点闭合，常开触点断开。如按钮在手动施加压力的作用下，常开按钮闭合，常闭按钮断开，压力消失，按钮复位。又如交流接触器和中间继电器的基本工作原理是，当其线圈通电后产生电磁吸引力，触点动作；线圈断电，电磁吸引力消失，触点复位。

5. 熔断器：当线路短路或严重过载时，它的熔体能自动熔断，主要起短路保护作用。

6. 热继电器：利用电流的热效应原理工作，主要用于对电动机进行过载保护。

7. 速度继电器：速度继电器主要由转子、圆环（笼形空心绕组）和触点三部分组成，主要用于对电动机的反接制动，通常速度继电器的动作转速一般不低于120r/min，复位转速约在100r/min 以下。

8. 时间继电器：通常有两种类型，通电延时型和断电延时型，是本章的难点之一。

思考题与习题

1. 什么是电器？什么是低压电器？

2. 按动作方式不同，低压电器可分为哪几类？

3. 熔断器的额定电流、熔体的额定电流和熔体的极限分断电流三者有何区别？

4. 线圈电压为 220V 的交流接触器，误接入 380V 交流电源上会发生什么问题？为什么？

5. 低压断路器有哪些保护功能？

6. 中间继电器和接触器有何异同？在什么条件下可以用中间继电器来代替接触器起动电动机？

7. 时间继电器的触点有哪几种？画出它们的图形符号。

8. 电动机的起动电流很大，当电动机起动时，热继电器会不会动作？为什么？

9. 为什么在照明电路和电热电路中只装熔断器，而在电动机控制电路中既装熔断器，又装热继电器？

10. 是否可用过电流继电器来进行电动机的过载保护？为什么？

11. 电气原理图中 QS、FU、KM、KA、KI、KT、SB、SQ 分别是什么电器元件的文字符号？

第3章 机床电气控制基本环节

3.1 机床电气原理图及绘制规则

电气控制系统是由许多电器元件按一定要求连接而成的。为了便于电气控制系统的设计、分析、安装、调整、使用和维修，需要将电气控制系统中各电器元件及其连接线路，用一定的图形表达出来，这种图就是电气控制系统图。

电气控制系统图有三类：电气原理图、电器元件布置图和电气安装接线图。

3.1.1 电气原理图中的图形符号和文字符号

在电气控制系统图中，电器元件必须使用国家统一规定的图形符号和文字符号。国家规定从 1990 年 1 月 1 日起，电气系统图中的图形符号和文字符号必须符合最新的国家标准。当前推行的最新标准是国家标准局（现国家质量监督检验检疫总局）颁布的 GB/T 4728—1996～2005《电气简图用图形符号》、GB/T 6988.1—2008《电气技术用文件的编制》、GB/T 21654—2008《顺序功能表图用 GRAFCET 规范语言》、GB/T 7159—1987《电气技术中的文字符号制定通则》。附录中给出了电气原理图中常用的图形符号和文字符号，以便读者在工作和学习中参考。

3.1.2 电气原理图

电气原理图是为了便于阅读和分析控制电路，根据简单清晰的原则，采用电器元件展开的形式绘制成的表示电气控制电路工作原理的图形。在电气原理图中只包括所有电器元件的导电部件和接线端点之间的相互关系，但并不按照各电器元件的实际布置位置和实际接线情况来绘制，也不反映电器元件的大小。下面结合图 3-1 所示某机床的电气原理图说明绘制电气原理图的基本规则和应注意的事项。

3.1.2.1 绘制电气原理图的基本规则

1) 电气原理图一般分主电路和辅助电路两部分：主电路就是从电源到电动机绕组的大电流通过的路径。辅助电路包括控制回路、照明电路、信号电路及保护电路等，由继电器的线圈和触点、接触器的线圈和辅助触点、按钮、照明灯、信号灯、控制变压器等电器元件组成。一般主电路用粗实线表示，画在左边（或上部）；辅助电路用细实线表示，画在右边（或下部）。

2) 在电气原理图中，各电器元件不画实际的外形图，而采用国家标准规定的图形符号来画，文字符号也要符合国家标准。属于同一电器的线圈和触点，都要用同一个文字符号表示。当使用相同类型电器时，可在文字符号后加注阿拉伯数字序号来区分。

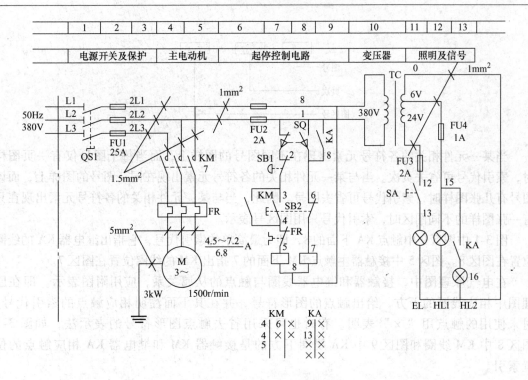

图 3-1　某机床的电气原理图

3）在电气原理图中，各电器元件的导电部件如线圈和触点的位置，应根据便于阅读和分析的原则来安排，绘在它们完成作用的地方。同一电器元件的各个部件可以不画在一起。

4）原理图中所有电器的触点，都按没有通电或没有外力作用时的开闭状态画出。如继电器、接触器的触点，按线圈未通电时的状态画；按钮、行程开关的触点按不受外力作用时的状态画；控制器按手柄处于零位时的状态画。

5）在电气原理图中，有直接电联系的交叉导线的连接点，要用黑圆点表示。无直接电联系的交叉导线，交叉处不能画黑圆点。

6）在电气原理图中，无论是主电路还是辅助电路，各电器元件一般应按动作顺序从上到下，从左到右依次排列，可水平布置或垂直布置。

3.1.2.2　图面区域的划分

图面分区时，竖边从上到下用拉丁字母表示，横边从左到右用阿拉伯数字分别编号。分区代号用该区域的字母和数字表示，如 B3、C5。图 3-1 上方的自然数列是图区横向编号，它是为了便于检索电气线路，方便阅读分析而设置的。图区横向编号下方的"电源开关及保护"等字样，表明它对应的下方元件或电路的功能，以利于理解全电路的工作原理。

3.1.2.3　符号位置的索引

在较复杂的电气原理图中，对继电器、接触器的线圈的文字符号下方要标注其触点位置的索引；而在触点文字符号下方要标注其线圈位置的索引。符号位置的索引，用图号、页次和图区编号的组合索引法，索引代号的组成如下所示。

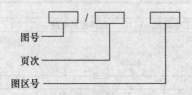

当某一元件相关的各符号元素出现在不同图号的图样上，而当每个图号仅有一页图样时，索引代号可省去页次。当与某一元件相关的各符号元素出现在同一图号的图样上，而该图号有几张图样时，索引代号可省去图号。因此，当与某一元件相关的各符号元素出现在只有一张图样的不同图区时，索引代号只用图区号表示。

图 3-1 中图区 9 中触点 KA 下面的 8，即为最简单的索引代号，它指出继电器 KA 的线圈位置在图区 8。图区 5 中接触器主触点 KM 下面的 7 指出 KM 的线圈位置在图区 7。

在电气原理图中，接触器和继电器线圈与触点的从属关系，应用附图表示。即在原理图中相应线圈的下方，给出触点的图形符号，并在其下面注明相应触点的索引代号，对未使用的触点用"×"表明。有时也可采用省去触点图形符号的表示法，如图 3-1 图区 8 中 KM 线圈和图区 9 中 KA 线圈下方的是接触器 KM 和继电器 KA 相应触点的位置索引。

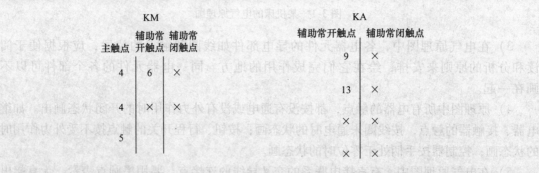

在接触器触点的位置索引中，左栏为主触点所在图区号（有两个主触点在图区 4，另一个主触点在图区 5），中栏为辅助常开触点所在图区号（一个在图区 6，另一个没有使用），右栏为辅助常闭触点所在图区号（两个触点均未使用）。

在继电器 KA 触点的位置索引中，左栏为常开触点所在图区号（一个在图区 9，一个在图区 13，有两个触点未使用），右栏为常闭触点所在图区号（四个触点均未使用）。

3.1.2.4 电气原理图中技术数据的标注

电器元件的技术数据，除在电器元件明细栏中标明外，有时也可用小号字体注在其图形符号的旁边，如图 3-1 中图区 5 热继电器 FR 的动作电流值范围为 4.5～7.2A，整定值为 6.8A。

图 3-2 中标注的 $1.5mm^2$、$1mm^2$ 等字样表明该导线的截面积。

3.1.3 电器元件布置图

电器元件布置图主要用来表明各种电气设备在机械设备上和电气控制柜中的实际安装位

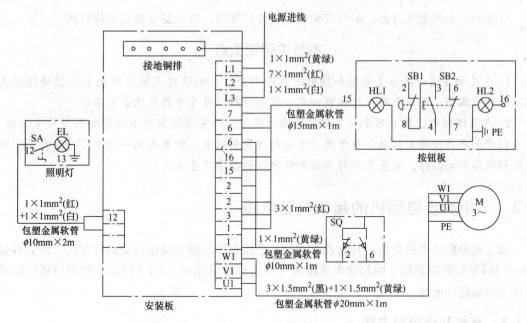

图 3-2　某机床电气接线图

置，为机械设备电气控制的制造、安装、维修提供必要的资料。各电器元件的安装位置是由机械设备的结构和工作要求决定的，如电动机要和被拖动的机械部件在一起，行程开关应放在要取得信号的地方，操作元件要放在操纵台及悬挂操纵箱等操作方便的地方，一般电器元件应放在控制柜内。

机床电器元件布置图主要由机床电气设备布置图、控制柜及控制板电气设备布置图，操纵台及悬挂操纵箱电气设备布置图等组成。在绘制电气设备布置图时，所有能见到的及需表示清楚的电气设备均用粗实线绘制出简单的外形轮廓，其他设备（如机床）的轮廓用双点画线表示。

3.1.4　电气安装接线图

电气安装接线图是为了安装电气设备和电器元件时进行配线或检查、维修电气控制电路故障的。在图中要表示出各电气设备之间的实际接线情况，并标注出外部接线所需的数据。在接线图中各电器元件的文字符号、元件连接顺序、线路号码编制都必须与电气原理图一致。

图 3-2 是根据图 3-1 给出的电气原理图绘制的接线图，表明了该电气设备中电源进线、按钮板、照明灯、行程开关、电动机与电气安装板接线端之间的连接关系，也标注了所采用的包塑金属软管的直径和长度及连接导线的根数、截面积与颜色。如按钮板与电气安装板的连接，按钮板上有 SB1、SB2、HL1、HL2 四个元件，根据电气原理图（见图 3-1）SB1 与 SB2 有一端相连为"3"，HL1 与 HL2 有一端相连为"地"，其余的 2、3、4、6、7、15、16 通过 7 根 $1mm^2$ 的红色线接到安装板上相应的接线端，与安装板上的元件相连。黄绿双色线是接到接地铜排上的。所采用的包塑金属软管的直径为 15mm，长度为 1m。

对较为复杂的电气设备，电气安装板上元件较多时，应绘制安装板的接线图。

本节主要知识点

1. 电气原理图一般分主电路和辅助电路两部分：主电路就是从电源到电动机绕组的大电流通过的路径。辅助电路包括控制回路、照明电路、信号电路及保护电路等。

2. 在原理图中，各电器元件不画实际的外形图，而采用国家标准规定的图形符号来画，文字符号也要符合国家标准。属于同一电器的线圈和触点，都要用同一个文字符号表示。当使用相同类型电器时，可在文字符号后加注阿拉伯数字序号来区分。

3.2　三相异步电动机的起动控制电路

以三相感应电动机为例，其起动方式包括全压直接起动和减压起动两种方式。较大容量（大于 10kW）的电动机，因起动电流较大（可达额定电流的 4 ~ 7 倍），一般采用减压起动方式来降低起动电流。

3.2.1　直接起动控制电路

3.2.1.1　单向全电压起动控制

电动机容量在 10kW 以下者，通常采用全电压直接起动方式来起动。普通机床上的冷却泵、小型台钻和砂轮机等小容量电动机可直接用开关起动，如图 3-3a 所示。

图 3-3b 所示为采用接触器直接起动的电动机单向全电压起动控制电路，主电路由隔离开关 QS、熔断器 FU、接触器 KM 的主触点、热继电器 FR 的热元件与电动机 M 组成。

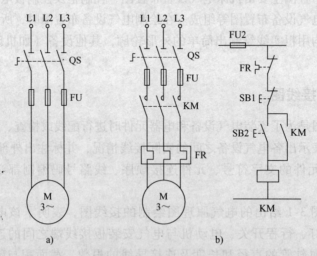

图 3-3　单向全电压起动控制电路（起保停电路）

　控制电路由起动按钮 SB2、停止按钮 SB1、接触器 KM 的线圈及其常开辅助触点、热继电器 FR 的常闭触点和熔断器 FU2 组成。

　三相电源由 QS 引入，按下起动按钮 SB2，接触器 KM 的线圈通电，其主触点闭合，电动机直接起动运行。同时与 SB2 并联的辅助触点 KM 闭合，将"SB2"短接，其作用是当放开起动按钮 SB2 后，仍可使 KM 线圈通电，电动机继续运行。这种依靠接触器自身的辅助触点来使其线圈保持通电的现象称为自锁或自保，带有自锁功能的控制电路具有失电压保护作用，起自锁作用的辅助触点称为自锁触点。

按下停止按钮 SB1，接触器 KM 的线圈断电，其常开主触点断开，电动机停止转动。同时 KM 的自锁触点断开，故松手后 SB1 虽仍闭合，但 KM 的线圈不能继续得电。

图 3-3b 所示的电路通常称之为起（SB2）—保（KM）—停（SB1）电路。

图 3-3 所示电路的保护环节有：

1）短路保护。由熔断器 FU1、FU2 分别实现主电路和控制电路的短路保护。为扩大保护范围，在电路中熔断器应安装在靠近电源端，通常安装在电源开关下面。

2）过载保护。由于熔断器具有反时限保护特性和分散性，难以实现电动机长期过载保护，为此采用热继电器 FR 实现电动机的长期过载保护。当电动机长期过载时，串接在电动机定子电路中的双金属片因过热变形，致使其串接在控制电路中的热继电器 FR 常闭触点打开，切断 KM 线圈电路，电动机停止运转，实现过载保护。

3）欠电压和失电压保护。当电源电压由于某种原因严重欠电压或失电压时，接触器电磁吸力急剧下降或消失，衔铁释放，自锁触点断开，电动机停止运转。而当电源电压恢复正常时，电动机不会自行起动运转，避免事故发生。

3.2.1.2　点动控制

所谓点动，即按下按钮时电动机转动工作，松开按钮时电动机停止工作。点动控制多用于机床刀架、横梁、立柱等快速移动和机床对刀等场合。

图 3-4 列出了实现点动控制的几种常见控制电路。图 3-4a 是基本的点动控制电路。图 3-4b 是带手动开关 SA 的点动控制电路，打开 SA 将自锁触点断开，可实现点动控制。合上 SA 可实现连续控制。图 3-4c 增加一个点动用的复合按钮 SB3，点动时用其常闭触点断开接触器 KM 的自锁触点，实现点动控制。连续控制时，可按起动按钮 SB2。图 3-4d 是用中间继电器实现点动的控制电路，点动时按 SB3，中间继电器 KA 的常闭触点断开接

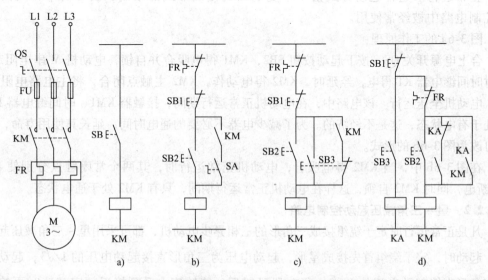

图 3-4　实现点动控制的几种常见控制电路

触器 KM 的自锁触点，KA 的常开触点使 KM 通电，电动机点动。连续控制时，按 SB2 即可。

3.2.1.3　多点控制（多地控制）

　　大型机床为了操作方便，常常要求在两个或两个以上的地点都能进行操作。实现多点控制的控制电路如图 3-5a 所示，即在各操作地点各安装一套按钮，其接线原则是各按钮的常开触点并联连接，常闭触点串联连接。

　　多人操作的大型冲压设备，为了保证操作安全，要求几个操作者都发出主令信号（如按下起动按钮）后，设备才能压下。此时应将起动按钮的常开触点串联，如图 3-5b 所示。

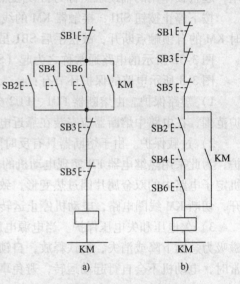

图 3-5　多点控制电路

3.2.2　减压起动控制电路

　　减压起动，就是起动时降低加在电动机定子绕组上的电压，当电动机起动到接近额定转速时，再将电压恢复到额定值。对容量较大（大于 10kW）的笼型异步电动机，一般都采用减压起动的方式起动。机床中最常见的减压起动有定子串电阻减压起动、星 – 三角减压起动、自耦变压器减压起动控制电路等。

3.2.2.1　定子串电阻减压起动控制电路

　　图 3-6 所示为定子串电阻减压起动的控制电路。电动机起动时在三相定子电路中串接电阻，使电动机定子绕组电压降低，起动结束后再将电阻短接，使电动机在额定电压下正常运行。这种起动方式由于不受电动机接线形式的限制，设备简单，因而在机床控制电路中被经常使用。

　　图 3-6a 的工作原理：

　　合上电源开关 QS，按下起动按钮 SB2，KM1 得电吸合并自锁，电动机 M 串电阻起动，同时时间继电器 KT 得电，经延时，KM2 得电动作，KM2 主触点闭合，将主电路电阻 R 短路，电动机全压运行。该电路中，在电动机正常运行期间，接触器 KM1、时间继电器 KT 一直处于有电状态，这是不经济的。为了减少电器不必要的通电时间，延长其使用寿命，此电路可改为图 3-6b 的形式。

　　在图 3-6b 中，当 KM2 得电吸合，电动机正常运行时，其两个常闭触点分别使 KM1、KT 断电，同时 KM2 自锁，这样在电动机正常运行期间，只有 KM2 处于通电状态。

3.2.2.2　星 – 三角减压起动控制电路

　　凡是正常运行时定子绕组接成三角形的三相异步电动机，都可采用星 – 三角减压起动方法。起动时，定子绕组首先接成星形，起动电压为三角形直接起动电压的 $1/\sqrt{3}$，起动电流为三角形直接起动电流的 $1/\sqrt{3}$。经一段延时后，待转速上升到接近额定转速时再接成三角形。

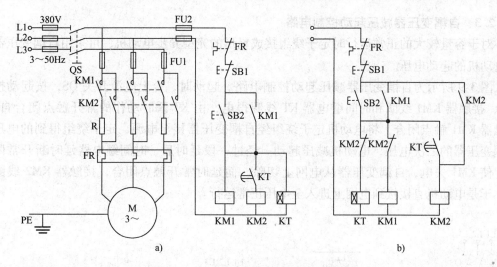

图 3-6　定子串电阻减压起动控制电路

图 3-7 所示为容量在 13kW 以上的电动机所采用的由三个接触器换接的星 – 三角减压起动控制电路。起动时，按下 SB2，接触器 KM1、KM3 线圈得电，KM1、KM3 的主触点使定子绕组接成星形，电动机减压起动。同时时间继电器 KT 线圈得电，经一段延时后电动机已达到额定转速，其延时断开常闭触点 KT 断开，使 KM3 失电，而延时闭合常开触点 KT 闭合，接触器 KM2 线圈得电，使电动机定子绕组由星形联结换接到三角形联结，实现全电压运行。

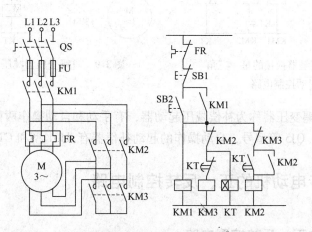

图 3-7　三个接触器组成的星 – 三角减压起动控制电路

图 3-7 中 KM3 动作后，它的常闭触点将 KM2 的线圈断开，这样防止了 KM2 再动作。同样 KM2 动作后，它的常闭触点将 KM3 的线圈断开，可防止 KM3 再动作。这样的两对常闭触点，常称为"互锁"触点。这种互锁关系，可保证起动过程中 KM2 与 KM3 的主触点不能同时闭合，以防止电源短路。KM2 的常闭触点同时也使时间继电器 KT 断电。容量在 13kW 以下的电动机，可采用图 3-8 所示的由两个接触器换接的星 – 三角减压起动器控制电路。其工作原理与图 3-7 基本相同，星 – 三角的换接是由接触器 KM2 来实现的，起动过程可自行分析。

3.2.2.3　自耦变压器减压起动控制电路

对于容量较大的正常运行时定子绕组接成星形的笼型异步电动机，可采用自耦变压器降低电动机的起动电压。

图 3-9 所示为自耦变压器减压起动控制电路。起动时，合上电源开关 QS，按起动按钮 SB2，接触器 KM1 线圈和时间继电器 KT 线圈得电，由 KT 瞬时动作的常开触点闭合自锁，接触器 KM1 触点闭合，将电动机定子绕组经自耦变压器接至电源，定子绕组得到的电压是自耦变压器的二次电压，电动机减压起动。经过一段延时后，时间继电器延时断开常闭触点，使 KM1 失电，自耦变压器从电网上切除。而延时常开触点闭合，接触器 KM2 线圈得电，于是电动机直接接到电网上进入全电压正常运行。

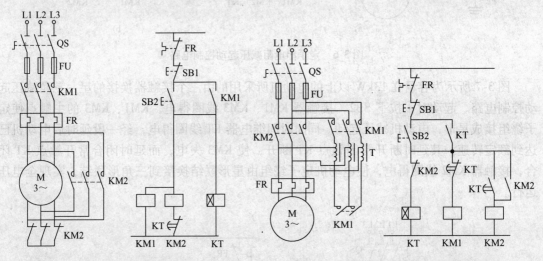

图 3-8　两个接触器换接的星 – 三角　　　　图 3-9　自耦变压器减压起动控制电路
　　　　减压起动控制电路

减压起动用自耦变压器称为补偿减压起动器，有手动和自动操作两种形式，手动操作的起动补偿器有 QJ3、QJ5 等型号，自动操作的起动补偿器有 XJ01 型和 CTZ 系列等。

3.3　三相异步电动机的正、反转控制电路

3.3.1　电动机的正、反转控制电路

在生产过程中，往往要求电动机能实现正、反两个方向的转动。由三相异步电动机的工作原理可知，只要将电动机接到三相电源中的任意两根连线对调，即可使电动机反转。为此，只要用两只交流接触器就能实现这一要求（见图 3-10 所示的主电路）。如果这两个接触器同时工作，这两根对调的电源线将通过它们的主触点引起电源短路。所以，在正、反转控制电路中，对实现正、反转的两个接触器之间要互锁，保证它们不能同时工作。电动机的正、反转控制电路，实际上是由互锁的两个相反方向的单向运行电路组成的。

3.3.1.1　电动机"正—停—反"控制电路

如图 3-10a 所示的控制电路中，两个接触器的常闭触点 KM1、KM2 起互锁作用，即当一个接触器通电时，其常闭触点断开，使另一个接触器线圈不能通电。因此在做电动机的换向操作时，必须先按停止按钮 SB1 才能反方向起动，故常称为"正—停—反"控制电路。

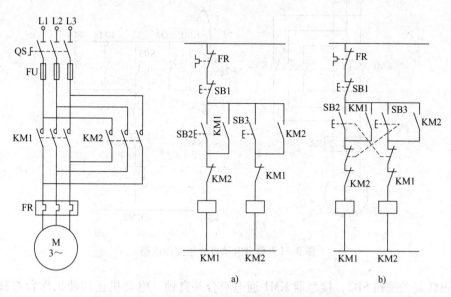

图 3-10　三相异步电动机的正、反转控制电路

3.3.1.2　电动机"正—反—停"控制电路

为了提高劳动生产率，减少辅助时间，要求直接按反转按钮使电动机换向。为此，可将起动按钮 SB2、SB3 换用复合按钮，用复合按钮的常闭触点来断开转向相反的接触器线圈的通电回路，控制电路如图 3-10b 所示。当按下 SB2（或 SB3）时，首先是按钮的常闭触点断开，使 KM2（或 KM1）断电释放，然后是按钮的常开触点闭合，使 KM1（或 KM2）通电吸合，电动机反方向运转。本电路由于电动机运转时可按反转起动按钮直接换向，常称为"正—反—停"控制电路。

显然采用复合按钮也可以起到互锁作用，但只用按钮联锁而不用接触器常闭触点进行联锁是不可靠的。因为当接触器主触点被强烈的电弧"烧焊"在一起或者接触器机构失灵使衔铁卡死在吸合状态时，如果另一只接触器动作，就会造成电源短路事故。若有接触器常闭触点互相联锁，则只要一个接触器处在吸合状态位置时，其常闭触点必然将另一个接触器线圈电路切断，故能避免电源短路事故的发生。

3.3.2　正、反转行程控制电路

3.3.2.1　单台电动机行程控制电路

图 3-11 所示为利用行程开关实现的电动机正、反转自动循环控制电路，机床工作台的往返循环由电动机驱动，当运动到达一定的行程位置时，利用挡块压下位置开关（替代了人按按钮）来实现电动机正、反转。图 3-11 中 SQ1 与 SQ2 分别为工作台右行与左行限位开

关，SB2 与 SB3 分别为电动机正转与反转起动按钮。

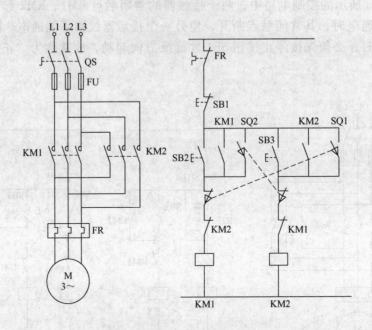

图 3-11　单台电动机行程控制电路

　　按正转起动按钮 SB2，接触器 KM1 通电吸合并自锁，电动机正转使工作台右移。当运动到右端时，挡块压下右行限位开关 SQ1，其常闭触点使 KM1 断电释放，同时其常开触点使 KM2 通电吸合并自锁。电动机反转使工作台左移。当运动到挡块压下左行限位开关 SQ2 时，使 KM2 断电释放，KM1 又得电吸合，电动机又正转使工作台右移，这样一直循环下去。SB1 为自动循环停止按钮。

　　本控制电路由于工作台往返一次，电动机要进行两次反接制动和起动，将出现较大的反接制动电流和机械冲击，因此只适用于往返运动周期较长和电动机轴有足够强度的传动系统中。

3.3.2.2　两台电动机行程控制电路

　　图 3-12 所示为两个动力头的行程控制电路，它是由行程开关来实现动力头往复运动的。工作循环的动作顺序首先是动力头 I 由位置 a 移动到位置 b 停下；然后动力头 II 由位置 c 移动到位置 d 停下；接着动力头 I 和 II 同时退回原位停下。

　　行程开关 SQ1、SQ2、SQ3、SQ4 分别装在床身的 a、b、c、d 处。动力头 I、动力头 II 分别由电动机 M1、M2 驱动，在原位时分别压下 SQ1 和 SQ3。电路工作过程如下：

　　按起动按钮 SB，接触器 KM1 得电吸合并自锁，电动机 M1 正转，动力头 I 由原位 a 点向 b 点前进。当动力头 I 到达 b 点位置时，行程开关 SQ2 被压下，使 KM1 失电，动力头 I 停止。同时 KM2 得电动作，电动机 M2 正转，动力头 II 由原位 c 点向 d 点前进。当动力头 II 到达 d 点时，SQ4 被压下，使 KM2 失电，同时 KM3、KM4 得电吸合并自锁，电动机 M1 与 M2 都反转，使动力头 I 和 II 都向原位退回。当退到原位时，行程开关 SQ1、SQ3 分别被压下，使 KM3 和 KM4 失电，两个动力头都停在原位。

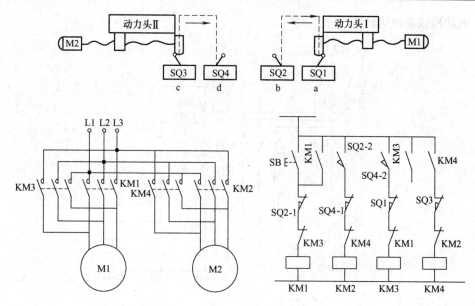

图 3-12　两台电动机行程控制电路

3.3.3　双速电动机的高低速控制电路

采用双速电动机能简化齿轮传动的变速箱，在车床、磨床等机床中应用很多。双速电动机是通过改变定子绕组接线的方法，以获得两个同步转速。

图 3-13 所示为 4/2 极双速电动机定子绕组接线示意图，在图 3-13a 中，将定子绕组的 U1、V1、W1 接电源，而 U2、V2、W2 接线端悬空，则三相定子绕组接成三角形，每相绕组中的两个线圈串联，电流方向如图 3-13a 中虚线箭头所示，磁场具有四个极（即两对极），电动机为低速。若将接线端 U1、V1、W1 连在一起，而 U2、V2、W2 接电源，则三相定子绕组变为双星形，每相绕组中的两个线圈并联，电流方向如图 3-13b 中实线箭头所示，磁场变为两个极（即一对极），电动机为高速。

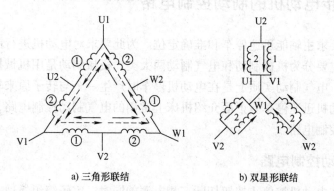

a) 三角形联结　　　　　　　　　b) 双星形联结

图 3-13　4/2 极双速电动机定子绕组接线示意图

图 3-14 所示为双速电动机采用复合按钮联锁的高、低速直接转换的控制电路，按下低速起动按钮 SB2，接触器 KM1 通电吸合，电动机定子绕组接成三角形，电动机以低速运转。若按下高速起动按钮 SB3，则 KM1 断电释放，并接通 KM2 和 KM3，电动机定子绕组接成双

星形，电动机以高速运转。

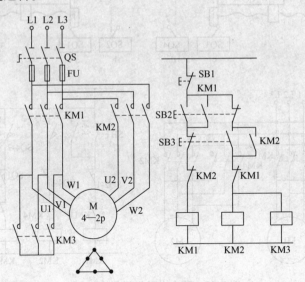

图 3-14　双速电动机的控制电路

本节主要知识点

1. 在生产过程中，往往要求电动机能实现正、反两个方向的转动。由三相异步电动机的工作原理可知，只要将电动机接到三相电源中的任意两相连线对调，即可使电动机反转。为此，用两只交流接触器就能实现该控制要求。

2. 在正、反转控制电路中需要互锁控制。其定义可以设定为：在甲接触器线圈电路中串入乙接触器常闭触点，同理在乙接触器线圈电路中串入甲接触器常闭触点，使甲、乙接触器不能同时通电。

3.4　三相异步电动机的制动控制电路

许多机床都要求主轴能迅速停车和准确定位。为此要求对电动机进行制动，强迫其立即停车。制动方法主要分为机械制动和电气制动两大类。机械制动是用机械抱闸、液压制动器等机械装置制动。电气制动实质上是在电动机停车时产生一个与转子原来转动方向相反的制动转矩，迫使电动机迅速停车。下面介绍机床上常用的电气制动控制电路，即能耗制动控制电路和反接制动控制电路。

3.4.1　能耗制动控制电路

能耗制动是在电动机按停止按钮切断三相电源的同时，定子绕组接通直流电源，产生静止磁场，利用转子感应电流与静止磁场的作用，产生电磁制动转矩而制动的。

图 3-15 所示为按能耗制动时间原则用时间继电器进行控制的单向能耗制动控制电路。停车时，按下复合停止按钮 SB1，接触器 KM1 断电释放，电动机脱离三相电源，接触器 KM2 和时间继电器 KT 同时通电吸合并自锁，KM2 常开触点将直流电源接入定子绕组，电动

机进入能耗制动状态。当设定时间接近零时，时间继电器延时断开，常闭触点动作，KM2 线圈断电释放，断开能耗制动直流电源。常开辅助触点 KM2 复位，断开 KT 线圈电路，电动机能耗制动结束。

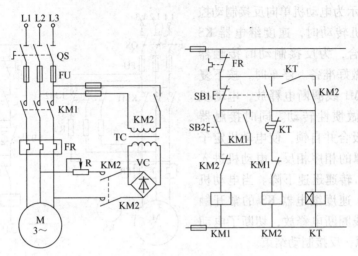

图 3-15　时间原则控制的单向能耗制动控制电路

　　图 3-16 所示为按能耗制动速度原则用速度继电器控制的单向能耗制动控制电路。速度继电器 KS 安装在电动机的输出轴上，用其常开触点 KS 取代了图 3-15 控制电路中时间继电器 KT 延时断开的常闭触点。电动机转动时，转速较高，速度继电器 KS 的常开触点闭合，为接触器 KM2 线圈通电做好准备。按下停止按钮 SB1，KM1 线圈断电释放，电动机脱离三相电源做惯性转动，接触器 KM2 线圈通电吸合并自锁，直流电源被接入定子绕组，电动机进入能耗制动状态。当电动机

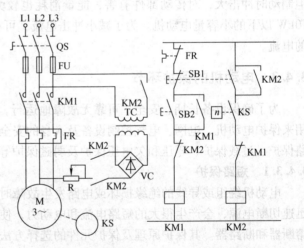

图 3-16　速度原则控制的单向能耗制动电路

转子的转速接近零时，KS 常开触点复位，KM2 线圈断电释放，能耗制动结束。

　　能耗制动的优点是制动准确、平稳、能量消耗小。缺点是需要一套整流设备，故适用于要求制动平稳、准确和起动频繁的容量较大的电动机。

3.4.2　反接制动控制电路

　　反接制动控制电路：反接制动是停车时利用改变电动机定子绕组中三相电源的相序，产生与转动方向相反的转矩而起制动作用的。为防止电动机制动时反转，必须在电动机转速接近零时，及时将反接电源切断，电动机才能真正停下来。机床中广泛应用速度继电器来实现

电动机反接制动的自动控制。电动机与速度继电器转子是同轴连接在一起的，当电动机转速在 120～3000r/min 范围内时，速度继电器的触点动作；当转速低于 100r/min 时，其触点恢复原位。

图 3-17 所示为电动机单向反接制动控制电路。电动机转动时，速度继电器 KS 的常开触点闭合，为反接制动时接触器 KM2 线圈通电做好准备。停车时，按下复合按钮 SB1，KM1 线圈断电释放，电动机脱离三相电源做惯性转动。同时接触器 KM2 线圈通电吸合并自锁，使电动机定子绕组中三相电源的相序相反，电动机进入反接制动状态，转速迅速下降。当电动机转速接近零时，速度继电器 KS 的常开触点复位，KM2 线圈断电释放，切断了电动机的反相序电源，反接制动结束。

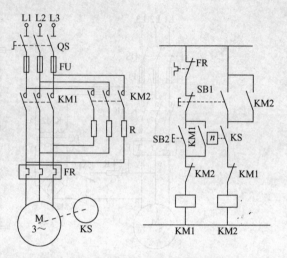

图 3-17　电动机单向反接制动控制电路

反接制动时，由于旋转磁场的相对速度很大，定子电流也很大，因此制动迅速。但制动时冲击大，对传动部件有害，能量消耗也较大。通常仅适用于不经常起动和制动的 10kW 以下的小容量电动机。为了减小冲击电流，可在主电路中串入电阻 R 来限制反接制动的电流。

3.4.3　电动机的保护环节

为了确保设备长期、安全、可靠无故障地运行，机床电气控制系统都必须有保护环节，用来保护电动机、电网、电气控制设备及人身的安全。电气控制系统中常用的保护环节有短路保护、过载保护、零压和欠电压保护及弱磁保护等。

3.4.3.1　短路保护

电动机绕组或导线的绝缘损坏或电路发生故障时，都可能造成短路事故。短路时，若不迅速切断电源，会产生很大的短路电流和电动力，使电气设备损坏。常用的短路保护元件有熔断器和断路器。其保护原理及保护元件的选择方法等在前面章节已做介绍，故不再重复。

3.4.3.2　过载保护

电动机长期过载运行，其绕组温升将超过允许值，会造成绝缘材料变脆、寿命减少，甚至使电动机损坏。常用的过载保护元件是热继电器。

由于热惯性的原因，热继电器不会受电动机短时过载冲击电流或短路电流的影响而瞬时动作，所以在使用热继电器做过载保护的同时，还必须设有短路保护，并且选做短路保护熔断器的熔体额定电流不应超过热继电器发热元件额定电流的 4 倍。

3.4.3.3　过电流保护

过电流保护广泛应用于直流电动机或绕线转子异步电动机。对于三相笼型异步电动机，由于其短时过电流不会产生严重后果，故可不设置过电流保护。过电流保护元件是过电流继电器。

过电流往往是由于不正确的使用和过大的负载引起的，一般比短路电流要小。但产生过电流比发生短路的可能性更大，尤其是在频繁正、反转起动、制动的重复短时工作的电动机中更是如此。直流电动机和绕线转子异步电动机控制电路中，过电流继电器也起着短路保护的作用，一般过电流的动作值为起动电流的 1.2 倍。

3.4.3.4　零压和欠电压保护

当电动机正在运行时，如果电源电压因某种原因消失，那么在电源电压恢复时，必须防止电动机自行起动。否则，将可能造成生产设备的损坏，甚至发生人身事故。对电网来说，若同时有许多电动机自行起动会引起不允许的过电流及瞬间电网电压的下降。这种为了防止电网失电后恢复供电时电动机自行起动的保护叫作零压保护。

当电动机正常运转时，如果电源电压过分地降低，将引起一些电器释放，造成控制电路工作不正常，可能产生事故。电源电压过低，对电动机来说，如果负载不变，会造成绕组电流增大，电动机发热甚至烧坏。还会引起转速下降甚至停转。因此，在电源电压降到允许值以下时，需要采用保护措施将电源切断，这就是欠电压保护。

图 3-18 所示为是电动机常用保护的接线，熔断器 FU 做短路保护，热继电器做过载保护，过电流继电器 KI1、KI2 做电流保护，欠电压继电器 KV 做欠电压保护。将控制器打到零位，使触点 SA0 闭合，中间继电器 KA 线圈得电并自锁，然后再将控制器打向 SA1 或 SA2，使接触器 KM1 或 KM2 得电，电动机才能运转。中间继电器 KA 起零压保护作用，当电源电压过低或消失时，欠电压继电器 KV 的常开触点断开，使 KA 断电释放，KM1 或 KM2 也立即释放。由于控制器不在零位，所以在电源电压恢复时 KA 不会得电动作，故 KM1 或 KM2 也不会得电动作，实现了零压保护。

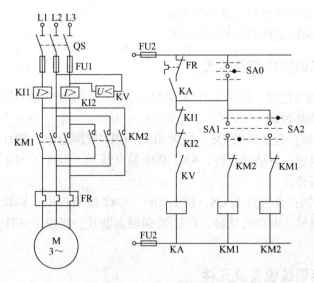

图 3-18　电动机常用保护电路

若接触器是用按钮起动，并由常开触点自锁保持得电的，则可不必另加零压保护继电器，因为电路本身已兼备了零压保护环节。

3.4.3.5　弱磁保护

直流电动机在磁场有一定强度下才能起动，如果磁场太弱，电动机的起动电流就会很大。当直流电动机正在运行时，磁场突然减弱或消失，其转速就会迅速升高，甚至发生"飞车"事故。因此，需要采取弱磁保护。弱磁保护是通过电动机励磁回路串入欠电流继电器来实现的，在电动机运行中，如果励磁电流消失或降低过多，欠电流继电器就会释放，其触点切断主电路接触器线圈的电源，使电动机断电停车。

本节主要知识点

1. 速度继电器的动作转速一般不低于120r/min，复位转速约在100r/min以下，工作时允许的转速高达1000～3900r/min。由速度继电器的正转和反转切换触点的动作来反映电动机转向和速度的变化。速度继电器常用于对电动机的反接制动。

2. 制动方法主要分为机械制动和电气制动两大类。机床上常用的电气制动控制方法是能耗制动和反接制动。

3. 熟悉电气控制系统中常用的保护环节（有短路保护、过载保护、零压和欠电压保护以及弱磁保护）及所采用的电器元件等。

【实践技能训练】　三相电动机正、反转控制接线与调试

一、实践技能训练目的

1）掌握接触器控制的点动、连续运转电路的工作原理及接线方法。
2）掌握接触器控制的正、反转电路的工作原理及接线方法。
3）掌握双联按钮的使用和正确接线方法。
4）学会典型电路的故障分析和排除方法。

二、实践技能训练电路及原理

（1）实践技能训练电路　如图3-10所示的电动机正、反转电路的实验电路。
（2）实践技能训练原理
1）正转起动控制：合上开关QS，按下SB2，KM1线圈通电、KM1主触点吸合，KM1常开辅助触点通电自锁，电动机正转，KM2联锁触点断开。当按下SB1时，KM1线圈断电失去自锁，电动机停转。
2）反转起动控制：合上开关QS，按下SB3，KM2线圈得电，KM2主触点吸合，KM2常开辅助触点通电自锁，电动机反转，KM1联锁触点断开。当按下SB1时，KM2线圈线路断开，电动机停转。

三、实践技能训练设备及元件

①转换开关；②熔断器；③按钮；④热继电器；⑤交流接触器；⑥电路板；⑦三相电动机；⑧电工工具及万用表。

四、实践技能训练步骤

1）检查各种电器元件的质量情况，了解使用方法，并按电路图合理地将元件固定在实

验板上。

2）用粗线连接主电路。

3）用细线接好控制电路，双联按钮的接法参照图 3-10 进行。电路经教师检查后，才能进行下面的操作。

4）按下 SB1，观察接触器的动作情况。

5）起动：合上开关，按下 SB2，观察电动机运行情况，过一段时间，按下 SB1。

6）合上转换开关，分别依次按下 SB2、SB1、SB3、SB1，观察接触器的动作情况。

7）接触器的动作符合要求后，接入电动机，再分别按下 SB2、SB1、SB3、SB1，观察电动机的起动、反转、停止情况。

8）人为设置故障，让学生进行分析，并要求能迅速排除。

【拓展资源】　半自动车床刀架的电液控制

图 3-19 所示为电液控制半自动车床刀架部分液压系统图，刀架的纵向液压缸Ⅰ和横向液压缸Ⅱ分别由二位四通电磁换向阀 1 和 2 及行程开关 SQ1 和 SQ2 控制，实现刀架纵向移动、横向移动及合成后退的顺序动作。

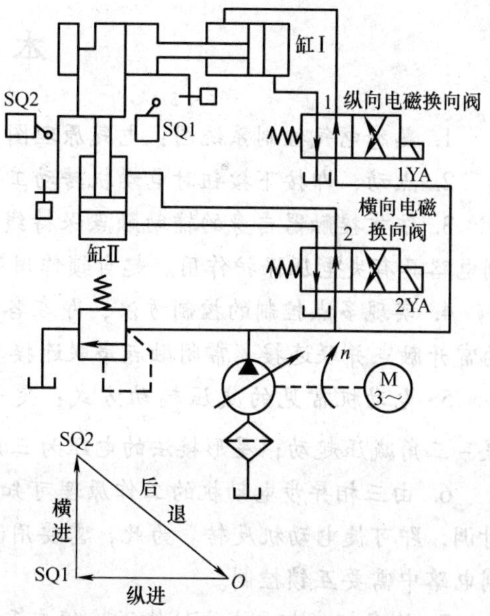

图 3-20 所示为上述半自动车床刀架的电气控制电路图，液压泵电动机 M1 和主轴电动机 M2 分别由接触器 KM1 和 KM2 控制，其工作过程如下：

1. 主轴转动和刀架纵向移动

按下起动按钮 SB2，接触器 KM1 通电并自锁，液压泵电动机起动工作。按下 SB4，继电器 K1 的线圈通电并自锁，K1 的一个常开触点接通接触器 KM2，主轴转动。另一个常开触点接通电磁阀 1YA，工作液经纵向电磁换向阀 1 进入纵向液压缸 1 的无杆腔，使刀架纵向移动。

2. 刀架横向移动

当刀架纵向移动到预定位置时，挡铁压下行程开关 SQ1，继电器 K2 线圈得电，其常开触点接通电磁换向阀 2YA，工作液经横向电磁换向阀 2 进入横向液压缸无杆腔，刀架横向移动进行切削。

图 3-19　半自动车床刀架液压系统图

3. 刀架纵向和横向合成退回

当横向刀架移动到预定位置时，挡铁压下行程开关 SQ2，时间继电器 KT 线圈得电。这时进行无进给切削，经过预定延时时间后，KT 的常开延时闭合触点接通 K3，继电器 K1 和 K2 失电，其常开触点使电磁换向阀 1YA 和 2YA 断电复位，工作液分别经纵向和横向电磁阀进入两液压缸的有杆腔，刀架纵向和横向合成退回。

4. 主轴电动机停转

当 K1 断开后，其常开触点使接触器 KM2 线圈失电，主轴电动机停转。

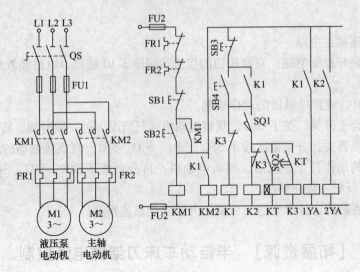

图 3-20　半自动车床刀架电气控制电路

本 章 小 结

1. 熟悉电气控制系统图：电气原理图、电器元件布置图和电气安装接线图的相关知识。

2. 点动，即按下按钮时电动机转动工作，手松开按钮时电动机停止工作。

3. 依靠接触器自身的辅助触点保持线圈通电的现象称为自锁或自保。带有自锁功能控制电路具有失电压保护作用。起自锁作用的辅助触点称为自锁触点。

4. 实现多点控制的控制方法，即在各操作地点各安装一套按钮，其接线原则是各按钮的常开触点并联连接，常闭触点串联连接。

5. 电动机常见的减压起动方式：定子串电阻减压起动，其电阻的作用为减压限流；星－三角减压起动；星形接法的电压为三角形接法电压的 $1/\sqrt{3}$ 倍。

6. 由三相异步电动机的工作原理可知，只要将电动机接到三相电源中的任意两相连线对调，即可使电动机反转。为此，需要用两只交流接触器就能实现这一要求。在正、反转控制电路中需要互锁控制。

7. 许多机床都要求主轴能迅速停车和准确定位。为此要求对电动机进行制动，强迫其快速停车。制动方法一般分为机械制动和电气制动两大类。

8. 电气控制系统中常用的保护环节：短路保护、过载保护、零压和欠电压保护及弱磁保护等。

思考题与习题

1. 什么是失电压保护、欠电压保护？利用哪些电器元件可以实现失电压保护、欠电压保护？

2. 三相笼型异步电动机在什么情况下可以全压起动，在什么条件下必须减压起动？为什么？

3. 什么是自锁、互锁控制？什么是过载、零压和欠电压保护？画出具有双重互锁和过载保护的三相笼型异步电动机正、反转控制电路图，并分析电路是怎样进行自锁、互锁控制和实现过载、零压和欠电压保护作用的？

4. 什么是反接制动？什么是能耗制动？各有什么特点？分别适用在什么场合？

5. 直流电动机在起动和运行时，为什么不能将励磁电路断开？

6. 改变直流电动机的旋转方向有哪些方法？在控制电路上有何特点？

7. 直流电动机通常采用哪两种电气制动方法？简述其工作原理及控制电路的特点。

8. 直流电动机的调速方法有哪几种？

4. 比较接触器、中间继电器的异同，各自使用场合有什么区别？
5. 熔断器的作用是什么？对人身、设备有何保护作用？
7. 直流电动机的调速方法有哪几种？各有什么特点和优缺点？
8. 直流电动机频繁正反转应采用什么方式控制？

第4章　设备电气控制电路

生产机械种类繁多，其拖动控制方式和控制电路各不相同。本章在前三章的基础上，对普通机床的电气控制电路进行分析和讨论，以帮助学生学会分析常用机械设备电气控制电路的方法和步骤；理解机械设备电气控制电路常见故障分析和排除方法；加深对典型控制环节的理解；熟悉机、电、液在控制中的相互配合；为电气控制的设计、安装、调试及维护打下基础。

4.1　C650 型车床电气控制电路

4.1.1　电气控制电路分析的主要内容

在仔细阅读了设备说明书，了解了电气控制系统的总体结构、电动机和电器元件的分布状况及控制要求等内容之后，便可以阅读分析电气原理图了。

1. 分析主电路

从主电路入手，根据每台电动机和电磁阀等执行电器的控制要求去分析它们的控制内容，控制内容包括起动、方向控制、调速和制动等。

2. 分析控制电路

根据主电路中各电动机和电磁阀等执行电器的控制要求，逐一找出控制电路中的控制环节，利用前面学过的基本环节的知识，按功能不同划分成若干个局部控制电路来进行分析。分析控制电路的最基本方法是查线读图法。

3. 分析辅助电路

辅助电路包括电源显示、工作状态显示、照明和故障报警等部分，它们大多是由控制电路中的元件来控制的，所以在分析时，还要回过头来对照控制电路进行分析。

4. 分析联锁与保护环节

机床对于安全性和可靠性有很高的要求，实现这些要求，除了合理地选择拖动和控制方案以外，在控制电路中还设置了一系列电气保护和必要的电气联锁。

5. 总体检查

经过"化整为零"，逐步分析了每一个局部电路的工作原理及各部分之间的控制关系之后，还必须用"集零为整"的方法，检查整个控制电路，看是否有遗漏。特别要从整体角度去进一步检查和理解各控制环节之间的联系，理解电路中每个元件所起的作用。

4.1.2　C650 型卧式车床的主要结构、运动形式及控制要求

C650 型卧式车床主要由床身、主轴箱、交换齿轮箱、进给箱、溜板箱、溜板与刀架、尾座、丝杠、光杠等部件组成，如图 4-1 所示。

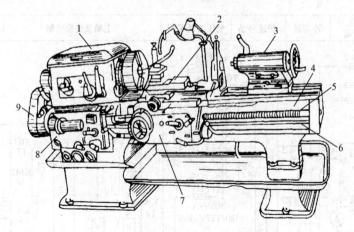

图 4-1　C650 型卧式车床结构示意图

1—主轴箱　2—刀架　3—尾座　4—床身　5—丝杠

6—光杠　7—溜板箱　8—进给箱　9—交换齿轮箱

为了加工各种螺旋表面，车床必须具有切削运动和辅助运动。切削运动包括主运动和进给运动，而切削运动以外的其他运动皆为辅助运动。

车床的主运动是由主轴通过卡盘带动工件的旋转运动，它承受车削加工时的主要切削功率。车削加工时，应根据加工零件的材料性质、刀具几何参数、工件尺寸、加工方式及冷却条件等来选择切削速度，要求主轴调速范围宽。卧式车床一般采用机械有级调速。加工螺纹时，C650 型车床通过主电动机的正、反转来实现主轴的正、反转，当主轴反转时，刀架也跟着后退。有些车床，通过机械方式实现主轴正、反转。进给运动是溜板带动刀架的纵向或横向运动。由于车削温度高，需要配备冷却泵及电动机。此外，还配备一台功率为 2.2kW 的电动机来拖动溜板箱快速移动。C650 型卧式车床采用 30kW 的电动机为主电动机。

4.1.3　C650 型车床控制电路分析

C650 型车床是一种中型车床，其控制电路如图 4-2 所示。

C650 型车床电气控制电路具有以下特点：

1）主轴电动机 M1 采用电气正、反转控制（KM1 和 KM2 控制）。

2）M1 容量为 30kW，惯性大，采用电气反接制动（用速度继电器实现），实现快速停车。

3）为便于对刀调整操作，主轴可实现点动控制。

4）采用电流表 A 检测主轴电动机负载情况。

4.1.3.1　主电路分析

QS：电源引入开关。

FU1：主电动机 M1 的短路保护。

FR1：主电动机 M1 的过载保护。

R：限流电阻，在主电动机点动和反接制动时流过电流。

电流表 A：用来监视电动机 M1 的绕组电流，M1 的功率较大，将电流表接入电流互感器 TA。

时间继电器 KT：在 M1 起动时其延时断开常闭触点延时后才断开，对电流表在 M1 电动

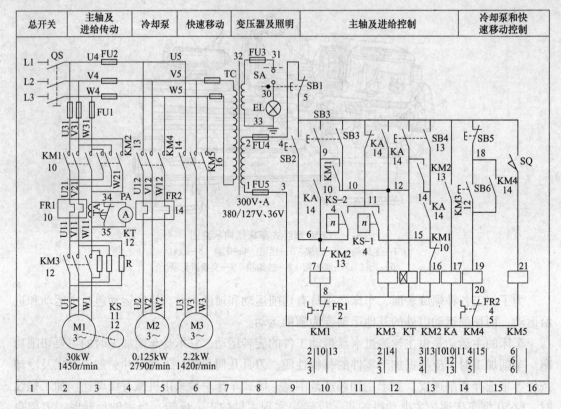

图 4-2　C650 型卧式车床的电气控制电路

机起动时起到保护作用。

KM1、KM2、KM3：KM1、KM2 实现 M1 电动机的正、反转，KM3 用于短接电阻。

KM4：控制冷却泵电动机的起动和停止。

KM5：用于控制快速电动机的起动和停止。

M1：主电动机。

M2：冷却泵电动机。

M3：快进电动机。

FR2：对 M2 电动机起过载保护作用。

4.1.3.2　控制电路分析

1. 主电动机的点动调整控制

当按下点动按钮 SB2 不松手时，接触器 KM1 线圈通电，KM1 主触点闭合，电网电压必须经过限流电阻 R 通入主电动机 M1，从而减少了起动电流。由于中间继电器 KA 未通电，故虽然 KM1 的辅助常开触点（10，规定此号表示区域号）已闭合，但不形成自锁。因而，当松开 SB2 后，KM1 线圈随即断电，主电动机 M1 停转。

2. 主电动机的正、反转控制

虽然主电动机 M1 的额定功率为 30kW，但车削时消耗功率较大，而起动时负载较小，因而起动电流并不很大，所以，在非频繁点动的工作时，仍然采用了全压直接起动控制方式。

当按下正向起动按钮 SB3 时，KM3 通电，其主触点闭合，短接限流电阻 R，另有一个常开辅助触点（14，表示区域 14）闭合，使得 KA 通电，其常开触点（12）闭合，使得 KM3 在 SB3 松手后也保持通电，进而 KA 也保持通电。另外，当 SB3 尚未松开时，由于 KA 的另一常开触点（10）已闭合，故使得 KM1 通电，其主触点闭合，主电动机 M1 全压起动运行。KM1 的辅助常开触点（10）也闭合。这样，当松开 SB3 后，由于 KA 的两个常开触点（10，12）保持闭合，故可形成自锁通路，从而 KM1 保持通电。在 KM3 得电的同时，通电延时继电器 KT 通电，其作用是使电流表避免起动电流冲击。

图 4-2 中 SB4（12，13）为反向起动按钮，反向起动过程同正向时类似，不再赘述。

3. 主电动机的反接制动控制

C650 型车床采用反接制动方式，用速度继电器 KS（4）进行检测和控制。

假设原来主电动机 M1 正转运行着，则 KS 的正向常开触点 KS-1（12）闭合，而反向常开触点 KS-2（11）依然断开着。当按下反向总停按钮 SB1（9）后，原来通电的 KM1、KM3、KT 和 KA 就随即断电，它们的所有触点均被释放而复位。然而，当 SB1 松开后，反转接触器 KM2（13）立即通电，电流通路是：

4（回路标号）→SB1 常闭触点（9）→KA 常闭触点（11）→KS 正向常开触点 KS-1（12）→KM1 常闭触点（13）→KM2 线圈（13）→FR1 常闭触点（10）→3（回路标号）。

这样，主电动机 M1 串电阻反接制动，正向转速很快降下来，当降到很低时（$n < 100$r/min），KS 的正向常开触点 KS-1（12）断开复位，从而切断了上述电流通路。至此，正向反接制动就结束了。反向反接制动过程在此不再赘述。

4. 刀架的快速移动和冷却泵控制

转动刀架手柄，限位开关 SQ（16）被压动而闭合，使得快速移动接触器 KM5 通电，快速移动电动机 M3 就起动运转，而当刀架手柄复位时，M3 随即停转。冷却泵电动机 M2 起动和停止按钮分别为 SB6（14）和 SB5（14）。

4.1.3.3　辅助电路分析

1. 照明电路和控制电源

图 4-2 中 TC（7）为控制变压器，二次侧有两路，一路为 127V，提供给控制电路；另一路为 36V（安全电压），提供给照明电路。置灯开关 SA（8）于 1 位时，SA 就闭合，照明灯 EL（8）点亮；置 SA 于 0 位时，EL 就熄灭。

2. 电流表 PA 保护电路

虽然电流表 PA（4）接在电流互感器 TA（3）回路里，但主电动机 M1 起动时冲击仍然很大。为此，在电路中设置了时间继电器 KT（12）进行保护。当主电动机正向起动以后，KT 通电，延时时间尚未到时，PA 就被 KT 延时，常闭触点（3）短路后，才有电流指示。

本节主要知识点

车床的电气控制电路有以下几个特点：

① 主轴的正、反转是通过电气方式而不是机械方式来实现的，从而简化了机械结构。

② 主电动机的制动采用了电气反接制动形式，并用速度继电器进行控制。

③ 控制电路由于电器元件很多，故通过控制变压器 TC（7）同三相电网进行电隔离，提高了操作和维修时的安全性。

④ 中间继电器 KA（14）起着扩展接触器 KM3 触点的作用。从电路中可见到 KM3 的常

开触点（14）直接控制 KA，故 KM3 和 KA 的触点的闭合和断开情况相同。从图 4-2 中可见 KA 的常开触点用了三个（10、12、13），常闭触点用了一个（11），而 KM3 的辅助常开触点只有两个，故不得不增设中间继电器 KA 进行扩展。可见，电气控制电路要考虑电器元件触点的实际情况，在电路设计时更应引起重视。

4.2　X6132 型铣床电气控制电路

在金属切削机床中，铣床的数量占第二位。铣床的种类很多，有卧铣、立铣、龙门铣、仿形铣和各种专用铣床，其中以卧铣和立铣的使用最为广泛。铣床可以用来加工平面、斜面和沟槽等。如果装上分度头，可以铣削直齿轮和螺旋面。如果装上回转工作台，还可以加工凸轮和弧形槽等。下面以 X6132 型铣床为例分析铣床的电气控制。

4.2.1　X6132 型铣床的主要结构和运动情况

1. 主要结构

X6132 型铣床主要由床身、悬梁及刀架支架、溜板部件和升降台等几部分组成。

2. 运动情况

铣床主运动是铣刀的旋转运动。随着铣刀的直径、工件材料和加工精度不同，要求主轴转速也不同。主轴旋转由三相笼型异步电动机拖动，不进行电气调速，通过机械变换齿轮来实现调速。为了适应顺铣和逆铣两种铣削方式的需要，主轴应能正、反转，X6132 型铣床中是通过控制电动机正、反转来改变主轴方向。为了缩短停车时间，主轴停车时采用电磁离合器实现机械制动。

进给运动为工件相对于铣刀的移动。为了实现铣削，进给长方形工作台可做左右、上下和前后进给移动。装上附件回转工作台，还可以做旋转进给运动。工作台用来安装夹具和工件。在横向溜板的水平导轨上，工作台沿导轨做左、右移动。在升降的水平导轨上，工作台沿导轨做前、后移动。升降台依靠下面的丝杠，沿床身前面的导轨同工作台一起上、下移动。各进给运动方向由一台笼型异步电动机拖动，各进给方向的选择由机械切换来实现，进给运动速度的选择由机械变换齿轮来实现。进给时工作台可以上下、左右、前后移动，进给电动机应能实现正、反转控制。

为了使主轴变速、进给变速时变换后的齿轮能顺利地啮合，主轴变速时主轴电动机应能转动一下，进给变速时进给电动机也应能转动一下。这种变速时电动机稍微转动一下的现象称为变速冲动。

X6132 型铣床的其他运动有：工作台在六个进给运动方向的快速移动；工作台上下、前后、左右的手摇移动；回转盘使工作台向左、右转动 ±45°；杆支架的水平移动。除了进给运动几个方向的快速移动由电动机拖动外，其余均为手动。

进给运动速度与快速移动速度的区别是，进给运动速度低，快速移动速度高，在机械方面通过改变传动链来实现。

4.2.2　X6132 型铣床控制电路分析

图 4-3 所示为 X6132 型铣床电气原理图。

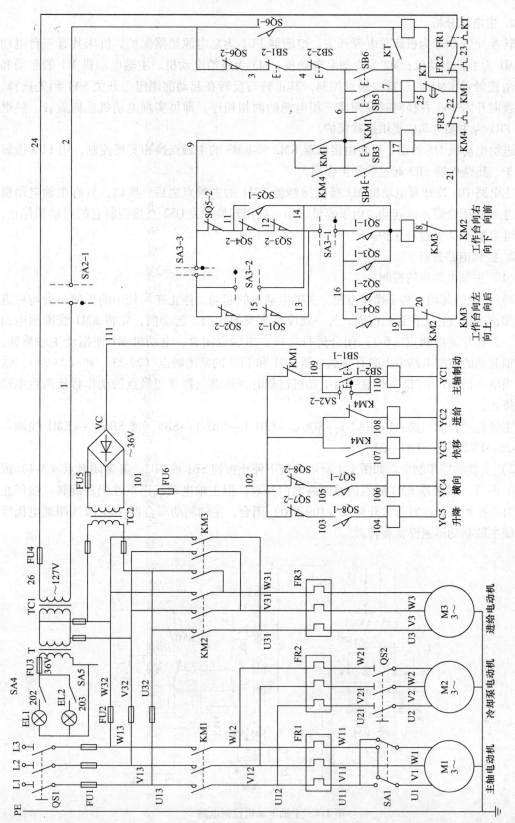

图 4-3 X6132 型铣床电气原理图

1. 主电路分析

转换开关 QS1 为机床总电源开关。熔断器 FU1 为总电源短路保护。机床共有三台电动机：M1 为主轴电动机；M2 为冷却泵电动机；M3 为进给电动机。主轴电动机 M1 的起动和停止由接触器 KM1 的三对主触点控制，其正转与反转在起动前用组合开关 SA1 预先选择。主轴换向开关 SA1 在换向时只调换三相电源的两相相序，即可实现电动机反向旋转。热继电器 FR1 为主轴电动机提供过载保护。

进给电动机 M3 的正、反转由接触器 KM2 和 KM3 的主触点换相实现控制，用 FU2 做短路保护，热继电器 FR3 起过载保护作用。

主电路中，冷却泵电动机 M2 接在接触器 KM1 的主触点之后，所以，只有主轴电动机 KM1 主触点闭合后才能起动。由于容量很小，故用转换开关 QS2 直接控制它的起动和停止，用热继电器 FR2 做过载保护。

2. 控制电路分析

（1）主轴电动机的控制

1）主轴的起动。为了操作方便，主轴电动机的起动、停止在两处中的任何一处均可进行操作，一处设在工作台的前面，另一处设在床身的侧面。起动前，先将 KM1 线圈通电而吸合，其常开辅助触点（6-7）闭合进行自锁，主触点闭合，电动机 M1 便拖动主轴旋转。在主轴起动的控制电路中串联有热继电器 FR1 和 FR2 的常闭触点（22-23）和（23-24）。这样，当电动机 M1 和 M2 有任意一台电动机过载时，热继电器常闭触点的动作将使两台电动机都停止。

主轴起动控制回路：1→SA2-1→SQ6-2→SB1-1→SB2-1→SB5（或 SB6）→KM1 线圈→KT→22→FR2→23→FR1→24。

2）主轴的停车制动。如图 4-4 所示，按下停止按钮 SB1 或 SB2，其常闭触点（3-4）或（4-6）断开，接触器 KM1 触点因线圈断电而释放，但主轴电动机因惯性仍在旋转。按停止按钮时应按到底，这时其常开触点（109-110）闭合，主轴制动离合器 YC1 因线圈通电而吸合，使主轴制动迅速停止旋转。

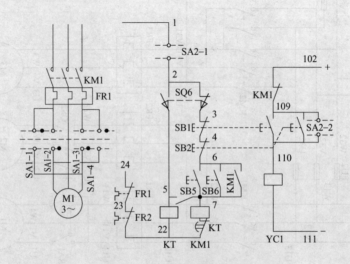

图 4-4　主轴电动机控制电路

3）主轴变速冲动控制。主轴变速时，当将变速手柄推回原来位置的过程中，通过机械装置使冲动开关 SQ6-1 闭合一次，SQ6-2 断开。SQ6-2（2-3）断开，切断了 KM1 接触器自锁回路，SQ6-1 瞬时闭合，时间继电器 KT 通电，其常开触点（5-7）瞬时闭合，使接触器 KM1 瞬时通电，则主轴电动机做瞬时转动，以利于变速齿轮进入啮合位置；同时，延时继电器 KT 线圈通电，其常闭触点（25-22）延时断开，又断开 KM1 接触器线圈电路，以防止操作者延长推回手柄的时间而导致电动机冲动时间过长、变速齿轮转速高而发生打坏齿轮现象。

主轴正在旋转，主轴变速时不必先按停止按钮再变速。这是因为当变速手柄推回原来位置的过程中，通过机械装置使 SQ6-2（2-3）触点断开使接触器 KM1 因线圈断电而释放，电动机 M1 停止转动。

4）主轴换刀时的制动。为了使主轴在换刀时不随意转动，换刀前应将主轴制动。将转换开关 SA2 扳到换刀位置，它的一个触点（1-2）断开控制电路的电源，以保证人身安全；另一个触点（109-110）接通了主轴制动电磁离合器 YC1 使主轴不能转动。换刀后再将转换开关 SA2 扳回工作位置，使触点 SA2-1（1-2）闭合，触点 SA2-2（109-110）断开，主轴制动离合器 YC1 断电，接通控制电路电源。

（2）进给电动机的控制　将电源开关 QS1 合上起动主轴电动机 M1，接触器 KM1 吸合并自锁，进给控制电路有电压，就可以起动进给电动机 M3。

1）工作台纵向（左、右）进给运动的控制。

先将回转工作台的转换开关 SA3 扳到"断开"位置。

由于 SA3-1（13-16）闭合，SA3-2（10-14）断开，SA3-3（9-10）闭合，工作台的纵向、横向和垂直进给的控制电路如图 4-5 所示。工作台纵向进给操纵机构如图 4-6 所示。

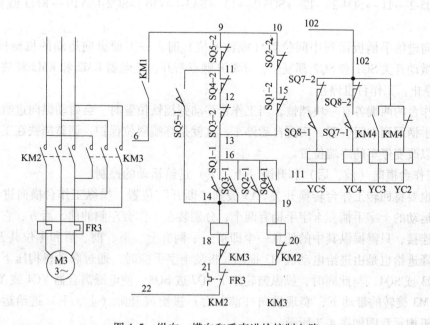

图 4-5　纵向、横向和垂直进给控制电路

操纵工作台纵向运动手柄扳到右边位置时，一方面机械机构将进给电动机传动链和工作台纵向移动机构相连接，另一方面压下向右进给的微动开关 SQ1，其常闭触点 SQ1-2

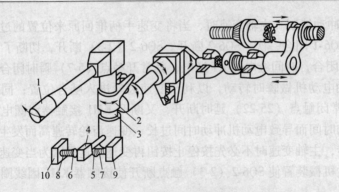

图 4-6　工作台纵向进给操纵机构

1—手柄　2—叉子　3—垂直轴　4—压块　5、6—可调螺钉　7、8—弹簧　9—SQ1　10—SQ2

（13-15）断开，常开触点 SQ1-1（14-16）闭合。触点 SQ1-1 的闭合使正转接触器 KM2 因线圈通电而吸合，进给电动机 M3 就正向旋转，拖动工作台向右移动。

向右进给的控制回路是：

9→SQ5-2→SQ4-2→SQ3-2→SA3-1→SQ1-1→KM2 线圈→KM3→21。

当将纵向进给手柄向左扳动时，一方面机械机构将进给电动机的传动链和工作台纵向移动机构相连接；另一方面压下向左进给的微动开关 SQ2，其常闭触点 SQ2-2（10-5）断开，常开触点 SQ2-1（16-19）闭合。触点 SQ2-1 的闭合使反转接触器 KM3 因线圈通电而吸合，进给电动机 M3 就反向转动，拖动工作台向左移动。

向左进给的控制回路是：

9→SQ5-2→11→SQ4-2→12→SQ3-2→13→SA3-1→16→SQ2-1→19→KM3 线圈→20→KM2→21。

当纵向进给手柄扳回到中间位置·（或称零位）时，一方面纵向运动的机械机构脱开，另一方面微动开关 SQ1 和 SQ2 都复位，其常开触点断开，接触器 KM2 和 KM3 释放，进给电动机 M3 停止，工作台也停止。

在工作台的两端各有一块挡铁，当工作台移动到挡铁位置时，会碰动纵向进给手柄，使纵向进给手柄回到中间位置，实现自动停车，这就是终端限位保护。调整挡铁在工作台上的位置，可以改变停车的终端位置。

2）工作台横向（前、后）和升降（上、下）进给运动的控制。

首先也要将回转工作台转换开关 SA3 扳到"断开"位置，操纵工作台横向进给运动和升降进给运动的十字手柄。十字手柄有两个，分别装在工作台左侧的前、后方，它们之间由联动机构连接，只需操纵其中的任意一个即可。手柄有上、下、前、后和零位共五个位置。横向和升降进给也是由进给电动机 M3 拖动。扳动十字手柄时，通过联动机构压下相应的行程开关 SQ3 或 SQ4，与此同时，操纵鼓轮压下 SQ7 或 SQ8，使电磁离合器 YC4 或 YC5 通电，在电动机 M3 旋转的带动下，实现横向（前、后）进给或升降（上、下）进给运动。工作台的操纵机构示意图如图 4-7 所示。

当将十字手柄扳到向下或向前位置时，一方面通过电磁离合器 YC4 或 YC5 将进给电动机 M3 的传动链和相应的机构连接。另一方面压下微动开关 SQ3，其常闭触点 SQ3-2（12-13）断开，常开触点 SQ3-1（14-16）闭合，正转接触器 KM2 因线圈通电而吸合，进给电动机 M3

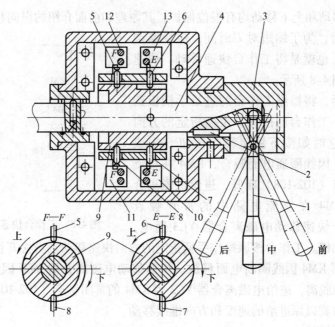

图 4-7　工作台操纵机构示意图

1—手柄　2—平键　3—壳体　4—轴　5、6、7、8—顶销

9—鼓轮　10—SQ3　11—SQ4　12—SQ7　13—SQ8

正向转动。当十字手柄压下 SQ3 时，若向前，则同时 SQ7 使电磁离合器 YC4 通电，工作台向前移动。若向下，则同时压下 SQ8，使电磁离合器 YC5 通电，接通升降传动链，工作台向下移动。

向下、向前控制回路是：

6→KM1→9→SA3-3→10→SQ2-2→15→SQ1-2→13→SA3-1→16→SQ3-1→KM2 线圈→18→KM3→21。

向下、向前控制回路相同，而电磁离合器通电不一样。向下时压下 SQ8，电磁离合器 YC5 通电；向前时压下 SQ7，电磁离合器 YC4 通电改变传动链。

当将十字手柄扳到向上或向后位置时，一方面压下微动开关 SQ4，其常闭触点 SQ4-2（11-12）断开，常开触点 SQ4-1（16-19）闭合，反转接触器 KM3 因线圈通电而吸合，进给电动机 M3 反向转动。另一方面操纵鼓轮压下微动开关 SQ7 或 SQ8，若向后则压下 SQ7，使 YC4 通电，接通向后传动链，在进给电动机 M3 反向转动下，向后移动。若向上，则压下 SQ8，使离合器 YC5 通电，接通向上传动链，在进给电动机 M3 反向转动下，向上移动。

向上、向后控制回路是：

6→KM1→9→SA3-3→10→SQ2-2→15→SQ1-2→13→SA3-1→16→SQ4-1→19→KM3 线圈→20→KM2→21。

向上、向后控制回路相同，电动机 M3 反转，而电磁离合器通电不一样。向上时，在压下 SQ4 的同时压下 SQ8，电磁离合器 YC5 通电。向后时，在压下 SQ4 的同时压下 SQ7，电磁离合器 YC4 通电，改变传动链。

当手柄回到中间位置时，机械机构都已断开，各开关都复位，接触器 KM2 和 KM3 都已释放，所以进给电动机 M3 停止，工作台也停止。

工作台前后移动和上下移动均有限位保护，其原理和前面介绍的纵向移动限位的原理相同。在进行对刀时，为了缩短对刀时间，应快速调整工作台的位置，也就是将工作台快速移动。快速移动控制电路如图 4-8 所示。

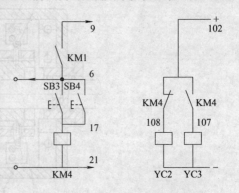

图 4-8　工作台快速移动控制电路

主轴起动以后，将操纵工作台的进给手柄扳到所需的运动方向，工作台就按操纵手柄指定的方向慢速进给运动。这时如按下快速移动按钮 SB3 或 SB4，接触器 KM4 因线圈通电而吸合，KM4 在直流电路中的常闭触点（102-108）断开，进给电磁离合器 YC2 脱离。KM4 在直流电路中的常开触点（102-107）闭合，快速移动电磁离合器 YC3 通电，接通快速移动传动链。工作台按原操作手柄指定的方向快速移动。当松开快速移动按钮 SB3 或 SB4 时，接触器 KM4 因线圈断电而释放。快速移动电磁离合器 YC3 因 KM4 的常开触点（102-107）断开而脱离，进给电磁离合器 YC2 因 KM4 的常闭触点（102-108）闭合而接通进给传动链，工作台就以原进给的速度和方向继续移动。

3）进给变速冲动。

实现进给运动变速时齿轮容易啮合，进给运动也有变速冲动。变速前也需起动主轴电动机 M1，使接触器 KM1 吸合。它在进给变速冲动控制电路中的常开触点（6-9）闭合，为变速冲动做准备。

变速时将变速拨盘往外拉到极限位置，再将它转到所需的速度，最后将变速拨盘往里推。在推的过程中，挡块压下微动开关 SQ5，其常闭触点 SQ5-2（9-11）断开一下，同时，其常开触点 SQ5-1（11-14）闭合一下，接触器 KM2 短时吸合，进给电动机 M3 就转动一下。当变速拨盘推到原位时，变速后的齿轮已啮合完毕。

变速冲动的回路是：

$6 \rightarrow KM1 \rightarrow 9 \rightarrow SA3-3 \rightarrow 10 \rightarrow SQ2-2 \rightarrow 15 \rightarrow SQ1-2 \rightarrow 13 \rightarrow SQ3-2 \rightarrow 12 \rightarrow SQ4-2 \rightarrow 11 \rightarrow SQ5-1 \rightarrow 14 \rightarrow KM$ 线圈 $\rightarrow 18 \rightarrow KM3 \rightarrow 21$。

4）应用回转工作台时的控制。

回转工作台是机床的附件。在铣削圆弧和凸轮轮廓等曲线时，可在工作台上安装回转工作台进行铣切。回转工作台由步进电动机 M3 经纵向传动机构拖动，在开动回转工作台前，先将回转工作台转换开关 SA3 置于"接通"位置，SA3 的触点 SA3-1 和 SA3-3 都断开，SA3-2 接通，工作台的进给操作手柄都扳到中间位置。按下主轴起动按钮 SB5 或 SB6，接触器 KM1 吸合并自锁，回转工作台工作时，控制电路中 KM1 的常开辅助触点（6-9）也需同时闭合。由图 4-9 可见，接触器 KM2 也紧接

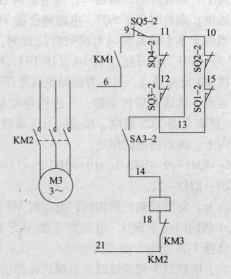

图 4-9　回转工作台控制电路

着吸合，进给电动机 M3 正向转动，拖动回转工作台。因为只能是接触器 KM2 吸合，KM3 不能吸合，所以回转工作台只能沿一个方向转动。

回转工作台回路是：

6→KM1→9→SQ5-2→11→SQ4-2→12→SQ3-2→13→SQ1-2→15→SQ2-2→10→SA3-2→14→KM2 线圈→18→KM3→21。

5）进给的联锁。

只有主轴电动机 M1 起动后才可能起动进给电动机 M3。主轴带动电动机起动时，接触器 KM1 吸合并自锁，KM1 常开辅助触点（6-9）闭合，进给控制电路有电压，这时才可能使接触器 KM2 或 KM3 吸合而起动进给电动机 M3。如果工作中的主轴电动机 M1 停止，进给电动机也立即跟着停止。这样，才可以防止在主轴不转时工件与铣刀相撞而损坏机床。

工作台不能几个方向同时移动。由于工作台的左、右移动是由一个纵向进给手柄控制，同一时间内不会又向左又向右。工作台的上、下、前、后是由一个十字手柄控制，同一时间内只能向一个方向进给。所以只要保证两个操纵手柄都不在零位时，工作台不会沿两个方向同时进给即可，控制电路中的联锁解决了这个问题。在联锁电路中，将纵向进给手柄可能压下的微动开关 SQ1 和 SQ2 的常闭触点 SQ1-2（13-15）和 SQ2-2（10-15）串联在一起，再将垂直进给和横向进给的十字手柄可能压下的微动开关 SQ3 和 SQ4 的常闭触点 SQ3-2（12-13）和 SQ4-2（11-12）串联在一起，并将这两个串联电路再并联起来，以控制接触器 KM2 和 KM3 的线圈通路。如果两个操作手柄都不在零位，则有不同支路的两个微动开关被压下，其常闭触点的断开使两条并联的支路都断开，进给电动机 M3 因接触器 KM2 和 KM3 的线圈都不能通电而不能转动。

进给变速时两个进给操纵手柄都必须在零位。

为了安全起见，进给变速冲动时不要有移动。由图 4-9 可知，当进给变速冲动时，短时间压下微动开关 SQ5，其常闭触点 SQ5-2（9-11）断开，其常开触点 SQ5-1（11-14）闭合，两个进给手柄可能压下的微动开关 SQ1 或 SQ2、SQ3 或 SQ4 的四个常闭触点 SQ1-2、SQ2-2、SQ3-2 和 SQ4-2 是串联在一起的。如果有一个进给操纵手柄不在零位，则因微动开关常闭触点的断开而接触器 KM2 不能吸合，进给电动机 M3 也就不能转动，防止了进给变速冲动时工作台的移动。

回转工作台的转动与工作台的进给运动不能同时进行。由图 4-9 可知，当回转工作台的转换开关 SA3 转到"接通"位置时，两个进给手柄可能压下的开关 SQ1 或 SQ2、SQ3 或 SQ4 的四个常闭触点 SQ1-2 或 SQ2-2、SQ3-2 或 SQ4-2 是串联在一起的。如果有一个进给操纵手柄不在零位，则因开关常闭触点的断开而接触器 KM2 不能吸合，进给电动机 M3 不能转动，回转工作台也就不能转动。只有两个操纵手柄都恢复到零位，进给电动机 M3 方可旋转，回转工作台方可转动。

（3）照明电路　照明变压器 TC 将 380V 的交流电压降到 36V 的安全电压，供照明用。照明电路由开关 SA5、SA4 分别控制灯泡 EL1、EL2。熔断器 FU3 用作照明电路的保护。整流变压器 TC2 输出低压交流电，经桥式整流电路供给五个电磁离合器 36V 直流电源。控制变压器 TC1 输出 127V 交流控制电压。

（4）电器位置图　图 4-10 所示为 X6132 型万能铣床电器位置图。

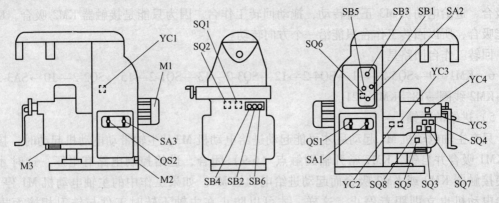

图 4-10　X6132 型万能铣床电器位置图

本节主要知识点

铣床的电气控制电路分析：

M1 为主轴电动机；M2 为冷却泵电动机；M3 为进给电动机。

主轴的起动、停止两地控制：按下按钮 SB5 或 SB6，接触器 KM1 线圈通电并自锁。按下按钮 SB1 或 SB2，接触器 KM1 线圈断电。同时 SB1-1 或 SB2-1 闭合使 YC1 通电实现主轴制动控制。进行电动机控制，矩形工作台工作：SA3-1（+），SA3-2（-），SA3-3（+）；回转工作台工作：SA3-1（-），SA3-2（+），SA3-3（-）；分析工作台左右、前后、上下运动及回转工作台控制及主轴和进给变速冲动。

行程开关 SQ1 控制工作台向右运动；行程开关 SQ2 控制工作台向左运动；行程开关 SQ3 控制工作台向下、向前运动；行程开关 SQ4 控制工作台向上、向后运动；SQ7 和 SQ8 配合分别控制电磁离合器 YC4 和 YC5 控制工作台升降和横向运动；SQ5 控制进给变速冲动；SQ6 控制主轴变速冲动。

4.3　Z3040 型摇臂钻床电气控制电路

钻床是一种孔加工机床，可进行钻孔、扩孔、铰孔、攻螺纹及修刮端面等多种形式的加工。

钻床按用途和结构可分为立式钻床、台式钻床、多轴钻床、摇臂钻床及其他专用钻床等。在各类钻床中，摇臂钻床操作方便、灵活，适用范围广，具有典型性，特别适用于单件或批量生产中带有多孔大型零件的孔加工，是一般机械加工车间常见的机床。下面对 Z3040 型摇臂钻床进行重点分析。

4.3.1　Z3040 型摇臂钻床的主要结构及运动情况

Z3040 型摇臂钻床主要由底座 1、内外立柱 9、摇臂 6、主轴箱 8 及工作台 2 等部分组成，如图 4-11 所示。内立柱固定在底座的一端，在它外面套有外立柱，外立柱可绕内立柱回转 360°，摇臂的一端为套筒，它套装在外立柱上，并借助丝杠的正、反转可沿外立柱做上下移动。由于该丝杠与外立柱连成一体，而升降螺母固定在摇臂上，所以，摇臂不能绕外立柱转动，只能与外立柱一起绕内立柱回转。主轴箱是一个复合部件，它由主传动电动机、主轴和主轴传动机构、进给和变速机构及机床的操作机构等部分组成，主轴箱安装在摇臂的水平导轨上，可以通过手轮操作使其在水平导轨上沿摇臂移动。当进行加工时，由特殊的夹紧装置将主轴箱紧固在摇臂导轨上，外立柱紧固在内立柱上，摇臂紧固在外立柱上，然后进行钻削加工。钻削加工时，钻头一面旋转进行切削，同时进行纵向进给。可见摇臂钻床的主运动为主轴的旋转运动；进给运动为主轴的纵向进给。辅助运动有：摇臂沿外立柱的垂直移动；主轴箱沿摇臂长度方向的移动；摇臂与外立柱一起绕内立柱的回转运动。

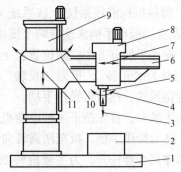

图 4-11　摇臂钻床结构及运动情况示意图
1—底座　2—工作台　3—主轴纵向进给
4—主轴旋转主运动　5—主轴　6—摇臂
7—主轴箱沿摇臂径向运动　8—主轴箱　9—内外立柱
10—摇臂回转运动　11—摇臂垂直移动

4.3.2　Z3040 型摇臂钻床的电力拖动特点及控制要求

根据摇臂钻床结构及运动情况，对其电力拖动和控制情况提出如下要求。

1）摇臂钻床运动部件较多，为简化传动装置，采用多台电动机拖动。通常设有主轴电动机、摇臂升降电动机、立柱夹紧放松电动机及冷却泵电动机。

2）摇臂钻床为适应多种形式的加工，要求主轴及进给有较大的调速范围。主轴在一般速度下的钻削加工常为恒功率负载；而低速时主要用于扩孔、铰孔、攻螺纹等加工，这时则为恒转矩负载。

3）摇臂钻床的主运动与进给运动皆为主轴的运动，为此这两个运动由一台主轴电动机拖动，分别经主轴与进给传动机构实现主轴旋转和进给，所以主轴变速机构与进给变速机构均装在主轴箱内。

4）为加工螺纹，主轴要求正、反转。摇臂钻床主轴正、反转一般由机械方法获得，这样主轴电动机只需单方向旋转。

5）具有必要的联锁与保护。

4.3.3　Z3040 型摇臂钻床的电气控制电路

Z3040 型摇臂钻床是在 Z35 型摇臂钻床基础上的更新产品。它取消了 Z35 汇流环的供电方式，改为直接由机床底座进线，由外立柱顶部引出再进入摇臂后面的电气壁龛；对内外立柱、主轴箱及摇臂的夹紧放松和其他一些环节，采用了先进的液压技术。由于在机械上 Z3040 有两种形式，所以其电气控制电路也有两种形式，下面以沈阳中捷友谊厂（现沈阳机床集团有限责任公司）生产的 Z3040 型摇臂钻床为例进行分析。

该摇臂钻床具有两套液压控制系统，一个是操纵机构液压系统；另一个是夹紧机构液压系统。前者安装在主轴箱内，用以实现主轴正/反转、停车制动、空档、预选及变速；后者安装在摇臂背后的电气壁龛下部，用以夹紧或松开主轴箱、摇臂及立柱。

1. 液压系统简介

（1）操纵机构液压系统　该系统液压油由主轴电动机拖动齿轮泵送出。由主轴变速、正/反转及空档操作手柄来改变两个操纵阀的相互位置，使液压油做不同的分配，获得不同的动作。操作手柄有五个空间位置：上、下、里、外和中间位置，其中上为"空档"，下为"变速"，外为"正转"，里为"反转"，中间位置为"停车"。而主轴转速及主轴进给量各由一个旋钮预选，然后再操作手柄。

起动主轴时，首先按下主轴电动机起动按钮，主轴电动机起动旋转，拖动齿轮泵，送出液压油，然后操纵手柄，扳至所需转向位置，于是两个操纵阀相互位置改变，使一股液压油将制动摩擦离合器松开，为主轴旋转创造条件；另一股液压油压紧正转（反转）摩擦离合器，接通主轴电动机到主轴的传动链，驱动主轴正转或反转。

在主轴正转或反转过程中，也可旋转变速旋钮，改变主轴转速或主轴进给量。

主轴停车时，将操作手柄扳回中间位置，这时主轴电动机仍拖动齿轮泵旋转，但此时整个液压系统为低压油，无法松开制动摩擦离合器，而在制动弹簧作用下将制动摩擦离合器压紧，使制动轴上的齿轮不能转动，主轴实现停车。所以主轴停车时主轴电动机仍然旋转，只是不能将动力传到主轴。

主轴变速与进给变速：将操作手柄扳至"变速"位置，于是改变两个操纵阀的相互位置，使齿轮泵送出的液压油进入主轴转速预选阀和主轴进给量预选阀，然后进入各变速液压缸。各变速液压缸为差动液压缸，具体哪个液压缸上腔进液压油或回油，取决于所选定的主轴转速和进给量大小。与此同时，另一条油路系统推动拨叉缓慢移动，逐渐压紧主轴正转摩擦离合器，接通主轴电动机到主轴的传动链，使主轴缓慢转动，称为缓速。缓速的目的在于使滑移齿轮能比较顺利地进入啮合位置，避免出现顶齿现象。当变速完成后，松开操作手柄，此时将在弹簧作用下由"变速"位置自动复位到主轴"停车"位置，这时便可操纵主轴正转或反转，主轴将在新的转速或进给量下工作。

主轴空档：将操作手柄扳向"空档"位置，这时由于两个操纵阀相互位置改变，液压油使主轴传动系统中滑移齿轮处于中间脱开位置。这时，可用手轻便地转动主轴。

（2）夹紧机构液压系统　主轴箱、立柱和摇臂的夹紧与松开，是由液压泵电动机拖动液压泵送出液压油，推动活塞、菱形块来实现的。其中主轴箱和立柱的夹紧或放松由一个油路控制，而摇臂的夹紧或松开因与摇臂升降构成自动循环，所以由另一个油路单独控制，这两个油路均由电磁阀操纵。

欲夹紧或松开主轴箱及立柱时，首先起动液压电动机，拖动液压泵，送出液压油，在电磁阀操纵下，使液压油经二位六通阀流入夹紧或松开油腔，推动活塞和菱形块实现夹紧或松开。由于液压泵电动机是点动控制，所以主轴箱和立柱的夹紧与松开是点动的。

摇臂的松开与夹紧因与摇臂升降有关联，将在电气控制部分叙述。

2. 电气控制电路分析

图 4-12 所示为 Z3040 型摇臂钻床电气控制电路。图中 M1 为主轴电动机，M2 为摇臂升降电动机，M3 为液压泵电动机，M4 为冷却泵电动机。

（1）主电路分析　M1 为单方向旋转，由接触器 KM1 控制，主轴的正、反转则由机床液压系统操纵机构配合正、反转摩擦离合器实现，并由热继电器 FR1 对电动机 M1 实现长期过载保护。

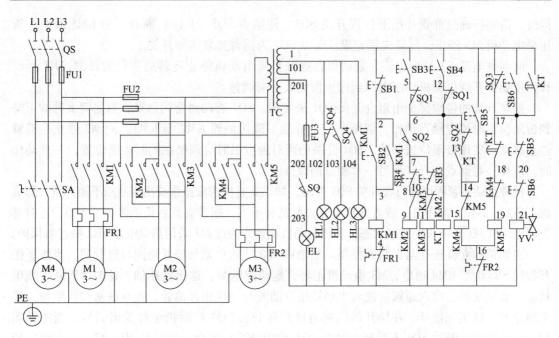

图 4-12　Z3040 型摇臂钻床电气控制电路

M2 由正、反转接触器 KM2、KM3 控制实现正、反转。控制电路保证在操纵摇臂升降时，首先使液压泵电动机起动旋转，供出液压油，经液压系统将摇臂松开，然后才使电动机 M2 起动，拖动摇臂上升或下降。当移动到位后，控制电路又保证 M2 先停下，再自动通过液压系统将摇臂夹紧，最后液压泵电动机才停下。M2 为短时工作，不用设长期过载保护。

M3 由接触器 KM4、KM5 实现正、反转控制，并由热继电器 FR2 对电动机 M3 实现长期过载保护。

M4 电动机容量小，仅 0.125kW，由开关 SA 控制。

（2）控制电路分析　由按钮 SB1、SB2 与 KM1 构成主轴电动机 M1 的单方向旋转起动—停止电路。M1 起动后，指示灯 HL3 亮，表示主轴电动机在旋转。

由摇臂上升按钮 SB3、下降按钮 SB4 及正、反转接触器 KM2、KM3 组成具有双重互锁的电动机正、反转点动控制电路。由于摇臂的升降控制须与夹紧机构液压系统紧密配合，所以与液压泵电动机的控制有密切关系。下面以摇臂的上升为例分析摇臂升降的控制。

按下上升点动按钮 SB3，时间继电器 KT 线圈通电，触点 KT（1-17）、KT（13-14）立即闭合，使电磁阀 YV、KM4 线圈同时通电，液压泵电动机起动，拖动液压泵送出液压油，并经二位六通阀进入松开油腔，推动活塞和菱形块，将摇臂松开。同时，活塞杆通过弹簧片压下行程开关 SQ2，发出摇臂松开信号，即触点 SQ2（6-7）闭合，SQ2（6-13）断开，使 KM2 通电，KM4 断电。于是电动机 M3 停止，液压泵停止供油，摇臂维持松开状态；同时 M2 起动，带动摇臂上升。所以 SQ2 是用来反映摇臂是否松开并发出松开信号的电器元件。

当摇臂上升到所需位置时，松开按钮 SB3，KM2 和 KT 断电，M2 电动机停止，摇臂停止上升。但由于触点 KT（17-18）经 1~3s 延时闭合，触点 KT（1-17）经同样延时断开，所以 KT 线圈断电经 1~3s 延时后，KM5 通电，YV 断电。此时 M3 反向起动，拖动液压泵，供给液压油，经二位六通阀进入摇臂夹紧油腔，向反方向推动活塞和菱形块，将摇臂夹紧。

同时，活塞杆通过弹簧片压下行程开关 SQ3，使触点 SQ3（1-17）断开，使 KM5 断电，液压泵电动机 M3 停止，摇臂夹紧完成。所以 SQ3 为摇臂夹紧信号开关。

时间继电器 KT 是为保证夹紧动作在摇臂升降电动机停止运转后进行而设的，KT 延时长短依摇臂升降电动机切断电源到停止惯性大小来调整。

摇臂升降的极限保护由组合开关 SQ1 来实现。SQ1 有两对常闭触点，当摇臂上升或下降到极限位置时相应触点动作，切断对应上升或下降接触器 KM2 与 KM3，使 M2 停止，摇臂停止移动，实现极限位置保护。SQ1 开关的两对触点平时应调整在同时接通位置；一旦动作时，应使一对触点断开，而另一对触点仍保持闭合。

摇臂自动夹紧程度由行程开关 SQ3 控制。如果夹紧机构液压系统出现故障不能夹紧，那么触点 SQ3（1-17）断不开，或者 SQ3 开关安装调整不当，摇臂夹紧后仍不能压下 SQ3，这时都会使电动机 M3 处于长期过载状态，易将电动机烧毁，为此 M3 采用热继电器 FR2 做过载保护。

主轴箱和立柱松开与夹紧的控制。主轴箱和立柱的夹紧与松开是同时进行的。当按下松开按钮 SB5 时，KM4 通电，M3 电动机正转，拖动液压泵，送出液压油，这时 YV 处于断电状态，液压油经二位六通阀，进入主轴箱松开油腔与立柱松开油腔，推动活塞和菱形块，使主轴箱和立柱实现松开。在松开的同时通过行程开关 SQ4 控制指示灯发出信号，当主轴箱与立柱松开时，开关 SQ4 不受压，触点 SQ4（101-102）闭合，指示灯 HL1 亮，表示确已松开，可操作主轴箱和立柱移动。当夹紧时，将压下 SQ4，触点（101-103）闭合，指示灯 HL2 亮，可以进行钻削加工。

机床安装后，接通电源，可利用主轴箱和立柱的夹紧、松开来检查电源相序，当电源相序正确后，再调整电动机 M2 的接线。

3. Z3040 型摇臂钻床电气控制电路常见故障分析

摇臂钻床电气控制的特点是摇臂的控制是机、电、液的联合控制。下面仅以摇臂移动的常见故障做一分析。

（1）摇臂不能上升　由摇臂上升电气动作过程可知，摇臂移动的前提是摇臂完全松开，此时活塞杆通过弹簧片压下行程开关 SQ2，电动机 M3 停止旋转，M2 起动。下面抓住 SQ2 有无动作来分析摇臂不能移动的原因。

若 SQ2 不动作，常见故障为 SQ2 安装位置不当或发生移动。这样，摇臂虽已松开，但活塞杆仍压不上 SQ2，致使摇臂不能移动。有时也会出现因液压系统发生故障，使摇臂没有完全松开，活塞杆压不上 SQ2。为此，应配合机械、液压调整好 SQ2 位置并安装牢固。

有时电动机 M3 电源相序接反，此时按下摇臂上升按钮 SB3 时，电动机 M3 反转，使摇臂夹紧，更压不上 SQ2，摇臂也不会上升。所以，机床大修或安装完毕，必须认真检查电源相序及电动机正、反转是否正确。

（2）摇臂移动后夹不紧分析　摇臂升降后，摇臂应自动夹紧，而夹紧动作的结束由开关 SQ3 控制。若摇臂夹不紧，说明摇臂控制电路能够动作，只是夹紧力不够。这是由于 SQ3 动作过早，使液压泵电动机 M3 在摇臂还未充分夹紧时就停止旋转。这往往是由于 SQ3 安装位置不当或松动移位，过早地被活塞杆压上动作之故。

（3）液压系统的故障　有时电气控制系统工作正常，而电磁阀芯卡住或油路堵塞，造成液压控制系统失灵，也会造成摇臂无法移动。因此，在维修工作中应正确判断是电气控制系统还是液压系统的故障，然而这两者之间相互联系，应相互配合共同排除故障。

本节主要知识点

1. 图 4-12 中 M1 为主轴电动机，M2 为摇臂升降电动机，M3 为液压泵电动机，M4 为冷却泵电动机。

M1 为单方向旋转，由接触器 KM1 控制，主轴的正、反转则由机床液压系统操纵机构配合正、反转摩擦离合器实现。

2. M2 由正、反转接触器 KM2、KM3 控制实现正、反转。M3 由接触器 KM4、KM5 实现正、反转控制。M4 电动机容量小，由开关 SA 控制。

4.4　T619 型镗床电气控制电路

镗床是一种精密加工机床。主要用于加工工件上的精密圆柱孔。精密圆柱孔往往有较高的几何精度要求，如严格的平行度公差或垂直度公差，相互间的距离也要求准确，这些都是钻床难以胜任的。而镗床本身刚性好，几何误差小，运动精度高，能满足上述要求。

镗床除能完成镗孔加工外，在万能镗床上还可进行钻、扩、铰等孔加工，以及车、铣工序，所以镗床的工艺范围很广。

按照用途不同，镗床可分为卧式铣镗床、坐标镗床、金刚镗床及专门化镗床。下面以常见的卧式镗床为例分析其电气控制。

4.4.1　T619 型镗床主要结构、运动形式及控制要求

T619 型卧式镗床主要由床身 1、镗头架 2、前立柱 3、平旋盘 4、镗轴 5、工作台 6、后立柱 7 等组成，如 4-13 所示。床身 1 的一端固定着前立柱 3，在前立柱 3 的垂直导轨上装有上下可移动的镗头架 2。镗头架 2 里装有镗轴 5、进给变速机构及操纵机构等组件。根据加工情况的不同，切削刀具可固定在镗轴前端的锥形孔里，或装在花盘上的刀具溜板上。后立柱 7 可沿着床身导轨在镗轴的轴线方向调整位置。后立柱 7 的尾座 8 则用来支持装夹在镗轴上的镗杆末端，与镗头架同时进行升降。工作台部件安置在床身的导轨上，由上、下溜板 9、10 和可转动的工作台 6 组成。

T619 型卧式镗床的主运动是镗轴的旋转运动和平旋盘的旋转运动。其进给运动包括工作台的横向或纵向进给、镗轴的轴向进给、镗头架的垂直进给和平旋盘刀具溜板的径向进给。

1）为了满足主轴在大范围内调速的要求，多采用交流电动机驱动的滑移齿轮变速系统。由于镗床主拖动要求恒功率拖动，所以采用"△/丫丫"双速电动机。

2）为了防止滑移齿轮变速时出现顶齿现

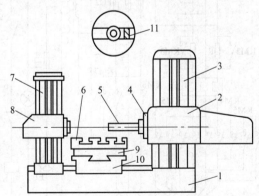

图 4-13　T619 型卧式镗床外形图
1—床身　2—镗头架　3—前立柱　4—平旋盘　5—镗轴
6—工作台　7—后立柱　8—尾座
9—上溜板　10—下溜板　11—刀具溜板

象，要求主轴变速时电动机做低速断续冲动。

3）为了适应加工过程中调整的需要，通过主轴电动机低速点动来实现主轴的正反点动调整。

4）为了满足主轴快速停车的要求采用电动机反接制动，但有的也采用电磁铁制动。

5）主轴电动机低速时可采用直接启动，但高速时为了减小启动电流，要先接通低速，经延时再接通高速。

6）为了满足进给部件多的要求，快速进给则采用单独电动机拖动。

4.4.2　T619 型卧式镗床电气控制线路分析

图 4-14 所示为 T619 型卧式镗床电气控制原理图。

图 4-14 中 M1 为主轴与进给电动机，M2 为快速移动电动机。其中 M1 为一台 4/2 极的双速电动机，绕阻接法为△/丫丫。

电动机 M1 由 5 只接触器控制，其中 KM1、KM2 为电动机正、反转接触器，KM3 为制动电阻短接接触器，KM4 为低速运转接触器，KM5 为高速运转接触器（KM5 为一只双线圈接触器或由两只接触器并联使用）。主轴电动机正、反转停车时均由速度继电器 KS 控制实现反接制动。另外还设有短路保护和过载保护。

电动机 M2 由接触器 KM6、KM7 实现正、反转控制，设有短路保护。因快速移动为点动控制，所以 M2 为短时运行，不必设置过载保护。

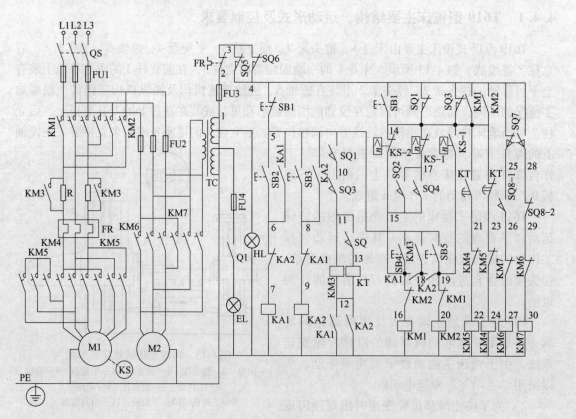

图 4-14　T619 型卧式镗床电气控制原理图

1. 主轴电动机的正、反向起动控制

合上电源开关 QS，信号灯 HL 亮，表示电源接通。调整好工作台和镗头架的位置后，便可开动主轴电动机 M1，拖动镗轴或平旋盘正、反转起动运行。

由正、反转起动按钮 SB2、SB3，正、反转中间继电器 KA1、KA2 和正、反转接触器 KM1、KM2 等构成主轴电动机正、反转起动控制环节。另设有高、低速选择手柄，选择高速或低速运行。当要求主轴低速运转时，将速度选择手柄置于低速档，此时与速度选择手柄有联动关系的行程开关 SQ 不受压，触点 SQ（11-13）断开。要使主轴电动机正转运行，可按下正转起动按钮 SQ2，中间继电器 KA1 通电并自锁，触点 KA1（8-9）断开 KA2 电路；KA1（12-PE）闭合，使 KM3 通电，限流电阻 R 被短接；KA1（15-18）闭合，使 KM1、KM4 相继通电。电动机 M1 在△接法下全压起动并以低速运行。

若将速度选择手柄置于高速档，经联动机构将行程开关 SQ 压下，触点 SQ（11-13）闭合，这样，在 KM3 通电的同时，时间继电器 KT 也通电。于是电动机 M1 在低速△联结起动并经一定时限后，因 KT 通电延时断开触点 KT（14-23）断开，使 KM4 断电；触点 KT（14-21）延时闭合，使 KM5 通电。从而使电动机 M1 由低速△联结自动换接成高速丫丫联结，构成了双速电动机高速运转起动时的加速控制环节，即电动机按低速档起动再自动换接成高速档运转控制。

由上述分析可知：

1）主轴电动机 M1 的正、反转控制是由按钮操作实现的，通过正、反转中间继电器使 KM3 通电，将限流电阻 R 短接，这就构成了 M1 的全压起动。

2）M1 的高速起动，是由速度选择机构压合行程开关 SQ 来接通时间继电器 KT，从而实现由低速起动自动换接成高速运转的控制。

3）与 M1 联动的速度继电器 KS，在电动机正、反转时，都有对应的触点闭合，为正、反转停车时的反接制动做准备。

2. 主轴电动机的点动控制

主轴电动机由正、反转点动按钮 SB4、SB5，接触器 KM1、KM2 和低速接触器 KM4 构成正、反转低速点动控制环节，实现低速点动调整。点动控制时，由于 KM3 未通电，所以电动机串入电阻低速起动。点动按钮松开后，电动机自动停车，若此时电动机转速较高，则可按下停止按钮 SB1，但要按到底，以实现反接制动，迅速停车。

3. 主轴电动机的停车与制动

主轴电动机 M1 在运行中可按下停止按钮 SB1 来实现主轴电动机的停止与反接制动（当将 SB1 按到底时）。由 SB1、KS、KM1、KM2 和 KM3 构成主轴电动机正、反转反接制动控制环节。

以主轴电动机运行在低速正转状态为例，此时 KA1、KM1、KM3、KM4 均通电吸合，速度继电器触点 KS（14-19）闭合，为正转反接制动做准备。当停车时，按下 SB1，触点 SB1（4-5）断开，使 KA1、KM3 断电释放，触点 KA1（15-18）、KM3（5-18）断开，使 KM1 断电，切断了主轴电动机正向电源。而另一触点 SB1（4-14）闭合，经 KS（14-19）触点使 KM2 通电，其触点 KM2（4-14）闭合，使 KM4 通电，于是主轴电动机定子串入限流电阻进行反接制动。当电动机转速降低到 KS 释放值时，触点 KS（14-19）释放，使 KM2、KM4 相继断电，反接制动结束，M1 自由停车至零。

若主轴电动机已运行在高速正转状态，当按下 SB1 后，立即使 KA1、KM3、KT 断电，再使 KM1 断电，KM2 通电，同时 KM5 断电，KM4 通电。于是主轴电动机串入限流电阻，接成△联结，进行反接制动，直至 KS 释放，反接制动结束，以后自由停车至零。

停车操作时，务必将 SB1 按到底，否则将无反接制动，只是自由停车。

4. 主运动与进给运动的变速控制

T619 型镗床主运动与进给运动速度变换，是通过"变速操纵盘"改变传动链的传动比来实现的。它可在主轴与进给电动机未起动前预选速度，也可在运行中进行变速。下面以主轴变速为例说明其变速控制。

（1）变速操作过程　主轴变速时，首先将"变速操纵盘"上的操纵手柄拉出，然后转动变速盘，选好速度后，将变速操纵手柄推回。在拉出或推回变速操纵手柄的同时，与其联动的行程开关 SQ1（主轴变速时自动停车与起动开关）、SQ2（主轴变速齿轮啮合冲动开关）相应动作，在手柄拉出时开关 SQ1 不受压，SQ2 受压。推上手柄时压合情况正好相反。

（2）主轴运动中的变速控制过程　主轴在运行中需要变速，可将主轴变速操纵手柄拉出，这时与变速操纵手柄有联动关系的行程开关 SQ1 不再受压，触点 SQ1（5-10）断开，KM3、KM1 断电，将限流电阻串入 M1 定子电路；另一触点 SQ1（4-10）闭合，且 KM1 已断电释放，于是 KM2 经 KS（14-19）触点而通电吸合，使电动机定子串入电阻 R 进行反接制动。若电动机原来运行在高速档，则此时将丫丫联结换成△联结，串入 R 进行反接制动。

然后转动变速操纵盘，转至所需转速位置，速度选好后，将变速操纵手柄推回原位。若此时因齿轮啮合不上变速手柄推合不上时，行程开关 SQ2 受压，触点 SQ2（17-15）闭合，KM1 经触点 KS（14-17）、SQ1（14-4）接通电源，同时 KM4 通电，使主轴电动机串入 R，接成△联结低速起动。当转速升到速度继电器动作值时，触点 KS（14-17）断开，使 KM1 断电释放；另一触点 KS（14-19）闭合，使 KM2 通电吸合，对主轴电动机进行反接制动，使转速下降。当速度降至速度继电器释放值时，触点 KS（14-19）断开，KS（14-17）闭合，反接制动结束。若此时变速操纵手柄仍推合不上，则电路再重复上述过程，从而使主轴电动机处于间歇起动和制动状态，获得变速时的低速冲动，便于齿轮啮合，直至主轴变速操纵手柄推合为止。手柄推合后，压下 SQ1，而 SQ2 不再受压，上述变速冲动才结束，变速过程才完成。此时由触点 SQ2（17-15）切断上述瞬动控制电路，而触点 SQ1（5-10）闭合，使 KM3、KM1 相继通电吸合，主轴电动机自行起动，拖动主轴在新选定的转速下旋转。

至于在主轴电动机未起动前预选主轴速度的操作方法及控制过程与上述完全相同，这里不再复述。

T619 型卧式镗床进给变速控制与主轴变速控制相同。它是由进给变速操纵盘来改变进给传动链的传动比来实现的，其变速操作过程与主轴变速时相似，首先将进给变速操纵手柄拉出，此时与其联动的行程开关 SQ3、SQ4 相应动作（当手柄拉出时 SQ3 不受压，SQ4 将受压，当变速手柄推回时，则情况相反）；然后转动进给变速操纵盘，选好进给速度；最后将变速手柄推合。若手柄推合不上，则电动机进行间歇的低速起动、制动，获得低速变速冲动，有利于齿轮啮合，直至手柄推合，变速控制结束。

5. 镗头架、工作台快速移动的控制

为缩短辅助时间，提高生产效率，由快速电动机 M2 经传动机构拖动镗头架和工作台做各种快速移动。运动部件及其运动方向的预选由装设在工作台前方的操纵手柄进行，而控制

则用镗头架上的快速操作手柄控制。当扳动快速操纵手柄时，将相应压合行程开关 SQ7 或 SQ8，接触器 KM6 或 KM7 通电，实现 M2 的正、反转，再通过相应的传动机构使操纵手柄预选的运动部件按选定方向做快速移动。当镗头架上的快速移动操作手柄复位时，行程开关 SQ8 或 SQ7 不再受压，KM6 或 KM7 断电释放，M2 停止旋转，快速移动结束。

6. 机床的联锁保护

　　T619 型卧式镗床具有较完善的机械和电气联锁保护。例如，当工作台或镗头架自动进给时，不允许主轴或平旋盘刀架进行自动进给，否则将发生事故，为此设置了两个联锁保护行程开关：SQ5 和 SQ6。其中 SQ5 是与工作台和镗头架自动进给手柄联动的行程开关，SQ6 是与主轴和平旋盘刀架自动进给手柄联动的行程开关。将 SQ5、SQ6 常闭触点并联后串接在控制电路中，若扳动两个自动进给手柄，将使触点 SQ5（3-4）与 SQ6（3-4）断开，切断控制电路，使主轴电动机停止，快速移动电动机也不能起动，实现联锁保护。

本节主要知识点

　　1. 信号灯 HL 亮，表示电源接通。调整好工作台和镗头架的位置后，便可开动主轴电动机 M1，拖动镗轴或平旋盘正、反转起动运行。

　　2. 由正、反转起动按钮 SB2、SB3，正、反转中间继电器 KA1、KA2 和正、反转接触器 KM1、KM2 等构成主轴电动机正、反转起动控制环节。另设有高、低速选择手柄 SQ。

　　3. 主轴电动机由正、反转点动按钮 SB4、SB5，接触器 KM1、KM2 和低速接触器 KM4 构成正、反转低速点动控制环节，实现低速点动调整。

　　4. 主轴电动机 M1 在运行中可按下停止按钮 SB1。主轴变速冲动，变速操作过程在手柄拉出时开关 SQ1 不受压，SQ2 受压。推上手柄时压合情况正好相反。

　　5. 进给变速控制是由进给变速操纵盘来改变进给传动链的传动比来实现的。当手柄拉出时 SQ3 不受压，SQ4 将受压，当变速手柄推回时，则情况相反。

　　6. 镗头架、工作台快速移动时将相应压合行程开关 SQ7 或 SQ8 控制。

4.5　起重机的电气控制

　　起重机是用来在短距离内提升和移动物件的机械。它们广泛应用于工矿企业、港口、车站、仓库料场、建筑安装及电站等场合。

　　起重机的类型很多，常用的可分为两大类，即多用于厂房内移行的桥式起重机和主要用于户外的旋转式起重机。桥式起重机具有一定的典型性和广泛性，尤其在冶金和机械制造企业中，各种桥式起重机获得了广泛的应用。

4.5.1　桥式起重机的概述

4.5.1.1　基本组成

1. 桥架

　　桥架是桥式起重机的基本构件，它由主梁、端梁、走台等部分组成。主梁跨架在跨间的上空，有箱型、桁架、腹板、圆管等结构形式。主梁两端有端梁，在两主梁外侧有走台，设有安全栏杆。在操纵室一侧的走台上装有大车移行机构，在另一侧走台上装有给小车电气设备供电的装置，即辅助滑线。在主梁上方铺有导轨，供小车移动。整个桥式起重机在大车移行机构的拖动下，沿车间长度方向的导轨移动。桥式起重机的结构图如图 4-15 所示。

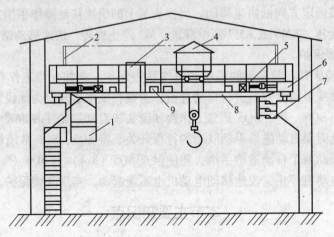

图 4-15　桥式起重机的结构图
1—操纵室　2—辅助滑线架　3—交流磁力控制盘　4—起重小车
5—大车拖动电动机　6—端梁　7—主滑线　8—主梁　9—电阻箱

2. 大车移动机构

大车移动机构由大车拖动电动机、传动轴、联轴节、减速器、车轮及制动器等部件构成。安装方式有集中驱动与分别驱动两种，如图 4-16 所示，其中图 4-16a 所示为集中驱动方式，由一台电动机经减速机构驱动两个主动轮；图 4-16b 所示为分别驱动方式，由两台电动机分别驱动两个主动轮。后者自重轻，安装、调试方便，我国生产的桥式起重机大多采用分别驱动。

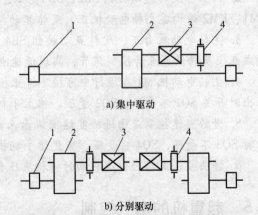

图 4-16　驱动示意图
1—主动轮　2—减速器　3—驱动电动机　4—制动器

3. 小车

小车安放在桥架导轨上，可沿车间宽度方向移动。小车主要由钢板焊接而成的小车架，以及其上的小车移行机构和提升机构等组成。

小车移行机构由小车电动机、制动器、联轴节、减速器及车轮等组成。小车电动机经减速器驱动小车主动轮，拖动小车沿导轨移动。由于小车主动轮相距较近，故由一台电动机驱动。

4. 提升机构

提升机构由提升电动机、减速器、卷筒及制动器等组成。提升电动机经联轴节、制动轮与减速器连接，减速器的输出轴与缠绕钢丝绳的卷筒相连接，钢丝绳的另一端装有吊钩，当卷筒转动时，吊钩就随钢丝绳在卷筒上的缠绕或放开而上升或下降。图 4-17 所示为小车传动机构示意图。对于起重量在 15t 及以上的起重机，备有两套提升机构，即主钩与副钩。

由上可知，重物在吊钩上随着卷筒的旋转获得上下运动，随着小车在车间宽度方向获得左右运动，并能随大车在车间长度方向做前后运动。这样就可实现重物在垂直、横向、纵向三个方向的运动，将重物移至车间任一位置，完成起重运输任务。

5. 操纵室

操纵室是操纵起重机的吊舱，又称驾驶室。操纵室内有大、小车移行机构控制装置、提升机构控制装置以及起重机的保护装置等。

操纵室一般固定在主梁的一端，也有少数装在小车下方随小车移动的。操纵室上方开有通向走台的舱口，供检修大车与小车机械、电气设备人员上下用。

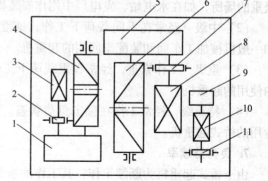

图 4-17　小车传动机构示意图
1、5、9—副卷场、主卷场、小车的减速器　2、7、11—制动器
3、8、10—电动机　4、6—副卷筒、主卷筒

4.5.1.2　桥式起重机的主要技术参数

桥式起重机的主要技术参数有：额定起重量、跨度、提升高度、移行速度、提升速度、工作类型及负荷持续率等。

1. 额定起重量

额定起重量是指起重机实际允许吊起的最大负荷量，以吨（t）为单位。

我国生产的桥式起重机系列起重量有 5t、10t、15/3t、20/5t、30/5t、50/10t、75/20t、100/20t、125/20t、150/30t、200/30t、250/10t 等多种。其中，用分数表示的分子为主钩起重量，分母为副钩起重量。

2. 跨度

起重机主梁两端是轮中心线间的距离，即大车轨道中心线间的距离称为跨度，以米（m）为单位。

我国生产的桥式起重机一般跨度有 10.5m、13.5m、16.5m、19.5m、22.5m、25.5m、28.5m、31.5m 等规格。

3. 提升高度

吊具或抓物装置的上极限位置与下极限位置之间的距离，称为起重机的提升高度，以米（m）为单位。

一般常用的提升高度有 12m、16m、12/14m、12/18m、16/18m、19/21m、20/22m、21/23m、22/26m、24/26m 等。其中，用分数表示的分子为主钩提升高度，分母为副钩提升高度。

4. 移行速度

移行机构在拖动电动机额定转速下运行的速度，以米每分（m/min）为单位。小车移行速度一般为 40～60m/min，大车移行速度一般为 100～135m/min。

5. 提升速度

提升机构在提升电动机额定转速时，取物装置上升的速度，以米每分（m/min）为单位。一般提升的最大速度不超过 30m/min，依货物性质、重量、提升要求来决定。

6. 工作类型

起重机按其载荷率和工作繁忙程度可分为轻级、中级、重级和特重级四种工作类型。

（1）轻级　工作速度低，使用次数少，满载机会少，负荷持续率为 15%。用于工作不繁重的场所，如在水电站、发电厂中用作安装检修用的起重机。

（2）中级　经常在不同载荷下工作，速度中等，工作不太繁重，负荷持续率为 25%，如一般机械加工车间和装配车间用的起重机。

（3）重级　工作繁重，经常在重载荷下工作，负荷持续率为 40%，如冶金和铸造车间内使用的起重机。

（4）特重级　经常工作在额定负荷状态，工作特别繁忙，负荷持续率为 60%，如冶金专用的桥式起重机。

7. 负荷持续率

由于桥式起重机为断续工作，其工作的繁重程度用负荷持续率 ε 表示。负荷持续率为一个工作周期内工作时间占整个周期的百分比，公式如下：

$$\varepsilon = \frac{t_g}{T} \times 100\% = \frac{t_g}{t_g + t_0} \times 100\%$$

式中，t_g 为通电工作时间；T 为工作周期；t_0 为休息时间。

一个工作周期通常定为 10min。标准的负荷持续率规定为 15%、25%、40%、60% 四种。

4.5.1.3　桥式起重机对拖动电动机的技术要求

桥式起重机的工作性质为重复、短时工作制，因此拖动电动机经常处于起动、制动、正/反转状态；起重机的负载很不规律，时重时轻并经常承受过载和机械冲击。起重机的工作环境较为恶劣，所以对起重用电动机、提升机构及移行机构电力拖动提出了下列要求。

1. 对起重用电动机的要求

1）为满足起重机重复、短时工作的要求，其拖动电动机按相应的重复、短时工作制设计制造，且用负荷持续率 ε 表示。

2）为适应在频繁的重载下起动，要求电动机具有较大的起动转矩和过载能力。

3）为适应频繁起动、制动，加快过渡过程和减少起动损耗，起重电动机的转动惯量应较小；在结构特征上，转子长度与直径的比值较大，转子制成细长形。

4）为获得不同的运行速度，采用绕线转子异步电动机，并采用转子串接电阻的方式进行调节。

5）为适应恶劣环境和机械冲击，电动机采用封闭式，且具有坚固的机械结构的气隙，采用较高的耐热绝缘等级。

现在我国生产的新系列起重用电动机为 YZR 与 YZ 系列，前者为绕线转子异步电动机，后者为笼型异步电动机。

起重用电动机铭牌上标注有基准负荷持续率及对应的额定功率。在实际使用时电动机不一定工作在基准负荷持续率下，而当电动机工作在其他任意负荷持续率时，电动机的额定功率按下式近似计算：

$$P' \approx P_N \sqrt{\frac{\varepsilon_N}{\varepsilon'}}$$

式中，P' 为任意负荷持续率下的功率，单位为 kW；P_N 为基准负荷持续率下的电动机额定功率，单位为 kW；ε_N 为基准负荷持续率；ε' 为任意负荷持续率。

2. 对提升机构与移行机构电力拖动的要求

为提高起重机的生产效率与安全性，对提升机构电力拖动提出如下要求。

1）具有合适的升降速度，空钩能实现快速升降，轻载提升速度大于重载时的提升速度。

2）具有一定的调速范围，普通起重机调速范围为 2~3。

3）具有适当的低速区。当提升重物开始或下降重物至预定位置之前，都要求低速运行。为此，往往在 30% 额定速度内分成若干档级，以便灵活地进行选择。但由高速向低速过渡时应逐级减速，以保持稳定运行。

4）提升的第一档作为预备级，用以消除传动系统的齿轮间隙，将钢丝绳张紧，避免过大的机械冲击。预备级的起动转矩一般限制在额定转矩的一半以下。

5）在负载下放时，根据负载的大小，提升电动机既可工作在电动状态，也可工作在倒拉反接制动状态或再生发电制动状态，以满足对不同下降速度的要求。

6）为保证安全可靠地工作，不仅需要机械抱闸的机械制动，还应具有电气制动，以减轻机械抱闸的负担。

大车与小车移行机构对电力拖动的要求比较简单，要求有一定的调速范围，为实现准确停车，必须采用制动停车。

由于桥式起重机应用广泛，起重机的电气设备均已系列化、标准化，可根据电动机的功率、工作频繁程度以及对可靠性的要求等来选择。

4.5.1.4　桥式起重机电动机的工作状态

对于移行机构拖动用电动机，其负载为摩擦转矩，它始终为反抗力矩，所以移行机构拖动用电动机工作在正、反向电动状态。

对于提升机构情况则比较复杂，除存在较小的摩擦转矩外，主要是重物和吊钩的重力转矩。重力转矩提升时呈现为阻力矩；下降时却呈现为动力矩。所以，提升机构工作时，拖动电动机依负载情况不同，工作状态也不一样。

1. 提升重物时电动机的工作状态

提升重物时，电动机承受两个阻力矩，一个是重物自重产生的重力转矩 T_g，另一个是在提升过程中传动系统存在的摩擦转矩 T_f。当电动机电磁转矩克服阻力转矩时，重物将被提升，电动机处于电动状态，以提升方向为正向旋转方向，则电动机工作在正向电动状态，如图 4-18 所示。当 $T_e = T_g + T_f$ 时，电动机稳定运行在 n_a 转速下。而在起动时，为获得较大的起动转矩，减少起动电流，往往在绕线转子异步电动机的转子电路中串接电阻，然后再依次切除，使提升速度逐渐升高，最后达到预定的提升速度。

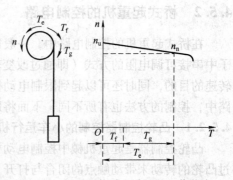

图 4-18　提升重物时电动机的工作状态

2. 下降重物时电动机的工作状态

（1）反向电动状态　当空钩或轻载下放重物时，由于负载的重力转矩小于摩擦转矩，这时依靠重物自身重量不能下降，为此电动机必须向着重物下降的方向产生电磁转矩，与重力转矩一起克服摩擦转矩，强迫空钩或轻载下放，如图 4-19a 所示。此时 T_e 与 T_g 方向一致，

当 $T_e + T_g = T_f$ 时，电动机稳定运行在 n_a 转速下放重物。此时电动机工作在反向电动状态，又称强力下放重物。

（2）再生发电制动状态　当重载下放时，若拖动电动机按反转相序接通电源，此时电磁转矩 T_e 方向与重力转矩 T_g 方向相同，这时电动机将在 T_e 和 T_g 共同作用下加速旋转，当 $n = n_0$ 时，电磁转矩为零，但电动机在重力转矩作用下仍加速并超过电动机的同步转速。当 $T_e + T_g = T_f$ 时，电动机稳定运行在高于电动机同步转速的速度 $-n_b$ 上，如图 4-19b 所示，这时电动机工作在再生发电制动状态。

在再生发电制动状态下下放重物是超同步转速状态下放，为使下放速度不致过高，应运行在较硬的机械特性上，最好运行在转子电阻全部短接的特性上。

（3）倒拉反接制动状态　当负载较重，为获得低速下降，可采用倒拉反接制动状态下放。这时电动机按正转接线，产生向上的电磁转矩 T_e，这时 T_e 与重力转矩 T_g 方向相反，成为阻碍重物下放的制动转矩，以此来降低重物下放速度，如图 4-19c 所示。当 $T_g = T_f + T_e$ 时，电动机以 $-n_c$ 转速稳定运行下放重物。为低速下放重物，电动机转子中应串接较大电阻，特性较高为好。

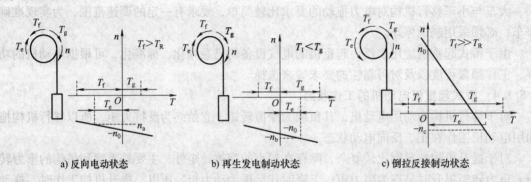

a) 反向电动状态　　　　　b) 再生发电制动状态　　　　　c) 倒拉反接制动状态

图 4-19　下放重物时电动机的三种工作状态

4.5.2　桥式起重机的控制电路

在桥式起重机的控制电路中，一般选用绕线转子感应电动机作为驱动部件，利用在其转子中串接可调电阻的方式（即通过改变转子回路的电阻值），来达到调节电动机输出转矩和转速的目的，同时还可以起到限制电动机起动电流的作用。在起重机各个不同部分的控制电路中，控制的方法也有所不同，下面将以 15/3t 桥式起重机为例分别做介绍。

4.5.2.1　凸轮控制器控制的小车运行机构的控制电器

凸轮控制器是起重机械中控制电动机起动、调速、停止及正、反运行的专用装置，它通过凸轮的转动来带动触点的闭合与打开，从而使电源接通或使电阻短接，是起重机上重要的电气操作设备之一。

图 4-20 所示为 KT14-25J/1 型凸轮控制器控制的小车移行机构电气原理图。

1. 控制电路的特点

1）可逆对称电路。通过凸轮控制器触点来换接电动机定子电源相序，实现电动机正、反转及改变电动机转子外接电阻。凸轮控制器的手柄在正转和反转对应位置时，电动机的工作情况完全相同。

2）由于凸轮控制器的触点数量有限，为获得尽可能多的调速等级，电动机转子串接不对称电阻。

2. 控制电路分析

在图4-20中，凸轮控制器左右各有五个工作位置，共有九对常开主触点、三对常闭触点，采用对称接法。其中四对常开主触点接于电动机定子电路进行换相控制，实现电动机正、反转；另外的五对主触点接于电动机转子电路，实现转子电阻的接入和短接。由于转子电阻采用不对称接法，在凸轮控制器提升或下降的五个位置，逐级短接转子电阻，以得到不同的运行速度。三对常闭触点，其中一对用于实现零位保护，另两对常闭触点与上升限位开关 SQ1 和下降限位开关 SQ2 实现限位保护。

此外，在凸轮控制器控制的电路中，KI1 ~ KI3 为过电流继电器，实现过载与短路保护；QS1 为紧急开关，实现事故情况下的紧急停车；SQ3 为驾驶室顶舱口门上安装的舱口门安全开关，防止人在桥架上开车造成人身事故；YB 为电磁抱闸线圈，实现准确停车。

当凸轮控制器手柄置于"0"位置时，合上电源开关 QS，按下起动按钮 SB 后，接触器 KM 接通并自锁，做好起动准备。当凸轮控制器手柄向左右方各位置转动时，对应触点两端 W 与 V3 接通，V 与 W3 接通，电动机正转运行。手柄向左方各位置转动时，对应触点两端 V 与 V3 接通，W 与 W3 接通。可见，如果接到电动机定子的两相电源对调，电动机就会反转运行，从而实现电动机正转与反转控制。

当凸轮控制器手柄置于"1"位置时，转子外接全部电阻，电动机处于最低速运行，如图4-21a 所示。手柄转动在"2""3""4""5"位置时，依次短接（即切除）不对称电阻，如图4-21b ~ e 所示，电动机的转速逐渐升高。因此通过控制凸轮控制器

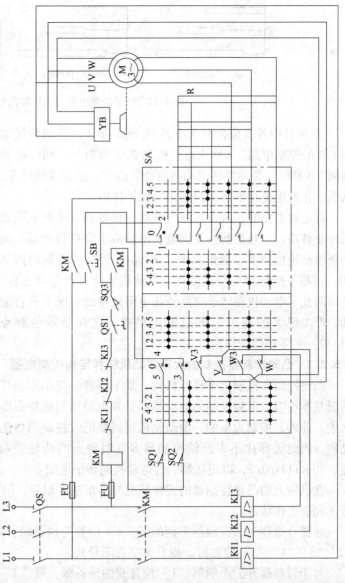

图4-20　KT14—25J/1 型凸轮控制器控制的小车移行机构电气原理图

手柄在不同位置，可调节电动机的转速，获得如图 4-22 所示的机械特性曲线。取第一档
（"1"位置）起动的转矩作为切换转矩（满载起动时作为预备级，轻载起动时作为起动
级）。凸轮控制器分别转动到"1""2""3""4""5"位置时，分别对应图 4-22 中的机械
特性曲线 1、2、3、4、5。手柄在"5"位置时，转子电路的外接电阻全部短接，电动机运
行在固有机械特性曲线上。

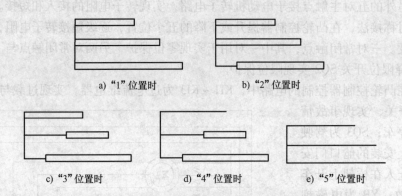

a）"1"位置时　　　　b）"2"位置时

c）"3"位置时　　　　d）"4"位置时　　　　e）"5"位置时

图 4-21　转子电路电阻逐级切除的情况

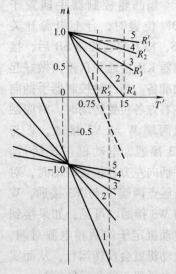

图 4-22　凸轮控制器控制的
电动机机械特性曲线

在运行中若将限位开关 SQ1 或 SQ2 撞开，将切断接触
器 KM 的控制电路，KM 失电，电动机电源断开，同时电磁
抱闸 YB 断电，制动器将电动机制动轮抱住，达到准确停车。
从而防止发生越位事故，起到限位保护作用。

在正常工作时，若发生停电事故，接触器 KM 断电电动
机停止转动。一旦重新恢复供电，电动机不会自行起动，而
必须将凸轮控制器手柄返回到"0"位，再次按下起动按钮
SB，再将手柄转动至所需位置，电动机才能再次起动工作。
从而防止了电动机在转子电路外接电阻短接的情况下自行起
动，产生很大的冲击电流或发生事故，这就是零位触点
（1—2）的零位保护作用。

4.5.2.2　凸轮控制器控制的大车移动机构和挂钩控制电器

凸轮控制器控制大车移行机构，其工作情况与小车工作
情况基本相似，但被控制的电动机容量和电阻器的规格有所
区别。此外，控制大车的一个凸轮控制器要同时控制两台电
动机，因此选择比小车凸轮控制器多五对触点的凸轮控制
器，如 KT14-60/2，以短接第二台电动机的转子电阻。

在副钩上的凸轮控制器的工作情况与小车基本相似，但在提升与下放重物时，电动机处
于不同的工作状态。

在提升重物时，控制器手柄的第"1"位置为预备级，用于张紧钢丝绳，在将手柄置于
"2""3""4""5"位置时，提升速度逐渐升高。

对于转载提升，手柄第"1"位置变为预备级，第"2""3""4""5"位置的提升速度
逐渐升高，但提升速度的大小变化不大。下降时所吊重物太轻而不足以克服摩擦转矩时，电

动机工作在强力下降状态，即电磁转矩与重物重力矩方向一致，帮助下降。

由以上分析可知，凸轮控制器控制电路不能获得重载或轻载时的低速下降。为了获得下降时的准确定位，采用点动操作，即将控制器手柄在下降第"1"位置时与"0"位之间来回操作，并配合电磁抱闸来实现。

在操作凸轮控制器时还应注意：当将凸轮控制器手柄从左向右扳动，或从右向左扳动时，中间经过"0"位置时，应略停一下，以减小反向时的电流冲击，同时使转动机构得到较平稳的反向过程。

4.5.2.3　主钩升降机构的控制电器

由于拖动主钩升降机构的电动机容量较大，不适合采用转子三相电阻不对称调速，因此采用主令控制器和 PQR10A 系列控制屏组成的磁力控制器来控制主钩升降。图 4-23 为 LK1-12/90 型主令控制器与 PQR10A 系列控制屏组成的磁力控制器电气原理图。

在图 4-23 中，主令控制器 SA 有 12 对触点，"提升"与"下降"各有六个位置。通过主令控制器这 12 对触点的闭合与分断来控制电动机定子电路和转子电路的接触器，并通过这些接触器来控制电动机的各种工作状态，拖动主钩按不同速度提升和下降，由于主令控制器为手动操作，所以电动机工作状态的变化由操作者掌握。

在图 4-23 中，KM1、KM2 为电动机正、反转接触器，KM3 为制动接触器，YB 为三相交流电磁制动器，KM4、KM5 为反接制动接触器，KM6～KM9 为起动加速接触器，用来控制电动机转子电阻的切除和串入，转子电路串有七段三相对称电阻，其中两段 R1、R2 为反接制动限流电阻，R3～R6 为起动加速电阻，转子中还有一段 R7 为常串电阻，用来软化机械特性。当合上电源开关 QS1 和 QS2，主令控制器手柄置于"0"位置时；零压继电器 KV 线圈通电并自锁，为电动机起动做好准备。

1. 提升重物时电路工作情况

当提升重物时，主令控制器的手柄有六个位置。

当主令控制器 SA 的手柄扳到提升"1"位置时，触点 SA3、SA4、SA6、SA7 闭合。SA3 闭合，将提升限位开关 SQ1 串接于提升控制电路中，实现提升极限限位保护。SA4 闭合，制动接触器 KM3 通电吸合，制动电磁铁 YB 通电，松开电磁抱闸。SA6 闭合，正转接触器 KM1 通电吸合，电动机定子接通正向电源。SA7 闭合，接触器 KM4 通电吸合，短接转子电阻 R1。此时，电动机的运行如图 4-24 中的机械特性曲线 1 所示，由于这条特性曲线对应的起动转矩较小，一般吊不起重物，只作为张紧钢丝绳、消除吊钩传动系统齿轮间隙的预备级。

当主令控制器手柄扳到提升"2"位置时，除"1"位置已闭合的触点仍然闭合外，SA8 闭合；接触器 KM5 通电吸合，短接转子电阻 R2，转矩略有增加，电动机加速，运行在如图 4-24 所示的机械特性曲线 2 上。

同样，将主令控制器手柄从提升"2"位置依次扳到"3""4""5""6"位置时，接触器 KM6、KM7、KM8、KM9 依次通电吸合，逐级短接转子电阻，其通电顺序由上述各接触器线圈电路中的常开触点 KM6、KM7、KM8 得以保证，相对应的机械特性曲线为图 4-24 中的 3、4、5、6 曲线。由此可知，提升时电动机均工作在电动状态，可得到四种提升速度。

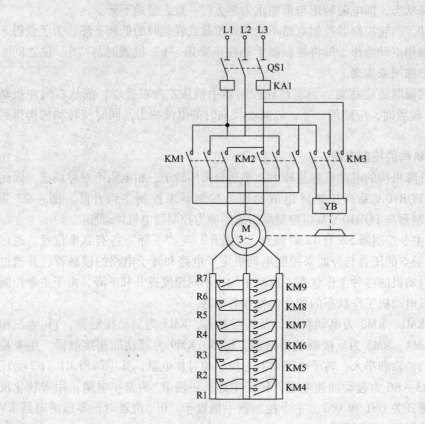

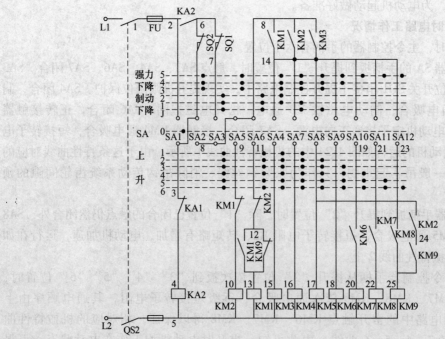

图 4-23　磁力控制器电气原理图

2. 下降重物时电路工作情况

在下降重物时，主令控制器的手柄也有六个位置。但根据重物的重量，可使电动机工作在不同的状态。若为重物下降，要求低速运行，电动机定子为正转提升方向接通，同时在转子电路串接入电阻，使电动机处于倒拉反接制动状态。这一过程可用图 4-24 中的曲线 J、1′、2′ 来表示，称为制动下降位置。若为空钩或轻载下降，当重力转矩不足以克服传动机构的摩擦转矩时，可以使电动机定子反向接通，运行在反向电动状态，使电磁转矩和重力转矩共同作用克服摩擦转矩，强迫下降。这一过程可用图 4-24 中的曲线 3′、4′、5′ 来表示，称为强迫下降位。

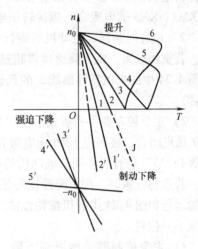

图 4-24　磁力控制器控制的主钩
电动机机械特性曲线

（1）制动下降

1）当主令控制器手柄扳向"J"位置时，触点 SA4 断开，KM3 断电释放，YB 断电释放，电磁抱闸将主钩电动机闸住。同时触点 SA3、SA6、SA7、SA8 闭合。SA3 闭合，提升限位开关 SQ1 串接在控制电路中。SA6 闭合，正向接触器 KM1 通电吸合，电动机按正转提升相序接通电源，又由于 SA7、SA8 闭合使 KM4、KM5 通电吸合，短接回路中的电阻 R1 和 R2，由此产生一个提升方向的电磁转矩，与向下方向的重力矩相平衡，配合电磁抱闸牢牢地将吊钩及重物闸住。所以，"J"位置一般用于提升重物后，稳定地停在空中或移行；另外，当重载时，主令控制器手柄由下降其他位置扳回"0"位时，在通过"J"位时，既有电动机的倒拉反接制动，又有机械抱闸制动，在两者的作用下有效地防止溜钩，实现可靠停车。"J"位置时，转子回路所串电阻与提升"2"位置时相同，机械特性为提升曲线 2 在第 IV 象限的延伸，其转速为零，故为虚线，如图 4-24 所示。

2）主令控制器的手柄扳到下降"1"位置时，SA3、SA6、SA7 仍通电吸合，同时 SA4 闭合，SA8 断开。SA4 闭合使制动接触器 KM3 通电吸合，接通制动电磁铁 YB，松开电磁抱闸，电动机可以运转。SA8 断开，反接制动接触器 KM5 断电释放，电阻 R2 重新串接转子电路，此时转子电阻与提升"1"位置相同，电动机运行在提升曲线 1′ 在第 IV 象限的延伸部分上，如图 4-24 中的曲线 1 所示。

3）主令控制器手柄扳到下降"2"位置时，SA3、SA4、SA6 仍闭合，而 SA7 断开，使反接制动接触器 KM4 断电释放，R1 重新串接转子电路，此时转子电路的电阻全部接入，机械特性更软，如图 4-24 中的曲线 2′ 所示。

由上述分析可知，在电动机倒拉反接制动状态下，可获得两级重载下放速度。但对于空钩或轻载下放时，切不可将主令控制器手柄停留在下降"1"或"2"位置，因为这时电动机产生的电磁转矩将大于负载重力转矩，使电动机不是处于倒拉反接下放状态而变成为电动提升状态。

（2）强迫下降

1）主令控制器手柄扳向下降"3"位置时，触点 SA2、SA4、SA5、SA7、SA8 闭合。

SA2 闭合的同时 SA3 断开，将提升限位开关 SQ1 从电路切除，接入下降限位开关 SQ2。SA4 闭合，KM3 通电吸合，松开电磁抱闸，允许电动机转动。SA5 闭合，反向接触器 KM2 通电吸合，电动机定子接入反相序电源，产生下降方向的电磁转矩。SA7、SA8 闭合，反接接触器 KM4、KM5 通电吸合，短接转子电阻 R1 和 R2。此时，电动机所串接转子电阻情况和提升"2"位置时相同，电动机的运行如图 4-24 中的机械特性曲线 3′所示，为反转下降电动状态。若重物较重，则下降速度将超过电动机同步转速，而进入发电制动状态，电动机的运行如图 4-24 中的机械特性曲线 3′的延长线所示，形成高速下降，这时应立即将手柄扳到下一位置。

2）主令控制器手柄扳到下降"4"位置时，在"3"位置闭合的所有触点仍闭合，另外 SA9 触点闭合，接触器 KM6 通电吸合，短接转子电阻 R3，此时电动机所串接转子电阻情况与提升"3"位置时相同。电动机的运行如图 4-24 中的机械特性曲线 4′所示，为反转电动状态。若重物较重时，则下降速度将超过电动机的同步转速，而进入再生发电制动状态。电动机的运行如图 4-24 中的机械特性曲线 4′的延长线所示，形成高速下降，这时应立即将手柄扳到下一位置。

3）主令控制器手柄扳到下降"5"位置时，在"4"位置闭合的所有触点仍闭合，另外，SA10、SA11、SA12 触点闭合，接触器 KM7、KM8、KM9 按顺序相继通电吸合，转子电阻 R4、R5、R6 依次被短接，从而避免了过大的冲击电流，最后转子的各相电路中仅保留一段常接电阻 R7。电动机的运行如图 4-24 中的机械特性曲线 5′所示，为反转电动状态。若重物较重时，电动机变为再生发电制动，电动机的运行如图 4-24 中的特性曲线 5′的延长线所示，下降速度超过同步转速，但比在"3""4"位置时的下降速度要小得多。

由上述分析可知：主令控制器手柄位于下降"J"位置时为提起重物后稳定地停在空中或吊着移行，或用于重载时准确停车；下降"1"位与"2"位为重载时做低速下降用；下降"3"位与"4"位、"5"位为轻载或空钩低速强迫下降用。

3. 电路的保护与联锁

1）在下放较重重物时，为避免高速下降而造成事故，应将主令控制器的手柄放在下降的"1"位或"2"位上。若对货物的重量估计失误，手柄扳到下降的第"5"位上，重物下降速度将超过同步转速进入再生发电制动状态。这时要取得较低的下降速度，手柄应从下降"5"位置换到下降"2""1"位置。在手柄换位过程中必须经过下降"4""3"位置，由以上分析可知，对应下降"4""3"位置的下降速度比"5"位置还要快得多。为了避免经过"4""3"位置时造成更危险的超高速，电路中采用了接触器 KM9 的常开触点（24-25）和接触器 KM2 的常开触点（17-24）串联后接于 SA8 与 KM9 线圈之间，这时手柄置于"5"位置时，KM2、KM5 通电吸合，利用这两个触点自锁。当主令控制器的手柄从"5"位置扳动，经过"4"位置和"3"位置时，由于 SA8、SA5 始终是闭合的，KM2 始终通电，从而保证了 KM9 始终通电，转子电路只接入电阻 R7，电动机始终运行在下降机械特性曲线 5′上，而不会使转速再升高，实现了由强迫下降过渡到制动下降时出现高速下降的保护。在 KM9 自锁电路中串接 KM2 常开触点（17-24）的目的是为了在电动机正转运行时，KM2 是断电的，此电路不起作用，从而不会影响提升时的调速。

2）保证在反接制动电阻串接的条件下才进入制动下降的联锁。主令控制器的手柄由下降"3"位置转到下降"2"位置时，触点 SA5 断开、SA6 闭合，反向接触器 KM2 断电释放，正向接触器 KM1 通电吸合，电动机处于反接制动状态。为防止制动过程中产生过大的冲击电流，在 KM2 断电后应使 KM9 立即断电释放，电动机转子电路串入全部电阻后，KM1 再通电吸合。因此，一方面在主令控制器触点闭合顺序上保证了 SA8 断开后 SA6 才闭合；另一方面还设计了用 KM2（11-12）和 KM9（12-13）与 KM1（9-10）构成联锁环节。这就保证了只有在 KM9 断电释放后，KM1 才能通电并自锁工作。此环节还可防止因 KA9 主触点熔焊，转子在只剩下常串电阻 R7 时电动机正向直接起动的事故发生。

3）当主令控制器的手柄在下降"2"位置与"3"位置之间转换，控制正向接触器 KM1 与 KM2 进行换接时，由于二者之间采用了电气和机械联锁，必然存在一瞬间有一个已经释放而另一个尚未吸合的现象，电路中触点 KM1（8-14）、KM2（8-14）均断开，此时容易造成 KM3 断电，造成电动机在高速下进行机械制动，引起不允许的强烈振动。为此引入 KM3 自锁触点（8-14）与 KM1（8-14）、KM2（8-14）并联，以确保在 KM1 与 KM2 换接瞬间 KM3 始终通电。

4）加速接触器 KM6 ~ KM8 的常开触点串接到下一级加速接触器 KM7 ~ KM9 电路中，实现短接转子电阻的顺序联锁作用。

5）该电路的零位保护是通过电压继电器 KV 与主令控制器 SA 实现的；该电路的过电流保护是通过电流继电器 K1 实现的；重物提升、下降的限位保护是通过限位开关 SQ1、SQ2 实现的。

为了保证安全可靠地工作，起重机的电气控制一般都具有下列保护与联锁；电动机过载保护，短路保护，失电压保护，控制器的零位联锁，终端保护，舱盖、端梁、栏杆门安全开关等保护。

本节主要知识点

了解桥式起重机的结构、原理、基本参数，凸轮控制器的结构和工作原理，熟悉起重机提升和下降重物的工作状态及电路分析。

【实践技能训练】　X6132 型铣床电气控制电路的安装与调试

一、训练目的

熟悉万能升降台铣床电气控制电路及其操作方法。

二、实践技能训练电路

参见本书图 4-3。

三、实践技能训练设备

三相电动机；铣床电气控制板；电工工具及万用表。

四、训练步骤

1）查看电器元件的安装位置。

2）检查各电器元件连线，并将各电器元件置于零状态。

3）接入电源到电动机。

4）操作电动机。

① 主轴电动机控制。

② 进给电动机控制。

操作纵向左、右进给手柄实现工作台的纵向运动；操作工作台横向及垂直进给手柄实现工作台横向和升降运动；操作 SQ5 和 SQ6 分别实现进给变速冲动和主轴变速冲动；操作回转工作台控制开关实现回转工作台控制。

③ 冷却泵电动机控制。

操作 SA3 可直接获得。

④ 验证工作台各运动方向的机、电互锁。

当回转工作台旋转运动时，误操作进给手柄 SQ1、SQ2、SQ3、SQ4 动作时，进给电动机停转。

工作台向左或向右进给时，误操作向下（或向上、或向前、或向后）手柄 SQ3（或 SQ4）动作时，进给电动机停转。

工作台向上进给时，误操作向左（或向右）手柄 SQ1（或 SQ2）动作时，进给电动机停转。

【拓展资源】　CW6163 型卧式车床电气原理图的设计

一、课题概述和设计要求

CW6163 型卧式车床是性能优良、应用广泛的普通小型车床，工件最大车削直径为 630mm，工件最大长度 1500mm，其主轴运动的正、反转依靠两组机械式摩擦片离合器完成，主轴的制动采用液压制动器，进给运动的纵向左右运动、横向前后运动及快速移动都集中由一个手柄操作。对电气控制的要求是：

1）由于工件的最大长度较长，为了减少辅助工作时间，除了配备一台主轴运动电动机以外，还应配备一台刀架快速运动电动机，主轴运动的起、停要求两地操作。

2）由于车削时会产生高温，故需配备一台普通冷却泵电动机。

3）需要一套局部照明装置及一定的工作状态指示灯。

二、电动机的选择

根据课题概述和设计要求，可知需配备三台电动机：主轴电动机，设为 M1；冷却泵电动机，设为 M2；快速电动机，设为 M3。通常电动机的选择在机械设计时确定。

1）主轴电动机 M1 选定为 Y160M-4（11kW，380V，22.6A，1460r/min）。

2）冷却泵电动机 M2 选定为 JCB-22（0.125kW，0.43A，2790r/min）。

3）快速电动机 M3 选定为 Y90S-4（1.1kW，2.7A，1400r/min）。

三、电气控制电路图的设计

1. 主电路设计

1）主轴电动机 M1。M1 的功率较大，超过 10kW，但是由于车削在机器起动以后才进行，并且主轴的正、反转通过机械方式进行，所以 M1 采用单向直接起动控制方式，用接触器 KM 进行控制。在设计时还应考虑到过载保护，并采用电流表 PA 监视车削量，就可得到控制 M1 的主电路，如图 4-25 所示。从图中可看到 M1 未设置短路保护，它的短路保护可由机床的前一级配电箱中的熔断器担任。

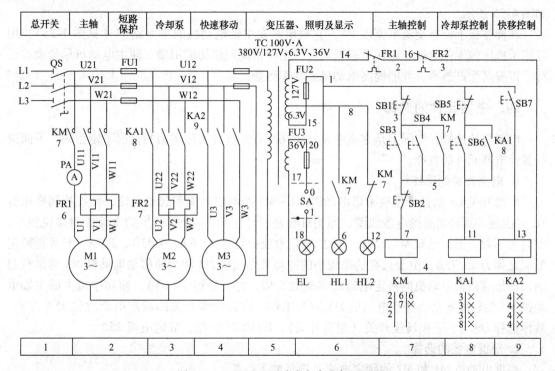

图 4-25　CW6163 型卧式车床电气原理图

2）冷却泵电动机 M2 和快速电动机 M3。由于电动机 M2 和 M3 的功率都较小，额定电流分别为 0.43A 和 2.7A，为了节省成本和缩小体积，可分别用交流中间继电器 KA1 和 KA2（额定电流都为 5A，常开、常闭触点各为 4 对）替代接触器进行控制。由于快速电动机 M3 短时运行，故不设过载保护，这样可得到控制 M2 和 M3 的主电路如图 4-25 所示。

2. 控制电源的设计

考虑到安全可靠和满足照明及指示灯的要求，采用控制变压器 TC 供电，其一次侧为 AC 380V，二次侧为 AC 127V、36V 和 6.3V，其中 AC 127V 提供给接触器 KM 和中间继电器 KA1 及 KA2 的线圈，AC 36V 安全电压提供给局部照明电路，AC 6.3V 提供给指示灯电路，具体接线情况如图 4-25 所示。

3. 控制电路的设计

1）主轴电动机 M1 的控制。由于机床比较大，考虑到操作方便，主电动机 M1 可在机床床头操作板上和刀架拖板上分别设置起动和停止按钮 SB3、SB1 和 SB4、SB2 进行操纵，实现两地控制，可得到 M1 的控制电路如图 4-25 所示。

2）冷却泵电动机 M2 和快速电动机 M3 的控制。M2 采用单向起、停控制方式，而 M3 采用点动控制方式，具体电路如图 4-25 所示。

4. 局部照明与信号指示电路的设计

设置照明灯 EL、灯开关 SA 和照明回路熔断器 FU3，具体电路如图 4-25 所示。

可设二相电源接通指示灯 HL2（绿色），在电源开关 QS 接通以后立即发光显示，表示机床电气控制电路已处于供电状态。另外，设置指示灯 HL1（红色）表示主轴电动机是否运行。指示灯 HL1 和 HL2 可分别由接触器 KM 的常开和常闭触点进行切换通电显示，电路如图 4-25 所示。

在操作板上设有交流电流表 PA，它被串联在主轴电动机的主电路中（见图 4-25），用以指示机床的工作电流。这样可根据电动机工作情况调整切削用量，使主电动机尽量满载运行，以提高生产效率，并能提高电动机的功率因数。

四、电器元件的选择

电动机的选择，实际上是在机电设计密切配合并进行实际实验的情况下定型的。下面进行其他电器元件的选择。

1. 电源开关的选择

电源开关 QS 的选择主要考虑电动机 M1 ～ M3 的额定电流和起动电流，而在控制变压器 TC 二次侧的接触器及继电器线圈、照明灯和显示灯在 TC 一次侧产生的电流相对来说较小，因而可不做考虑。已知 M1、M2、M3 的额定电流分别为 22.6A、0.43A、2.7A，易算得额定电流之和为 25.73A，由于只有功率较小的冷却泵电动机 M2 和快速移动电动机 M3 为满载起动，如果这两台电动机的额定电流之和放大 5 倍，也不超过 15.65A，而功率最大的主轴电动机 M1 为轻载起动，并且电动机 M3 短时工作，因而电源开关的额定电流就选 25A 左右，具体选择 QS 为：三极转换开关（组合开关），HZ10-25/3 型，额定电流 25A。

2. 热继电器的选择

根据电动机 M1 和 M2 的额定电流，选择如下：

FR1 应选用 JR0-40 型热继电器。热元件额定电流为 25A，额定电流的调节范围为 16 ～ 25A，工作时调整在 22.6A。

FR2 也应选用 JR0-40 型热继电器，但热元件额定电流为 0.64A，电流调节范围为 0.40～0.64A，整定在 0.43A。

3. 接触器的选择

因主轴电动机 M1 的额定电流为 22.6A，控制回路电源电压为 127V，需主触点三对，辅助常开触点两对，辅助常闭触点一对，所以接触器 KM 应选用 CJ20-40 型接触器，主触点额定电流为 40A，线圈电压为 127V。

4. 中间继电器的选择

冷却泵电动机 M2 和快速电动机 M3 的额定电流都较小，分别为 0.43A 和 2.7A，所以 KA1 和 KA2 都可以选用普通的 JZ7-44 型交流中间继电器代替接触器进行控制，每个中间继电器的常开、常闭触点各有 4 个，额定电流为 5A，线圈电压为 127V。

5. 熔断器的选择

熔断器 FU1 对 M2 和 M3 进行短路保护，M2 和 M3 的额定电流分别为 0.43A 和 2.7A，可选用 RL6-25，配用 10A 熔体，FU2、FU3 的选择与控制变压器相结合，可选用 RL6-25。

6. 按钮的选择

三个起动按钮 SB3、SB4 和 SB6 可选择 LA-18 型按钮，颜色为黑色；三个停止按钮 SB1、SB2 及 SB5 也选择 LA-18 型按钮，颜色为红色；点动按钮 SB7 型号相同，颜色为绿色。

7. 照明灯及灯开关的选择

照明灯 EL 和灯开关 SA 成套购置，EL 可选用 JC2 型，AC 36V、40W。

8. 指示灯的选择

指示灯 HL1 和 HL2，都选 ZSD-0 型，6.3V，0.25A，分别为红色和绿色。

9. 电流表 PA 的选择

电流表 PA 可选用 62T2 型，0 ~ 50A。

10. 控制变压器的选择

控制变压器可实现高、低压电路隔离，使得控制电路中的电器元件，如按钮、行程开关和接触器及继电器线圈等同电网电压不直接相接，提高了安全性。另外，各种照明灯、指示灯和电磁阀等执行元件的供电电压有多种，有时也需要用控制变压器降压提供。常用的控制变压器有 BK-50、100、150、200、300、400 和 1000 等型号，其中的数字为额定功率（V·A），一次侧电压一般为 AC 380V 和 220V（220V 电压抽头适合于单相供电的情况），二次侧电压一般为 AC 6.3V、12V、24V、36V 和 127V（12V 电压也可通过 12V 和 36V 抽头提供）。控制变压器具体选用时要考虑所需电压的种类和进行容量的计算。

控制变压器的容量 P 可以根据由它供电的最大工作负载所需要的功率来计算，并留有一定的余量。

对本实例而言，接触器 KM 的吸持功率为 12W，中间继电器 KA1 和 KA2 的吸持功率都为 12W，照明灯 EL 的功率为 40W，指示灯 HL1 和 HL2 的功率都为 1.575W，易算得总功率为 79.15W，若取 K 为 1.25，则算得 P 约等于 99W，因此控制变压器 TC 可选用 BK-100 V·A，380、220V/127V、36V、6.3V。易算得 KM、KA1 和 KA2 线圈电流及 HL1、HL2 电流之和小于 2A，EL 的电流也小于 2A，故熔断器 FU2 和 FU3 均选 RL6-25 型，熔体 2A。这样，就可在电气原理图上做出电器元件目录表，见表 4-1。

表 4-1　CW6163 型卧式车床电器元件目录表

序 号	符 号	名 称	型 号	规 格	数 量
1	M1	三相异步电动机	Y160M-4	11kW，380V，22.6A，1460r/min	1
2	M2	冷却泵电动机	JCB-22	0.125kW，0.43A，2790r/min	1
3	M3	三相异步电动机	Y90S-4	1.1kW，2.7A，1400r/min	1
4	QS	三极转换开关	HZ10-25/3	三极，500V，25A	
5	KM	交流接触器	CJ20-40	40A，线圈电压 127V	1
6	KA1、KA2	交流中间继电器	JZ7-44	5A，线圈电压 127V	2

（续）

序　号	符　号	名　称	型　号	规　格	数　量
7	FR1	热继电器	JR0-40	热元件额定电流 25A，整定电流 22.6A	1
8	FR2	热继电器	JR0-40	热元件额定电流 0.64A，整定电流 0.43A	1
9	FU1	熔断器	RL6-25	500V，熔体 10A	3
10	FU2、FU3	熔断器	RL6-25	500V，熔体 2A	2
11	TC	控制变压器	BK-100	100V·A，380V/127V、36V、6.3V	1
12	SB3、SB4、SB6	控制按钮	LA-18	5A，黑色	3
13	SB1、SB2、SB5	控制按钮	LA-18	5A，红色	3
14	SB7	控制按钮	LA-18	5A，绿色	1
15	HL1、HL2	指示灯	ZSD-0	6.3V，绿色 1、红色 1	2
16	EL、SA	照明灯及灯开关		36V，40W	各 1
17	PA	交流电流表	62T2	0～50A，直接接入	1

五、电气接线图的绘制

电气接线图是根据电气原理图及电器元件布置图绘制的，它一方面表示出各电气组件（电器板、电源板、控制面板和机床电器）之间的接线情况；另一方面表示出各电气组件板上电器元件之间的接线情况。因此，它是电气设备安装、进行电器元件配线和检修时查线的依据。

机床电器（电动机和行程开关等）可先接线到装在机床上的分线盒，再从分线盒接线到电气箱内电器板上的接线端子板上，也可不用分线盒直接接到电气箱。电气箱上各电器板、电源板和控制面板之间要通过接线端子板接线。接线图的绘制还应注意以下几点。

1）电器元件按外形绘制，并与布置图一致，偏差不要太大。与电气原理图不同，在接线图中同一电器元件的各个部分（线圈、触点等）必须画在一起。

2）所有电器元件及其引线应标注与电气原理图相一致的文字符号及接线回路标号。

3）电器元件之间的接线可直接连接，也可采用单线表示法绘制，实现几根线可从电器元件上标注的接线回路标号数看出来。当电器元件数量较多和接线较复杂时，也可不画各元件间的连线，但是在各元件的各接线端子回路标号处，应标注另一元件的文字符号，以便识别，方便接线。电气组件之间的接线也采用单线表示法绘制，含线数可从端子板上的回路标号数看出来。

4）接线图中应标出配线用的各种导线的型号、规格、截面积及颜色等。规定交流或直流动力电路用黑色线，交流辅助电路为红色线，直流辅助电路为蓝色线，地线为黄绿双色线，与地线连接的电路导线及电路中的中性线用白色线。还应标出组件间连线的护套材料，如橡胶套或塑料套、金属软管、铁管和塑料管等。对于图 4-25 所示的 CW6163 型卧式车床电气原理图，其接线图如图 4-26 所示。接线图中，管内敷线见表 4-2。

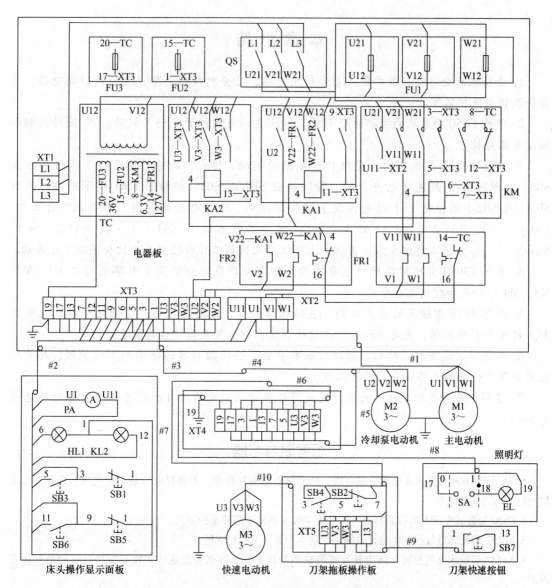

图 4-26　CW6163 型卧式车床电气接线图

表 4-2　CW6163 型卧式车床电气接线图中管内敷线明细表

代　号	穿线用管（或电缆类型）内径/mm	电　线		接线号
		截面积/mm²	根　数	
#1	内径 15 聚氯乙烯软管	4	3	U1，V1，W1
#2	内径 15 聚氯乙烯软管	4	2	U1，U11
		1	7	1，3，5，6，9，11，12

　　由于图 4-26 也反映出了电气组件间的接线情况，故在总体配置设计中所述的总装配图与总接线图也可省略。

本 章 小 结

1. 分析机床电路的一般步骤：①分析主电路；②分析控制电路；③分析辅助电路；④分析联锁与保护环节。

2. 熟悉 C650 型车床的主要运动形式，车床主轴电动机的点动、制动、正/反转控制和辅助电路分析。

3. 熟悉 X6132 型铣床的主要结构；主轴的起动、停止、两地控制：按下按钮 SB5 或 SB6，接触器 KM1 线圈通电并自锁。按下按钮 SB1 或 SB2，接触器 KM1 线圈断电。同时 SB1-1 或 SB2-1 闭合使 YC1 通电实现主轴制动控制。进行电动机控制，矩形工作台工作：SA1-1（+），SA1-2（−），SA1-3（+）；回转工作台工作 SA1-1（−），SA1-2（+），SA1-3（−）；分析工作台左右、前后、上下运动及回转工作台控制及主轴和进给变速冲动。

4. 熟悉 Z3040 型摇臂钻床的主要结构，钻床液压系统分析及主电路电动机 M1、M2、M3、M4 的功用和控制电路分析。

5. 熟悉 T619 型镗床的主要结构，主轴电动机正、反起动控制、主轴电动机的点动控制、停车和制动控制，主运动和进给运动的变速；镗头架及工作台的快速运动。

6. 熟悉桥式起重机的结构、原理、基本参数，凸轮控制器的结构和工作原理，起重机提升和下降重物的工作状态及保护环节。

7. 了解机床电气控制电路的设计及故障检查方法，电器元件的型号和技术参数的选用等知识。

思考题与习题

1. 试分析 C650 型卧式车床的控制电路，速度继电器有何作用？照明灯电压是安全电压，但是为什么灯泡的一端还要接地？

2. C650 型卧式车床有何控制特点？试分析主轴电动机不能停车的原因。

3. X6132 型铣床电气控制电路是由哪几个基本控制环节所组成的？

4. X6132 型铣床电气控制电路中具有哪些联锁与保护？为什么要有这些联锁与保护？它们是如何实现的？

5. 试述 X6132 型铣床主轴变速的操作过程，在主轴转与主轴不转时，进行主轴变速，电路工作情况有何不同？

6. 试述 X6132 型铣床进给变速冲动是如何实现的？在进给与不进时，进行进给变速，电路工作情况有何不同？

7. X6132 型铣床主轴停车时不能迅速停车，故障何在？如何检查？

8. 如果 X6132 型铣床工作台只能实现左右和前下运动，不能进行后上运动，故障原因是什么？如果工作台只能实现左右前后运动，不能进行上下运动，故障原因是什么？

9. 试述 X6132 型铣床回转工作台的控制原理。

10. 分析 T619 型卧式镗床主轴电动机高低速控制电路的工作原理。

11. 分析 T619 型卧式镗床刀具运动和电气控制系统之间的联系。

12. T619 型卧式镗床主轴电动机有哪些控制环节？

13. Z3040 型摇臂钻床有几台电动机？每台电动机的用途是什么？

14. 分析 Z3040 型摇臂钻床控制电路中摇臂升降运动的工作原理。

15. 分析 Z3040 型摇臂钻床立柱和主轴箱夹紧和松开的电气控制电路的原理。

16. 设计一控制电路，要求第一台电动机起动 10s 后，第二台电动机自动起动，运行 5s 后，第一台电动机停止并同时使第三台电动机自动起动，再运行 15s 后，电动机全部停止。

17. 设计一控制电路控制两台电动机，要求 M1 起动后 M2 再起动，M2 停止后 M1 再停止。两台电动机分别有短路保护和过载保护。

18. 设计一控制电路控制两台电动机，要求 M1、M2 既可以同时起动和停止，又可以分别起动和停止。两台电动机分别有短路保护和过载保护。

19. 机床的电气设计为什么要和机械设计同步进行？

20. 在一般机床中，为什么笼型感应电动机用得最广？

21. 设计电气控制电路时应主要满足哪些方面的要求？

22. 怎样提高控制电路的可靠性？设计电路时应注意哪些问题？

23. 两个吸引线圈额定电压为 110V 的交流接触器，串联后接到 220V 的交流电源上，能否正常工作？为什么？

24. 桥式起重机主要由哪几部分构成？它们的主要作用是什么？

25. 桥式起重机对电力拖动有哪些要求？

26. 简要分析桥式起重机主钩电动机在下放重物时的各种运行状态。

27. 桥式起重机具有哪些保护环节？它们是如何实现的？

28. 简述机床电气控制电路的故障检测方法及如何灵活应用。

第5章 可编程序控制器

5.1 PLC 概述

5.1.1 PLC 的产生和应用

PLC（Programmable Logic Controller）是一种专门为在工业环境下应用而设计的数字运算操作的电子装置。

5.1.1.1 PLC 的产生

20 世纪 60 年代，继电器—接触器控制系统在工业控制领域占主导地位，应用广泛。该系统按照一定的逻辑关系对开关量进行顺序控制，采用固定接线，耗电多、体积大、可靠性差、通用性和灵活性差，迫切地需要新型控制系统出现。与此同时，计算机技术开始广泛应用于工业控制领域，因价格高、I/O 电路不匹配、编程难度大及难以适应恶劣工业环境等原因，未能在工业控制领域获得推广。

1968 年，美国最大的汽车制造商——通用汽车公司（GM）为了适应汽车型号不断更新、生产工艺不断变化的需要，希望寻找一种比继电器更可靠、功能更齐全、响应速度更快的新型工业控制器。实际上是将继电器控制的使用方便、简单易懂、价格低等优点，与计算机的功能完善、灵活性及通用性好的优点结合起来，将继电器—接触器控制系统的硬接线逻辑转变为计算机软件逻辑编程的设想。1969 年，美国数字设备公司（DEC 公司）研制出了第一台可编程序控制器，并在美国通用汽车公司的生产线上试用成功，并取得了满意效果，可编程序控制器自此诞生。

PLC 自问世以来，以其编程方便、可靠性高、通用灵活、体积小、使用寿命长等一系列优点，很快在世界各国的工业领域推广应用。1971 年，日本从美国引进了这项新技术，研制出日本第一台可编程序控制器 DSC—18。1973 年，欧洲也开始生产 PLC。到现在，世界各国著名的电气工厂几乎都在生产 PLC 装置。PLC 已作为一种独立的工业设备被列入生产中，成为当代工业自动化领域中最重要、应用最广泛的控制装置。

20 世纪 70 年代中后期，随着微处理器和微型计算机的出现，人们将微型计算机技术应用于 PLC 中。PLC 的工作速度提高了，功能也不断完善，在进行开关量逻辑控制的基础上还增加了数据传送、比较和对模拟量进行控制的功能，产品初步形成系列和规模化。

20 世纪 80 年代以来，随着大规模和超大规模集成电路技术的迅猛发展，以 16 位和 32 位微处理器为核心的 PLC 也得到迅猛发展，其功能增强、工作速度加快、体积减小、可靠性提高、编程和故障检测更为灵活方便。现代的 PLC 不仅能实现开关量的顺序逻辑控制，而且还具有了高速计数、中断技术、PID 调节、模拟量控制、数据处理、数据通信及远程 I/O、网络通信和图像显示等功能。全世界有上百家 PLC 制造厂商，其中著名的制造厂商有美国 Rockwell 自动化公司所属的 A-B（Allen&Bradly）公司、德国的西门子（SIEMENS）公司以及日本的欧姆龙（OMRON）和三菱公司等。

5.1.1.2　PLC 的定义

国际电工委员会（IEC）于1987年2月颁布PLC的标准草案（第3稿），草案对PLC定义如下："可编程序控制器是一种数字运算操作的电子装置，专为在工业环境下应用而设计。它采用可编程序的存储器，用来在其内部存储并执行逻辑运算、顺序控制、定时、计数和算术运算等操作的指令，并通过数字式或模拟式的输入和输出，控制各种类型的机械或生产过程。可编程序控制器及其有关的外围设备都应按照易于工业控制系统连成一个整体、易于扩充其功能的原则设计。"

定义强调了可编程序控制器是"数字运算操作的电子装置"，即它是一种计算机，能完成逻辑运算、顺序控制、定时、计数和算术操作等功能，还具有数字量或模拟量的输入/输出控制的能力。

定义还强调了可编程序控制器直接应用于工业环境，须具有很强的抗干扰能力、广泛的适应能力和应用范围。这也是区别于一般微型计算机控制系统的一个重要特征。

5.1.1.3　PLC 的特点和分类

1. PLC 的特点

现代工业生产具有复杂多样性，对控制要求也各不相同。PLC 因具有以下特点而深受工程技术人员的欢迎。

（1）可靠性高、抗干扰能力强　PLC 采用集成度很高的微电子器件，大量的开关动作由无触点的半导体电路完成，其可靠程度是机械触点的继电器所无法比拟的。为保证 PLC 在恶劣的工业环境下可靠工作，其设计和制造过程中采取了一系列硬件和软件方面的抗干扰措施，使其可以直接安装于工业现场而稳定可靠地工作。

软件方面，设置故障检测与诊断程序，每次扫描都对系统状态、用户程序、工作环境和故障进行检测与诊断，发现出错信息后，立即自动处理，如报警、保护数据和封锁输出等。对用户程序及动态数据进行电池后备，以保障停电后有关状态及信息不会因此丢失。

硬件方面，PLC 采用可靠性高的工业元件和先进的电子加工工艺制造，对干扰采用屏蔽、隔离和滤波等技术，有效地抑制了外部干扰源对 PLC 内部电路的影响。

（2）编程简单、操作方便　PLC 有多种程序设计语言可以使用，主要有梯形图、语句表（指令表）、功能图等。其中，梯形图语言与继电器控制电路极为相似，直观易懂，深受现场电气技术人员的欢迎；指令表程序与梯形图程序有一一对应的关系，同样有利于技术人员的编程操作；功能图语言是一种面向对象的顺控流程图语言（Sequential Function Chart，SFC），它以过程流程为主线，使编程简单、方便。对于用户来说，即使没有学过专门的计算机知识，也可以在短时间内掌握 PLC 编程语言，当生产工艺发生变化时，修改程序即可。

（3）使用简单、调试维修方便　PLC 接线非常方便，只需将产生输入信号的设备（如按钮、开关、各种传感器信号等）与 PLC 的输入端连接，将接收输出信号的被控设备（如接触器、电磁阀、信号灯等）与 PLC 的输出端连接。PLC 用户程序可以在实验室模拟调试，输入信号用开关来模拟，输出信号用 PLC 的发光二极管显示。调试通过后，再将 PLC 在现场安装调试。调试工作量比继电器控制系统小得多。PLC 有完善的自诊断和运行故障指示装置，一旦发生故障，工作人员通过它可以查出故障原因，迅速排除故障。

（4）功能完善、应用灵活　目前 PLC 产品已经标准化、系列化和模块化，功能更加完善，不仅具有逻辑运算、计时、计数和顺序控制等功能，还具有 D – A 转换、A – D 转换、算术运算及数据处理、通信联网和生产监控等功能。模块式的硬件结构使组合和扩展方便，用户可根据需要灵活选用相应的模块，以满足系统大小不同及功能繁简各异的控制系统要求。

2. PLC 的分类

（1）按应用规模和功能分类　按 I/O 点数和存储容量分类，PLC 大致可以分为大型、中型、小型三种类型。小型 PLC 的 I/O 点数在 256 点以下，用户程序存储容量在 4KB 左右。中型 PLC I/O 总点数为 256～2048 点，用户程序存储容量在 8KB 左右。大型 PLC I/O 总点数在 2048 点以上，用户程序存储容量在 16KB 以上。PLC 还可以按功能分为低档、中档和高档机。低档机以逻辑运算为主，具有计时、计数、移位等功能。中档机一般有整数和浮点运算、数制转换、PID 调节、中断控制及联网功能，可用于复杂的逻辑运算及闭环控制。高档机具有更强的数字处理能力，可进行矩阵运算、函数运算，完成数据管理工作，有较强的通信能力，可以和其它计算机构成分布式生产过程综合控制管理系统。一般大型、超大型机都是高档机。

（2）按硬件的结构类型分类　PLC 按结构形式分类，可以分为整体式、模块式和叠装式。

1）整体式又称为单元式或箱体式。整体式 PLC 的 CPU 模块、I/O 模块和电源装在一个箱体机壳内，结构非常紧凑，体积小，价格低。小型 PLC 一般采用整体式结构。整体式 PLC 一般配有许多专用的特殊功能单元，如模拟量 I/O 单元、位置控制单元、数据 I/O 单元等，使 PLC 的功能得到扩展。整体式 PLC 一般用于规模较小、I/O 点数固定、以后也少有扩展的场合。

2）模块式又称为积木式。PLC 的各部分以模块形式分开，如电源模块、CPU 模块、输入模块、输出模块等。这些模块插在模块插座上，模块插座焊接在框架中的总线连接板上。这种结构配置灵活、装配方便、便于扩展。一般大、中型 PLC 采用模块式结构。图 5-1 所示为模块式 PLC 示意图。模块式 PLC 一般用于规模较大、I/O 点数较多且比例比较灵活的场合。

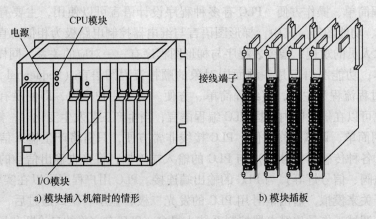

a) 模块插入机箱时的情形　　　　　　　b) 模块插板

图 5-1　模块式 PLC 示意图

3）叠装式结构是整体式和模块式相结合的产物。电源也可做成独立的，不使用模块式

PLC 中的母板，采用电缆连接各个单元，在控制设备中安装时可以一层层地叠装，图 5-2 所示为叠装式 PLC 示意图。叠装式 PLC 兼有整体式和模块式的优点，根据近年来的市场情况看，整体式及模块式有结合为叠装式的趋势。

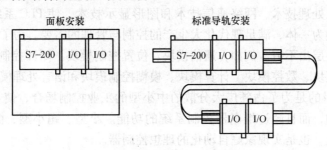

图 5-2　叠装式 PLC 示意图

5. 1. 1. 4　PLC 的应用范围及发展趋势

1. PLC 的应用范围

随着 PLC 功能的不断完善、性价比的不断提高，PLC 的应用面也越来越广。目前，PLC 在国内外已广泛应用于钢铁、采矿、水泥、石油、化工、电子、机械制造、汽车、船舶、装卸、造纸、纺织、环保及娱乐等各行各业，其应用范围通常可分为如下五种类型。

（1）开关量逻辑控制　开关量逻辑控制是 PLC 应用最广泛的领域，取代了传统的继电器—接触器控制，实行逻辑控制、顺序控制。

（2）运动控制　PLC 使用专用的指令或运动控制模块，对圆周运动或直线运动进行控制，可实现单轴、双轴、三轴和多轴位置控制，使运动控制与顺序控制功能有机地结合在一起。PLC 的运动控制功能广泛地用于各种机械设备。

（3）数据处理　现代的 PLC 具有数学运算、数据传送、转换、排序和查表、位操作等功能，可以完成数据的采集、分析和处理。

（4）过程控制　过程控制是指对温度、压力、流量等连续变化的模拟量的闭环控制。PLC 通过模拟量 I/O 模块，实现模拟量和数字量之间的 A－D 与 D－A 转换，并对模拟量进行闭环 PID（比例—积分—微分）控制。

（5）计数控制　为了满足计数的需要，不同的 PLC 提供了不同数量、不同类型的计数器。例如 FX1S 可以提供 16 位增量计数 C0～C15（一般用）C16～C31（保持用），32 位高速可逆计数器 C235～C245（单相输入）C246～C250（单相双输入）C251～C255（双相双输入）共 26 个计数器。

（6）通信和联网　通信和联网是指 PLC 与 PLC 之间、PLC 与上位计算机或其他智能设备（如变频器、数控装置）之间的通信，利用 PLC 和计算机的 RS－232 或 RS－422 接口、PLC 的专用通信模块，用同轴电缆或光缆将它们连成网络，实现信息交换，构成"集中管理、分散控制"的多级分布式控制系统，建立自动化网络。

2. PLC 的发展趋势

PLC 的发展有两个主要趋势：其一是向大型网络化、智能化、高可靠性、操作简单化、好的兼容性和多功能方面发展；其二是向体积更小、速度更快、功能更强和价格更低的微小型化方面发展。

大型 PLC 自身向着大存储容量、高速度、高性能、增加 I/O 点数的方向发展。网络化和强化通信能力是大型 PLC 的一个重要发展趋势。PLC 构成的网络向下可将多个 PLC、多个 I/O 模块相连，向上可与工业计算机、以太网等结合，构成整个工厂的自动控制系统。PLC 采用了计算机信息处理技术、网络通信技术和图形显示技术，使 PLC 系统的生产控制功能和信息管理功能融为一体，满足现代化大生产的控制与管理的需要。为了满足特殊功能的需要，各种智能模块层出不穷。例如，通信模块、位置控制模块、闭环控制模块、模拟量 I/O 模块、高速计数模块、数控模块、计算模块、模糊控制模块和语言处理模块等。

小型 PLC 的目的是为了占领广大分散的中小型的工业控制场合，使 PLC 不仅成为继电器控制柜的替代物，而且超过继电器控制系统的功能。小型、超小型、微小型 PLC 不仅便于实现机电一体化，也是实现家庭自动化的理想控制器。

5.1.2　PLC 的组成及工作原理

5.1.2.1　PLC 的基本组成

PLC 的结构多种多样，但其组成的一般原理基本相同，都是采用以微处理器为核心的结构，其基本组成包括硬件系统和软件系统。

PLC 硬件系统主要由中央处理单元（CPU）、存储器（RAM、ROM）、输入/输出电路（I/O）、电源和外部设备等组成，PLC 硬件系统结构如图 5-3 所示。

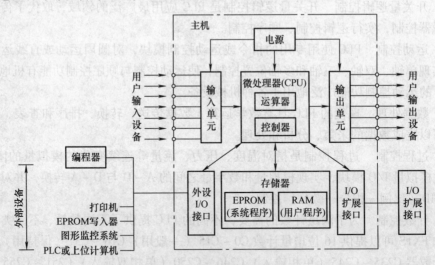

图 5-3　PLC 硬件系统结构

1. CPU

CPU 是 PLC 的核心组件。CPU 一般由控制器、运算器和寄存器等组成，电路一般都集成在一个芯片内。CPU 通过数据总线、地址总线和控制总线与存储单元、输入/输出电路相连接。PLC 所使用的 CPU 多为 8 位字长的单片机。为增加控制功能和提高实时处理速度，16 位或 32 位单片机也在高性能 PLC 设备中使用。不同型号 PLC 的 CPU 芯片是不同的，有的采用通用 CPU，如 8031、8051、8086、80826 等，有的采用厂家自行设计的专用 CPU（如西门子公司的 S7-200 系列 PLC 采用其自行研制的专用芯片）等。CPU 芯片的性能关系到 PLC 处理控制信号的能力与速度，CPU 位数越高，系统处理的信息量越大，运算速度也越快。随着 CPU 芯片技术的不断发展，PLC 所用的 CPU 芯片也越来越高档。FX$_{2N}$ 可编程序控制器使用的微处理器是 16 位的 8096 单片机。

与普通微型计算机一样，PLC 的 CPU 按系统程序赋予的功能指令有条不紊地进行工作，完成运算和控制任务。CPU 的主要用途如下。

1）接收从编程器（计算机）输入的用户程序和数据，送入存储器存储。

2）用扫描工作方式接收输入设备的状态信号，并存入相应数据区（输入映像寄存器）。

3）监测和诊断电源、PLC 内部电路的工作状态和用户编程过程中的语法错误等。

4）执行用户程序。从存储器逐条读取用户指令，完成各种数据的运算、传送和存储等功能。

5）根据数据处理的结果，刷新有关标志位的状态和输出映像寄存器表的内容，再经过输出部件实现输出控制、制表打印或数据通信等功能。

2. 存储器

存储器主要用来存放程序和数据，PLC 的存储器可以分为系统程序存储器、用户程序存储器及工作数据存储器三种。

（1）系统程序存储器　系统程序存储器用来存放由 PLC 生产厂家编写的系统程序，并固化在 ROM 内，用户不能直接更改。它使 PLC 具有基本的智能，能够完成 PLC 设计者规定的各项工作。系统程序质量的好坏在很大程度上决定了 PLC 的性能，其内容主要包括三部分：第一部分为系统管理程序，它主要控制 PLC 的运行，使整个 PLC 按部就班地工作；第二部分为用户指令解释程序，通过用户指令解释程序，将 PLC 的编程语言变为机器语言指令，再由 CPU 执行这些指令；第三部分为标准程序模块与系统调用程序，它包括许多不同功能的子程序及其调用管理程序，如完成输入、输出及特殊运算等子程序。PLC 的具体工作都是由这部分程序来完成的，这部分程序的多少决定了 PLC 性能的强弱。

（2）用户程序存储器　根据控制要求而编制的应用程序称为用户程序。用户程序存储器用来存放用户针对具体控制任务，用规定的 PLC 编程语言编写的各种用户程序。用户程序存储器根据所选用的存储器单元类型的不同，可以是 RAM（用锂电池进行掉电保护）、EPROM 或 E^{2}PROM，其内容可以由用户任意修改或增删。目前较为先进的 PLC 采用可随时读/写的快闪存储器作为用户程序存储器，快闪存储器不需要后备电池，掉电时数据也不会丢失。用户程序存储器和用户存储器容量的大小关系到用户程序容量的大小和内部器件的多少，是反映 PLC 性能的重要指标之一。

（3）工作数据存储器　工作数据存储器用来存储工作数据，即用户程序中使用的 ON/OFF 状态、数位数据等。在工作数据区中开辟有元件映像寄存器和数据表。其中，元件映像寄存器用来存储开关量、输出状态以及定时器、计数器、辅助继电器等内部器件的 ON/OFF 状态。数据表用来存放各种数据，它存储用户程序执行时的变换参数值及 A-D 转换得到的数字量和数学运算的结果等。在 PLC 断电时能保持数据的存储器区称为数据保持区。

3. I/O 电路

I/O 电路是 PLC 与工业控制现场各类信号连接的部分，在 PLC 被控对象间传递 I/O 信息。

实际生产过程中产生的输入信号多种多样，信号电平各不相同，而 PLC 只能对标准电平进行处理。通过输入模块，可以将来自被控对象的信号转换成 CPU 能够接收和处理的标准电平信号。同样，外部执行元件所需的控制信号电平也有差别，也必须通过输出模块将CPU输出的标准电平信号转换成这些执行元件所能接收的控制信号。I/O接口电路还具有良好的抗干扰能力，因此接口电路一般都包含光电隔离电路和RC滤波电路，用以消除输入触点的抖动和外部噪声干扰。

（1）输入电路　连接到PLC输入接口的输入器件是各种开关、按钮、传感器等。按现场信号可以接纳的电源类型不同，开关量输入接口电路可分为三类：直流输入接口、交流输入接口和交直流输入接口，使用时要根据输入信号的类型选择合适的输入模块。

交流输入接口和交直流输入接口原理图分别如图5-4、图5-5所示。

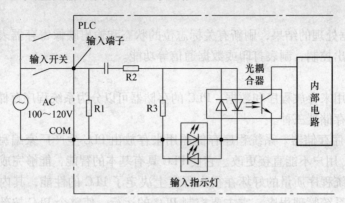

图5-4　交流输入接口原理图

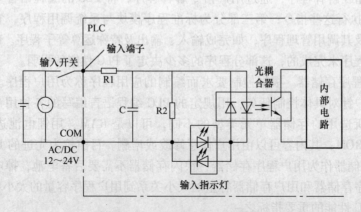

图5-5　交直流输入接口原理图

（2）输出电路　开关输出电路的作用是将PLC的输出信号传送到用户输出设备。按输出开关器件的种类不同，PLC的输出有三种形式，即继电器输出、晶体管输出和晶闸管输出。其中，晶体管输出型接口只能接直流负载，为直流输出接口；双向晶闸管输出型接口只能接交流负载，为交流输出接口；继电器输出型接口既可接直流负载，也可接交流负载，为交直流输出接口。

直流输出接口原理图如图5-6所示，程序执行完后，输出信号由输出映像寄存器送至输出锁存器，再经光耦合器控制输出晶体管。当晶体管饱和导通时，LED输出指示灯点亮，说明该输出端有输出信号。当晶体管截止断开时，LED输出指示灯熄灭，说明该输出端无输出信号。图5-6中的稳压管用来抑制关断过电压和外部的涌流电压，保护输出晶体管。

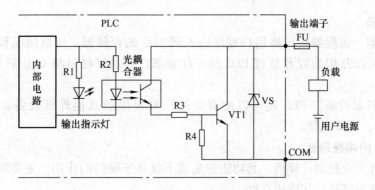

图 5-6　直流输出接口（晶体管输出型）原理图

交流输出接口和交直流输出接口原理图分别如图 5-7、图 5-8 所示，其电路原理和结构与直流输出接口电路基本相似。

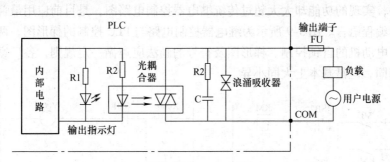

图 5-7　交流输出接口（双向晶闸管输出型）原理图

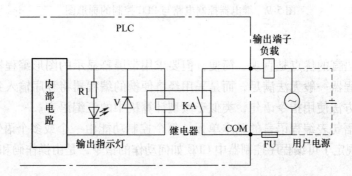

图 5-8　交直流输出接口（继电器输出型）原理图

4. 电源

PLC 配有开关式稳压电源模块。电源模块将交流电源转换成供 PLC 的 CPU、存储器等内部电路工作所需要的直流电源，使 PLC 正常工作。PLC 的电源部件有很好的稳压措施，因此对外部电源的稳定性要求不高，一般允许外部电源电压的额定值为 +10% ~ −15%。有些 PLC 的电源部件还能向外提供直流 24V 稳压电源，用于对外部传感器供电。为了防止在外部电源发生故障的情况下 PLC 内部程序和数据等重要信息丢失，PLC 用锂电池做停电时的后备电源。

5. 外部设备

（1）编程器　编程器是可将用户程序输入到 PLC 的存储器。可以用编程器检查程序、修改程序；还可以利用编程器监视 PLC 的工作状态。它通过接口与 CPU 联系，完成人机对话。

（2）其他外部设备　PLC 还可以配有生产厂家提供的其他外部设备，如存储器卡、EPROM 写入器、打印机等。

5.1.2.2　PLC 的编程语言

PLC 是一种工业控制计算机，其功能的实现不仅基于硬件的作用，更要靠软件的支持。PLC 的软件包含系统软件和应用软件。

1. 梯形图

梯形图是一种图形语言，是从继电器控制电路图演变过来的。它将继电器控制电路图进行了简化，同时加进了许多功能强大、使用灵活的指令，将微型计算机的特点结合进去，使编程更加容易，实现的功能却大大超过传统继电器控制电路图，是目前应用最普遍的一种可编程序控制器编程语言。图 5-9 所示为继电器控制电路与 PLC 控制的梯形图，两种方式都能实现三相异步电动机的自锁控制。梯形图及符号的画法应遵循一定规则，各厂家的符号和规则虽然不尽相同，但是基本上大同小异。

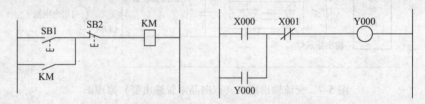

图 5-9　继电器控制电路与 PLC 控制的梯形图

2. 指令表

梯形图编程语言的优点是直观、简便，但要求用带屏幕显示的图形编程器才能输入图形符号。小型的编程器一般无法满足，而是采用经济便携的编程器将程序输入到可编程序控制器中，这种编程方法使用指令语句，类似于微型计算机中的汇编语言。

语句是指令语句表编程语言的基本单元，每个控制功能由一个或多个语句组成的程序来执行。每条语句规定了可编程序控制器中 CPU 如何动作的指令，是由操作码和操作数组成的。

3. 其他

随着 PLC 的飞速发展，如果许多高级功能还是用梯形图来表示就会很不方便。为了增强 PLC 的数字运算、数据处理、图表显示、报表打印等功能，方便用户的使用，许多大中型 PLC 都配备了 Pascal、Basic、C 等高级编程语言，这种编程方式叫作结构文本。与梯形图相比，结构文本有两大优点：一是能实现复杂的数学运算，二是非常简洁和紧凑。用结构文本编制极其复杂的数学运算程序只占一页纸，结构文本用来编制逻辑运算程序也很容易。

5.1.2.3　PLC 的工作原理

1. PLC 的内部等效电路

以图 5-10 所示的两台电动机起动控制为例，用 PLC 控制的内部等效电路图如图 5-11 所示。

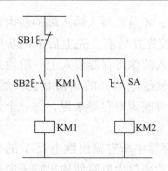

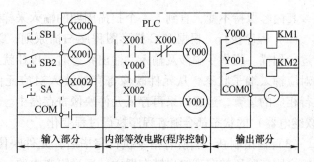

图 5-10　两台电动机起动的　　　　　　图 5-11　两台电动机起动的 PLC 内部等效电路图
　　　　　继电器—接触器控制

图 5-11 中，PLC 的输入部分是用户输入设备，常用的有按钮、开关、传感器等，通过输入端子（I 接口）与 PLC 连接。PLC 的输出部分是用户输出设备，包括接触器（或继电器）线圈、信号灯、各种控制阀指示灯，通过输出端子（O 接口）与 PLC 连接。

内部控制（梯形图）可视为由内部继电器、接触器等组成的等效电路。

三菱 FX 系列的 PLC 输入 COM 端，一般是机内电源 24V 的负极端，输出 COM 端接用户负载电源。

2. PLC 的工作过程

PLC 有两种工作模式，即运行（RUN）模式与停止（STOP）模式，如图 5-12 所示。

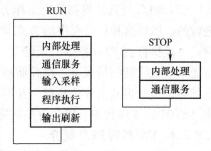

在 STOP 模式阶段，PLC 只进行内部处理和通信服务工作。在内部处理阶段，PLC 检查 CPU 模块内部的硬件是否正常，还对用户程序的语法进行检查，定期复位监控定时器等，以确保系统可靠运行。在通信服务阶

图 5-12　PLC 的基本工作模式

段，PLC 可与外部智能装置进行通信，如进行 PLC 之间及 PLC 与计算机之间的信息交换。

在 RUN 模式阶段，PLC 除进行内部处理和通信服务外，还要完成输入采样、程序执行和输出刷新三个阶段的周期扫描工作。简单地说，运行模式是执行应用程序的模式，停止模式一般用于程序的编制与修改，周期扫描过程如图 5-13 所示。

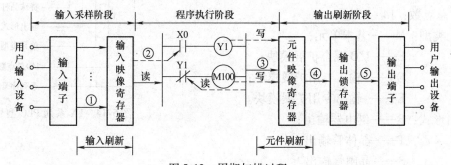

图 5-13　周期扫描过程

（1）输入采样　在输入采样阶段，PLC 首先扫描所有输入端子，并将各输入状态存入内存中各对应的输入映像寄存器中。此时，输入映像寄存器被刷新。接着，进入程序执行阶段。在程序执行阶段和输出刷新阶段，输入映像寄存器与外界隔离，无论输入信号如何变

化，其内容保持不变，直到下一个扫描周期的输入采样阶段，才重新写入输入端的新内容。

（2）程序执行　根据 PLC 梯形图程序扫描原则，CPU 按先左后右、先上后下的步序语句逐句扫描。当指令中涉及输入、输出状态时，PLC 就从输入映像寄存器读入上一阶段采入的对应输入端子状态，从元件映像寄存器读入对应元件（软继电器）的当前状态。然后，进行相应的运算，运算结果再存入元件映像寄存器中。对元件映像寄存器来说，每一个元件（软继电器）的状态都会随着程序执行过程变化。

（3）输出刷新　当所有指令执行完毕后，元件映像寄存器中所有输出继电器 Y 的状态在输出刷新阶段转存到输出锁存器中，通过隔离电路，驱动功率放大电路使输出端子向外界发出控制信号，驱动外部负载。

3. PLC 的工作方式

（1）循环扫描的工作方式　PLC 的工作方式是一个不断循环的顺序扫描工作方式。每一次扫描所用的时间称为扫描周期或工作周期。CPU 从第一条指令开始，按顺序逐条地执行用户程序，直到用户程序结束，然后返回第一条指令，开始新一轮的扫描，PLC 就是这样周而复始地重复上述循环扫描的。

（2）PLC 与其他控制系统工作方式的区别　PLC 对用户程序的执行是以循环扫描方式进行的，PLC 这种运行程序的方式与微型计算机相比有较大的不同。微型计算机运行程序时，一旦执行到 END 指令，就结束运行。PLC 从存储地址所存放的第一条用户程序开始，在无中断或跳转的情况下，按存储地址号递增的方向顺序逐条执行用户程序，直到 END 指令结束。然后再从头开始执行，并周而复始地重复，直到停机或从运行（RUN）切换到停止（STOP）工作状态。PLC 每扫描完一次程序就构成一个扫描周期。

5.1.2.4　FX 系列 PLC 简介

FX 系列 PLC 是由日本三菱公司研制开发的。三菱 FX 系列小型 PLC 将 CPU 和输入/输出一体化，使用更为方便。为进一步满足不同用户的要求，FX 系列有多种不同的型号供选择。此外，还有多种特殊功能模块提供给不同的用户。

FX 系列 PLC 型号命名的基本格式如图 5-14 所示。

系列序号：0，0S，0N，1，2，2C，1S，1N，2N，2NC。

I/O 总点数：14 ~ 256。

单元类型：M——基本单元；

　　　　　E——I/O 混合扩展模块；

　　　　　EX——输入专用扩展模块；

　　　　　EY——输出专用扩展模块。

输出形式：R——继电器输出；

　　　　　T——晶体管输出；

　　　　　S——晶闸管输出。

特殊品种的区别：

D——DC 电源，DC 输入；

A1——AC 电源，AC 输入（AC 100 ~ 120V）或 AC 输入模块；

H——大电流输出扩展模块；

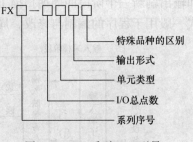

图 5-14　FX 系列 PLC 型号

V——立式端子排的扩展模式；

C——接插口输入/输出方式；

F——输入滤波器 1ms 的扩展模块；

L——TTL 输入型模块；

S——独立端子（无公共端）扩展模块。

例如，FX_{2N}—48MRD 的含义是：FX_{2N} 系列，输入/输出总点数为 48 点，继电器输出，DC 电源，DC 输入的基本单元。

FX 系列 PLC 具有庞大的家族。基本单元（主机）有 FX_0、FX_{0S}、FX_{0N}、FX_1、FX_2、FX_{2C}、FX_{1S}、FX_{1N}、FX_{2N}、FX_{2NC} 等系列。

5.2　FX_{2N} 系列 PLC 的基本指令系统

编程元件是 PLC 的重要元素之一，是各种指令的操作对象。基本指令是 PLC 中应用最频繁的指令，是程序设计的基础。本节主要介绍三菱 FX_{2N} 系列 PLC 的基本编程元件和基本指令及其编程使用情况。

5.2.1　FX 系列 PLC 的主要指标

FX 系列 PLC 的一般技术指标包括基本性能指标、输入技术参数及输出技术参数，各种性能指标见表 5-1 ~ 表 5-3。

表 5-1　FX 系列 PLC 的基本性能指标

项　目		FX_{1S}	FX_{1N}	FX_{2N} 和 FX_{2NC}
运算控制方式		存储程序、反复运算		
I/O 控制方式		批处理方式（在执行 END 指令时），可以使用 I/O 刷新指令		
运算处理速度	基本指令	$0.55 \sim 0.7\mu s$/指令		$0.88\mu s$/指令
	应用指令	$3.7\mu s$/指令 ~ 数百微秒/指令		$1.52\mu s$/指令 ~ 数百微秒/指令
程序语言		逻辑梯形图和指令表，可以用步进梯形指令来生成顺序控制指令		
程序容量（E^2PROM）		内置 2KB 步	内置 8KB 步	内置 8KB 步，用存储盒可达 16KB 步
指令数量	基本、步进	基本指令 27 条，步进指令 2 条		
	应用指令	85 条	89 条	128 条
I/O 设置		最多 30 点	最多 128 点	最多 256 点

表 5-2　FX 系列 PLC 的输入技术参数

输　入　电　压	DC24 × （1 ± 10%）V	
元件号	X0 ~ X7	其他输入点
输入信号电压	DC24 × （1 ± 10%）V	
输入信号电流	7mA	5mA
输入开关电流 OFF→ON	大于 5.5mA	大于 3.5mA

（续）

输入开关电流 ON→OFF	小于 1.5mA
输入响应时间	10ms
可调节输入响应时间	X000 ~ X007 为 0 ~ 60ms（FX$_{2N}$），其他系列为 0 ~ 15ms
输入信号形式	无电压触点，或 NPN 型集电极开路输出晶体管
输入状态显示	输入 ON 时 LED 灯亮

表 5-3　FX 系列 PLC 的输出技术参数

项　　目		继电器输出	晶闸管输出（仅 FX$_{2N}$）	晶体管输出
外部电源		最大 AC 240V 或 DC 30V	AC 85 ~ 242V	DC 5 ~ 30V
最大负载	电阻负载	2A/1 点，8A/COM	0.3A/1 点，0.8A/COM	0.5A/1 点，0.8A/COM
	感性负载	80V·A，120/240V AC	36V·A/AC 240V	12W/DC 24V
	灯负载	100W	30W	0.9W/DC 240V（FX$_{1S}$），其他系列 1.5W/DC 24V
最小负载		电压 < DC 5V 时 2mA 电压 < DC 24V 时 5mA （FX$_{2N}$）	2.3V·A/AC 240V	…
响应时间	OFF→ON	10ms	1ms	小于 0.2ms；小于 5μs（仅 Y000、Y001）
	ON→OFF	10ms	10ms	小于 0.2ms；小于 5μs（仅 Y0、Y1）
开路漏电流		…	2mA/AC 240V	0.1mA/DC 30V
电路隔离		继电器隔离	光电晶闸管隔离	光耦合器隔离
输出动作显示		线圈通电时 LED 亮		

5.2.2　FX$_{2N}$ 系列 PLC 的编程元件

5.2.2.1　PLC 编程元件（软继电器）

　　PLC 内部有许多具有不同功能的编程元件，如输入继电器、输出继电器、定时器、计数器等，它们不是物理意义上的实物继电器，而是由电子电路和存储器组成的虚拟器件，其图形符号和文字符号与传统继电器符号也不同，所以又称为软元件或软继电器。

　　不同厂家不同型号的 PLC，编程元件的数量和种类有所不同。三菱系列 PLC 的图形符号和文字符号如图 5-15 所示。

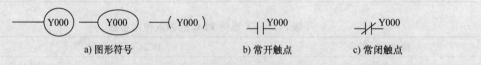

a) 图形符号　　　　　　b) 常开触点　　　　　c) 常闭触点

图 5-15　三菱系列 PLC 的图形符号和文字符号

　　FX$_{2N}$ 系列 PLC 的编程元件及编号见表 5-4。编程元件的编号由字母和数字组成，其中输入继电器和输出继电器采用八进制数字编号，其它编程元件采用十进制数字编号。

表 5-4　FX$_{2N}$ 系列 PLC 的编程元件及编号

型号 编程元件	FX$_{2N}$－16M	FX$_{2N}$－32M	FX$_{2N}$－48M	FX$_{2N}$－64M	FX$_{2N}$－80M	FX$_{2N}$－128M	扩展时	合计
输入 继电器 X	X000～X007 8 点	X000～X017 16 点	X000～X027 24 点	X000～X037 32 点	X000～X047 40 点	X000～X077 64 点	X000～X267 184 点	输入与 输出
输出 继电器 Y	Y000～Y007 8 点	Y000～Y017 16 点	Y000～Y027 24 点	Y000～Y037 32 点	Y000～Y047 40 点	Y000～Y077 64 点	Y000～Y267 184 点	合计 256 点
辅助 继电器 M	M0～M499 500 点一般用[1]		【M500～M1023】 524 点保持用[2]		【M1024～M3071】 2048 点保持用[3]		M8000～M8255 256 点特殊用[4]	
状态 继电器 S	S0～S499 500 点一般用[1] 初始化用 S0～S9 原点回归用 S10～S19		【S500～S899】 400 点 保持用[2]			【S900～S999】 100 点 信号报警用[2]		
定时器 T	T0～T199 200 点 100ms 子程序用…… T192～T199		T200～T245 46 点 10ms		【T246～T249】 4 点 1ms 累计[2]		【T250～T255】 6 点 100ms 累计[3]	
计数器 C	16 位增量计数		32 位可逆		32 位高速可逆计数器最大 6 点			
	C0～C99 100 点 一般用[1]	【C100～ C199】 100 点 保持用[2]	【C200～ C219】 20 点 一般用[2]	【C220～ C234】 15 点 保持用[2]	【C235～C245】 1 相 1 输入[2]	【C246～C250】 1 相 2 输入[2]	【C251～C255】 2 相输入 2[2]	
数据存取器 D、V、Z	D0～D199 200 点 一般用[1]	【D200～D511】 312 点保持用[2]		【D512～D7999】 7488 点 保持用[3] 文件用…… D1000 以后可设定 作为文件寄存器 使用		【D8000～D8195】 256 点 特殊用[3]	V007～V000 Z007～Z000 16 点 变址用[1]	
嵌套 指针	N0～N7 8 点 主控用	P0～P127 128 点 跳跃，子程序用， 分支式指针		100*～150* 6 点 输入中断用指针 *为 0（下降沿中断） 或 1（上升沿中断）		16**～18** 3 点 定时器中断用指针 **为定时范围， 00～99ms	1010～1060 6 点 计时器中断用指针	
常数	K	16 位—32，768～32，767			32 位—2，147，483，648～2，147，483，647			
	H	16 位—0～FFFFH			32 位—0～FFFFFFFFH			

注："【　】"内的软元件为停电保持领域。

① 非停电保持领域。根据设定的参数，可变更为停电保持领域。

② 停电保持领域。根据设定的参数，可变更为非停电保持领域。

③ 固定的停电保持领域，不可变更领域的特性。

④ 不同系列的 PLC 特殊元件用继电器数量不一样。

5.2.2.2　输入继电器（X）

输入继电器是 PLC 专门用来接收外界输入信号的内部虚拟继电器。它在 PLC 内部与输入端子相连，有无数对常开触点和常闭触点，可在 PLC 编程时随意使用。输入继电器不能用程序驱动，只能由输入信号驱动。

FX 系列 PLC 的输入继电器采用八进制编号。FX$_{2N}$系列 PLC 带扩展时最多可达 184 点输入继电器，其编号为 X000 ~ X267。其编程编号规则可以表示如下：

X000 ~ X007、X010 ~ X017 、X030 ~ X037…X170 ~ X177…

5.2.2.3　输出继电器（Y）

输出继电器是 PLC 专门用来将程序执行的结果信号经输出接口电路及输出端子，送达并控制外部负载的虚拟继电器。它在 PLC 内部直接与输出接口电路相连，有无数对常开触点与常闭触点，可在 PLC 编程时随意使用。输出继电器只能由程序驱动。

FX 系列 PLC 的输出继电器采用八进制编号。FX$_{2N}$系列 PLC 带扩展时最多可达 184 点输出继电器，其编号为 Y000 ~ Y267。其编程编号规则可以表示如下：

Y000 ~ Y007、Y010 ~ Y017 、Y030 ~ Y037…Y170 ~ Y177…

1. 输入、输出继电器应用举例：分配 I/O 地址，绘制 PLC I/O 接线图

可编程序控制器与被控对象相连接是借助 I/O 接口完成的，输入接口组件能接收被控对象的输入信号，如按钮、行程开关和各种传感器信号；输出接口组件用于驱动外部负载，输出接口组件通常用于控制接触器、电磁阀、信号灯等。

一个输入设备原则上占用 PLC 一个输入点（I），一个输出设备原则上占用 PLC 一个输出点（O）。如图 5-16 所示，需要注意的是，时间继电器、中间继电器转化为 PLC 梯形图时，其触点和线圈是 PLC 内部调用的，在 I/O 接线图中并不体现出来，地址分配如下：

停止按钮 SB1——X000；起动按钮 SB2——X001；热继电器 FR 触点——X002；接触器 KM——Y000。

将选择的 I/O 设备和分配好的 I/O 地址一一对应连接，形成 PLC 的 I/O 接线图，如图 5-16b 所示。

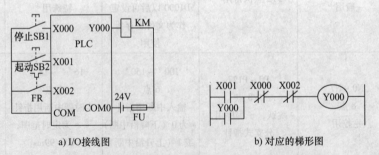

a) I/O接线图　　　　　　　　b) 对应的梯形图

图 5-16　电动机全压起保停控制的 I/O 接线图和梯形图

2. 常闭触点的输入信号处理

PLC 输入端口可以与输入设备不同类型的触点连接，但不同的触点类型设计出的梯形图程序不一样。

1）PLC 外部的输入触点既可以接常开触点，也可以接常闭触点。接常闭触点时，梯形图中的触点状态与继电器、接触器控制图中的状态相反。

2）教学中 PLC 的输入触点经常使用常开触点，便于进行原理分析。但在实际控制中，停止按钮、限位开关及热继电器等要使用常闭触点，以提高安全保障。

3）为了节省成本，应尽量少占用 PLC 的 I/O 点，经常也将 FR 常闭触点串接在其他常闭输入或负载输出回路中，如图 5-17 所示。

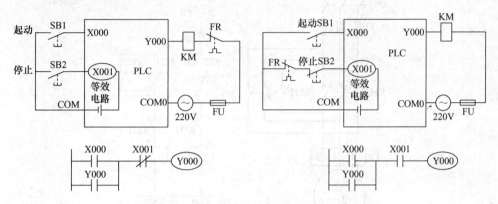

图 5-17　不同触点类型的接线图与梯形图程序比较

为了更好地让学生理解输入继电器和输出继电器的应用，下面通过例 5-1 和例 5-2 进行进一步的分析和说明。

【例 5-1】　单台电动机两地控制的 PLC 控制系统。其控制要求如下：按下甲地的起动按钮 SB1 或乙地的起动按钮 SB2 均可以起动电动机；按下甲地的停止按钮 SB3 或乙地的停止按钮 SB4 均可以停止电动机运行。

根据例 5-1 的要求设计的 PLC 接线图和梯形图如图 5-18 所示。

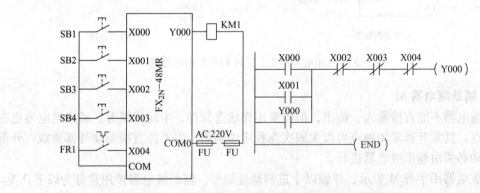

图 5-18　三相电动机两地控制的 PLC 接线图和梯形图

【例 5-2】　PLC 控制三相电动机的正、反转控制电路设计。

图 5-19 所示为三相电动机正、反转继电器—接触器控制电路图，图 5-20 所示为与其功能相同的 PLC 控制系统的外部接线图和梯形图，其中 KM1 和 KM2 分别是控制正转运行和反转运行的交流接触器。

在 PLC 梯形图中，用两个起动—保持—停止程序分别来控制电动机的正转和反转。按下正向起动按钮 SB2，X000 变为 ON，X000 常开触点接通，Y000 线圈得电并且保持，使得接触器 KM1 线圈通电，电动机开始正转运行。按下停止按钮 SB1，X002 变为 ON，其常闭触点断开，Y000 线圈失电，电动机停止运转。同理，按下反向起动按钮 SB3 后电动机开始反向运行。

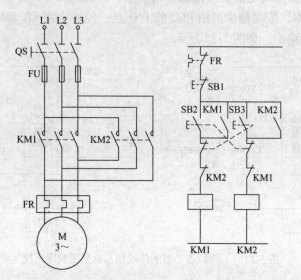

图 5-19　三相电动机正、反转继电器—接触器控制电路图

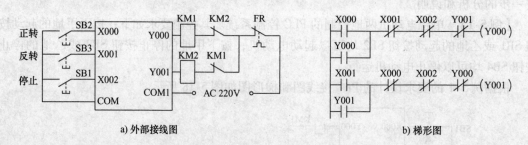

a) 外部接线图　　　　　　　　　　　　　b) 梯形图

图 5-20　三相电动机正、反转 PLC 控制电路图

5.2.2.4　辅助继电器 M

辅助继电器不能直接输入、输出，但经常用作状态暂存、中间运算等。辅助继电器也有线圈和触点，其常开和常闭触点可以无限次在程序中调用，但不能直接驱动外部负载，外部负载的驱动必须由输出继电器进行。

辅助继电器用字母 M 表示，并辅以十进制地址编号。辅助继电器按用途分为以下几类。

1）通用辅助继电器 M0 ~ M499（500 点）。

2）断电保持辅助继电器 M500 ~ M1023（524 点），断电保持辅助继电器用于保存停电前的状态，并在运行时再现该状态的情形。停电保持由内装的后备电池支持。

3）特殊辅助继电器 M8000 ~ M8255（256 点）。PLC 内部有很多特殊辅助继电器。这些特殊辅助继电器各具有特定的功能，一般分为两大类。

一类是只能运用其特殊辅助继电器的触点，这类继电器的线圈由 PLC 自动驱动，用户只能利用触点进行编程。M8000：当 PLC 处于 RUN 时，其线圈一直得电；M8001：当线圈处于 STOP 时，其线圈一直得电；M8002：在 PLC 开始运行的第一个扫描周期其得电；M8003：在 PLC 开始运行的第一个扫描周期其失电；M8004：当 PLC 有错误时，其线圈得电；M8005：当 PLC 锂电池电压下降到规定值时，其线圈得电。M8011：产生周期为 10ms 的脉冲；M8012：产生周期为 100ms 的脉冲；M8013：产生周期为 1ms 的脉冲；M8014：产生周期为 1min 的脉冲；M8000、M8002、M8012 波形图如图 5-21 所示。

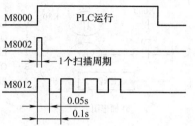

图 5-21　特殊辅助继电器波形图

另一类是可驱动线圈的特殊辅助继电器，用户驱动线圈后，PLC 做特定动作。例如，M8033 的功能是 PLC 停止时输出保持，M8034 的功能是 PLC 禁止全部输出，M8039 的功能是 PLC 定时扫描等。

辅助继电器的应用：设计路灯的控制程序。

要求：每晚 7 点由工作人员按下开灯按钮（X000），点亮路灯（Y000），次日清晨按下关灯按钮（X002），路灯（Y000）熄灭。需要注意的是，如果夜间出现意外停电，则要求恢复来电后继续点亮路灯。

图 5-22 所示为路灯的控制程序，图中 M500 是断电保持型辅助继电器。出现意外停电时，Y000 断电路灯熄灭。由于 M500 能保存停电前的状态，并在运行时再现该状态的情形，所以恢复来电时，M500 能使 Y000 继续接通，点亮路灯。

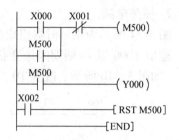

图 5-22　路灯的控制程序

5.2.2.5　通用定时器 T

定时器在 PLC 中的作用相当于通电延时型时间继电器，它有一个设定值寄存器（字）、一个当前值寄存器（字）、一个线圈及无数个触点（位）。通常在一个 PLC 中有几十至数百个定时器，可用于定时操作，起延时接通或断开电路作用。

在 PLC 内部，定时器是通过对内部某一时钟脉冲进行计数来完成定时的。常用计时脉冲有三类，即 1ms、10ms 和 100ms。不同的计时脉冲，其计时精度不同。用户需要定时操作时，可通过设定脉冲的数量来完成，用常数 K 设定（1～32 767），也可用数据寄存器 D 设定。

FX 系列 PLC 的定时器采用十进制编号，如 FX$_{2N}$ 系列的定时器编号为 T000～T255。

通用定时器的地址范围为 T000～T245，有两种计时脉冲，分别是 100ms 和 10ms，其对应的设定值分别为 0.1～3276.7s 和 0.01～327.67s。

通用定时器的地址编号和设定值如下：

100ms 定时器 T0～T199（200 点）：设定值为 1～32767，设定定时范围为 0.1～3276.7s。

10ms 定时器 T200～T245（46 点）：设定值为 1～32767，设定定时范围为 0.01～327.67s。

1. 通用定时器的用法

现以图 5-23 所示的梯形图程序为例，说明通用定时器的工作原理和工作过程。当驱动线圈信号 X000 接通时，定时器 T000 的当前值对 100ms 脉冲开始计数，达到设定值 30 个脉冲时，T000 的输出触点动作使输出继电器 Y000 接通并保持，即输出是在驱动线圈后的 3s（100ms×30＝3s）时动作。当驱动线圈的信号 X000 断开或发生停电时，通用定时器 T000 复位（触点复位、当前值清零），输出继电器 Y000 断开。当 X000 第二次接通时 T000 又开始重新定时，因还没到达设定值时 X000 就断开了，因此 T000 触点不会动作，Y000 也就不会接通。

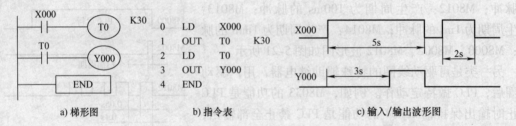

图 5-23　通用定时器的用法

2. 振荡电路

图 5-24 所示为用定时器组成的振荡电路梯形图及输入/输出波形图。当输入 X000 接通时，输出 Y000 以 1s 周期闪烁变化（如果 Y000 接指示灯，则灯光灭 0.5s 亮 0.5s，交替进行），如图 5-24b 所示。改变 T0、T1 的设定值，可以调整 Y000 的输出脉冲宽度。

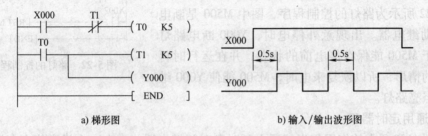

图 5-24　通用定时器组成的振荡电路梯形图及输入/输出波形图

3. 定时器的自复位电路

图 5-25 所示为通用定时器自复位电路，要分析前后 3 个扫描周期才能真正理解它的自复位工作过程。定时器的自复位电路用于循环定时。其工作过程分析如下：X000 接通 1s 时，T0 常开触点动作使 Y000 接通，常闭触点在第二个扫描周期中使 T0 线圈断开，Y000 跟着断开；第三个扫描周期 T0 线圈重新开始定时，重复前面的过程。

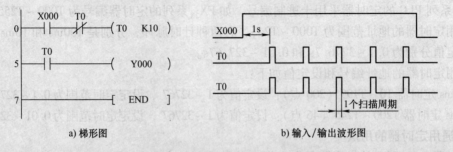

图 5-25　通用定时器自复位电路

【例 5-3】　设计三台电动机顺序起动的 PLC 控制电路。控制要求：当按下起动按钮 SB1 时，第一台电动机起动，同时开始计时，10s 后第二台电动机起动，再过 10s 第三台电动机起动。按下停止按钮 SB，三台电动机都停止。

根据例 5-3 的要求设计的控制电路如图 5-26 所示。

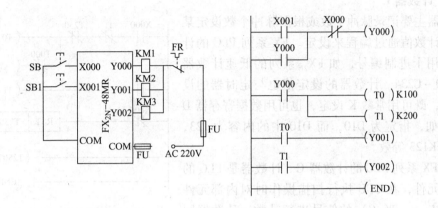

图 5-26 三台电动机顺序起动的 PLC 控制电路

5.2.2.6 积算定时器（T246 ~ T255）

积算定时器也叫保持型定时器，如图 5-27 所示，积算定时器与通用定时器的区别在于：线圈的驱动信号 X000 断开或停电时，积算定时器不复位，当前值保持，当驱动信号 X000 再次被接通或恢复来电时，积算定时器累计计时。当前值达到设定值时，输出触点动作。需要注意的是，必须要用复位信号才能对积算定时器复位。当复位信号 X001 接通时，积算定时器处于复位状态，输出触点复位，当前的值清零。

积算定时器也有两种计时脉冲，分别是 1ms 和 100ms，对应的设定范围分别为 0.001 ~ 32.767s 和 0.1 ~ 3276.7s，设定值均为 1 ~ 32767。

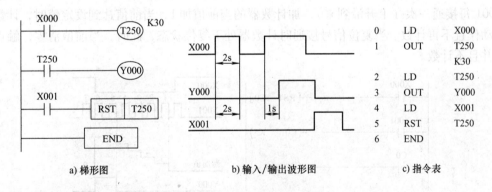

a) 梯形图　　　　　b) 输入/输出波形图　　　　　c) 指令表

图 5-27 积算定时器基本用法

积算定时器的地址编号和设定定时范围如下：

1ms 积算定时器 T246 ~ T249（4 点）：设定值为 0.001 ~ 32.767s。

100ms 积算定时器 T250 ~ T255（6 点）：设定值为 0.1 ~ 3276.7s。

积算定时器应用：设计 – PLC 控制电路，合上开关（X000），红灯（Y000）亮 1s 灭 1s，累计点亮 30min 自行关闭系统。

图 5-28 所示为其梯形图程序。该程序中红灯（Y000）间歇点亮，其点亮的累计时间由积算定时器（T250）计时，当开关（X000）断开时积算定时器复位。

5.2.2.7　计数器 C

　　计数器主要记录脉冲个数或根据脉冲个数设定某一时间，计数值通过编程来设定。FX 系列 PLC 的计数器也采用十进制编号，如 FX_{2N} 系列的低速计数器编号为 C0 ~ C234。计数器的设定值也与定时器的设定值一样，既可用常数 K 设定，也可用数据寄存器 D 设定。例如，指定为 D10，而 D10 中的内容为 123，则与设定 K123 等效。

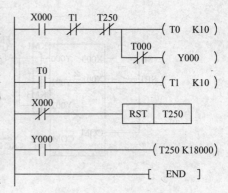

图 5-28　积算定时器应用实例

　　（1）FX 系列 PLC 的计数器 C　计数器是 PLC 的重要内部元件，在 CPU 执行扫描操作时对内部元件（X、Y、M、S、T、C）的信号进行计数。计数器同定时器一样，也有一个设定值寄存器（字）、一个当前值寄存器（字）、一个线圈及无数个常开/常闭触点（位）。当计数次数达到其设定值时，计数器触点动作，用于控制系统完成相应功能。

　　（2）16 位低速计数器　通常情况下，PLC 的计数器分为加计数器和减计数器，FX 系列的 16 位计数器都是加计数器。其地址编号如下：

　　1）通用加计数器 C0 ~ C99（100 点）：设定值区间为 K1 ~ K32767。

　　2）停电保持加计数器 C100 ~ C199（100 点）：设定值区间为 K1 ~ K32767。

　　停电保持计数器的特点是在外界停电后能保持当前计数值不变，恢复来电时能累计计数。

　　从图 5-29 中可看出 16 位通用加计数器的计数原理：当复位信号 X000 断开时，计数信号 X001 每接通一次（上升沿到来），加计数器的当前值加 1，当前值达到设定值时，计数器触点动作且不再计数。当复位信号接通时计数器处于复位状态，此时，当前值清零，触点复位，并且不计数。

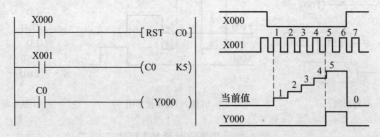

图 5-29　通用型 16 位加计数器计数过程

　　（3）32 位加/减计数器、通用计数器的自复位电路

　　1）32 位加/减计数器。FX 系列的低速计数器除了前面已讲解的 16 位计数器外，还有 32 位通用加/减双向计数器（地址编号为 C200 ~ C219，共 20 点）及 32 位停电保持加/减双向计数器（地址编号为 C220 ~ C234，共 15 点），设定值为 2 147 483 648 ~ 2 147 483 647。

　　加/减计数器的设定值可正可负，计数过程中当前值可加可减，分别用特殊辅助继电器 M8200 ~ M8234 指定计数方向，对应的特殊辅助继电器 M 断开时为加计数，接通时为减计数。如图 5-30 所示，用 X000 通过 M8200 控制双向计数器 C200 的计数方向。当 X000 = 1

时，M8200 = 1，计数器 C200 处于减计数状态；当 X000 = 0 时，M8200 = 0，计数器 C200 处于加计数状态。无论是加计数状态还是减计数状态，当前值大于等于设定值时，计数器输出触点动作；当前值小于设定值时，计数器输出触点复位。

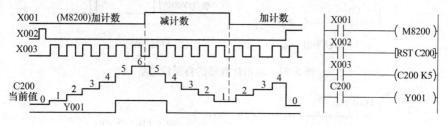

图 5-30　32 位加/减计数器计数原理图

　　需要注意的是，只要双向计数器不处于复位状态，无论当前值是否达到设定值，其当前值始终随计数信号的变化而变化，如图 5-30 所示。

　　与通用计数器一样，当复位信号到来时，双向计数器就处于复位状态。此时，当前值清 0，触点复位，并且不计数。

　　【例 5-4】　进/出库物品的统计监控程序设计：仓库的货物每天既有进库的，也有出库的，为了实现对进出仓库的货物都能计数统计，可以利用 32 位加/减计数器设计监控程序，如图 5-31 所示。当货物需要出库时将 X002 合上，接通 M8200 和 M8201，使 C200、C201 处于减计数方式。货物进库时将 X002 断开，使 C200、C201 处于加计数方式。无论处于何种方式，其当前值始终随计数信号的变化而变化，准确反映了库存货物的数量。

　　2）通用计数器的自复位电路——主要用于循环计数。如图 5-32 所示，C0 对计数脉冲 X004 进行计数，计到第 3 次的时候，C0 的常开触点动作使 Y000 接通。而在 CPU 的第二轮扫描中，由于 C0 的另一常开触点也动作使其线圈复位，后面的常开触点也跟着复位，因此在第二个扫描周期中 Y000 又断开。在第三个扫描周期中，由于 C0 常开触点复位解除了线圈的复位状态，因此使 C0 又处于计数状态，重新开始下一轮计数。

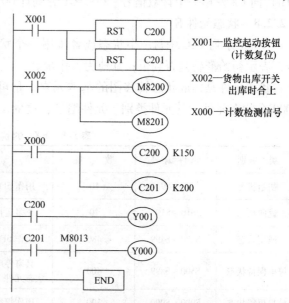

图 5-31　进/出库物品的统计监控程序

　　与定时器自复位电路一样，计数器的自复位电路也要分析前后 3 个扫描周期，才能真正理解它的自复位工作过程。计数器的自复位电路主要用于循环计数。定时器、计数器的自复位电路在实际中应用非常广泛，要深刻理解才能熟练应用。

　　时钟电路程序设计：图 5-33 所示为时钟电路程序。采用特殊辅助继电器 M8013 作为秒脉冲并送入 C0 进行计数。C0 每计 60 次（1min）向 C1 发出一个计数信号，C1 每计 60 次

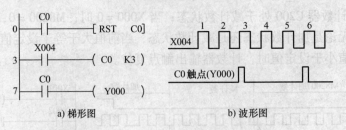

a）梯形图   b）波形图

图 5-32 通用计数器的自复位电路

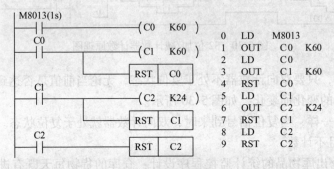

图 5-33 时钟电路程序

（1h）向 C2 发出一个计数信号。C0、C1 分别计 60 次（00～59），C2 计 24 次（00～23）。

5.2.2.8 状态元件 S

在 FX 系列 PLC 中每一个状态或者步用一个状态元件表示。S0 为初始步，也称为准备步，表示初始准备是否到位；其他为工作步。

状态元件是构成状态转移图的基本元素，是可编程序控制器的软元件之一。FX$_{2N}$ 共有 1000 个状态元件，其元件类别、元件编号、数量、用途及特点见表 5-5。

表 5-5 FX$_{2N}$ 的状态元件

类别	元件编号	数量	用途及特点
初始状态	S0～S9	10	用作 SFC 图（顺序功能图）的初始状态
返回状态	S10～S19	10	在多运行模式控制当中，用作返回原点的状态
通用状态	S200～S499	480	用作 SFC 图的中间状态，表示工作状态
停电保持状态	S500～S899	400	具有停电保持功能，停电恢复后需继续执行的场合可用这些状态元件
信号报警状态	S900～S999	100	用作报警元件

注：1. 状态的编号必须在指定范围内选择。
　　2. 各状态元件的触点在 PLC 内部可自由使用，次数不限。
　　3. 在不用步进顺控指令时，状态元件可作为辅助继电器在程序中使用。
　　4. 通过参数设置，可改变一般状态元件和停电保持状态元件的地址分配。

5.2.2.9 数据寄存器 D

用来存储 PLC 仅需输入/输出处理、模拟量控制、位置量控制时的数据和参数。数据寄存器为 16 位，最高位为符号位。可采用两个寄存器合并起来存放 32 位数据，最高位为符号位。

（1）通用数据寄存器：D000～D199　通用数据寄存器在 PLC 由 RUN 到 STOP 时，其数据全部清零。

如果将特殊继电器 M8033 置 1，则 PLC 由 RUN 到 STOP 时，数据可以保持。

（2）停电保持数据寄存器：D200～D511　停电保持数据寄存器只要不被改写，原有数据就不会丢失，不论电源接通与否，PLC 运行与否，都不会改变寄存器的内容。

5.2.3　可编程序控制器 FX 系列 PLC 基本指令

要用指令表语言编写 PLC 控制程序，就必须熟悉 PLC 的基本逻辑指令。

5.2.3.1　LD/LDI 取/取反指令

功能：取单个常开/常闭触点与母线（左母线、分支母线等）相连接，操作元件有（X、Y、M、T、C、S）。

5.2.3.2　OUT 驱动线圈（输出）指令

功能：驱动线圈，操作元件有（Y、M、T、C、S）。

LD/LDI 指令及 OUT 指令的用法如图 5-34 所示。

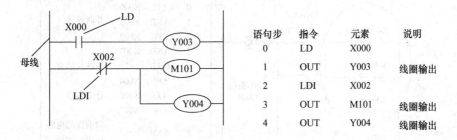

图 5-34　LD/LDI 及 OUT 指令的用法

5.2.3.3　AND/ANI 与/与反指令

功能：串联单个常开/常闭触点。

5.2.3.4　OR/ORI 或/或反指令

功能：并联单个常开/常闭触点。

AND/ANI 和 OR/ORI 指令的基本用法如图 5-35 和图 5-36 所示。

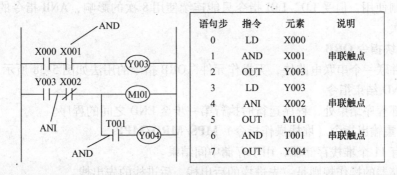

图 5-35　AND/ANI 指令的基本用法

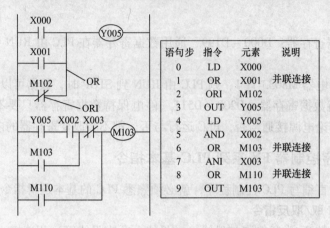

图 5-36   OR/ORI 指令的基本用法

语句步	指令	元素	说明
0	LD	X000	
1	OR	X001	并联连接
2	ORI	M102	
3	OUT	Y005	
4	LD	Y005	
5	AND	X002	
6	OR	M103	并联连接
7	ANI	X003	
8	OR	M110	并联连接
9	OUT	M103	

5.2.3.5   与块指令 ANB（And Block）

功能：串联一个并联电路块，ANB 指令的用法如图 5-37 所示。

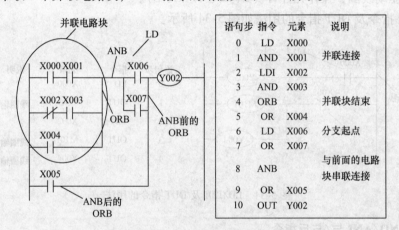

语句步	指令	元素	说明
0	LD	X000	
1	AND	X001	并联连接
2	LDI	X002	
3	AND	X003	
4	ORB		并联块结束
5	OR	X004	
6	LD	X006	分支起点
7	OR	X007	
8	ANB		与前面的电路块串联连接
9	OR	X005	
10	OUT	Y002	

图 5-37   ANB 指令的用法

ANB 指令是不带操作元件编号的指令，两个或两个以上触点并联连接的电路称为并联电路块。当分支电路并联电路块与前面的电路串联连接时，使用 ANB 指令。即分支起点用 LD、LDI 指令，并联电路块结束后使用 ANB 指令，表示与前面的电路串联。ANB 指令原则上可以无限制使用，但受 LD、LDI 指令只能连续使用 8 次的影响，ANB 指令的使用次数也被限制在 8 次。

5.2.3.6   或块指令 ORB

功能：并联一个串联电路块，无操作元件，ORB 指令的用法如图 5-38 所示。

5.2.3.7   END 结束指令

放在全部程序结束处，程序运行时执行第一步至 END 之间的程序。

5.2.3.8   多重输出指令（堆栈操作指令）MPS/MRD/MPP

PLC 中有 11 个堆栈存储器，用于存储中间结果。

堆栈存储器的操作规则是：先进栈的后出栈，后进栈的先出栈。

MPS——进栈指令，数据压入堆栈的最上面一层，栈内原有数据依次下移一层。

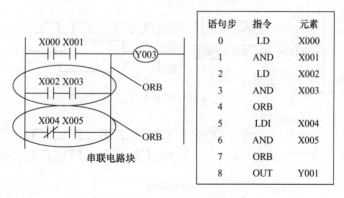

图 5-38　ORB 指令的用法

MRD——读栈指令，用于读出最上层的数据，栈中各层内容不发生变化。

MPP——出栈指令，弹出最上层的数据，其他各层的内容依次上移一层。

MPS、MRD、MPP 指令不带操作元件。MPS 与 MPP 的使用不能超过 11 次，并且要成对出现，多重输出指令的用法如图 5-39 所示。

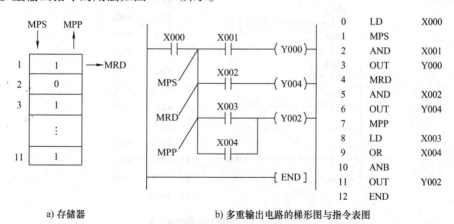

图 5-39　多重输出指令的用法

5.2.3.9　置位 SET/复位 RST 指令

功能：SET 使操作元件置位（接通并自保持），RST 使操作元件复位。当 SET 和 RST 信号同时接通时，写在后面的指令有效，如图 5-40 所示。

SET/RST 与 OUT 指令的用法比较如图 5-41 所示。

5.2.3.10　主控触点指令/主控返回指令 MC/MCR

功能：用于公共触点的连接。当驱动 MC 的信号接通时，执行 MC 与 MCR 之间的指令；当驱动 MC 的信号断开时，OUT

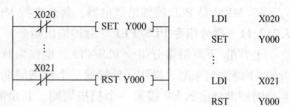

图 5-40　置位/复位指令的用法

指令驱动的元件断开，SET/RST 指令驱动的元件保持当前状态。MC/MCR 指令的使用如图 5-42 所示。

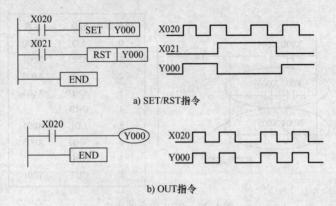

a) SET/RST 指令

b) OUT指令

图 5-41　SET/RST 与 OUT 指令的用法比较

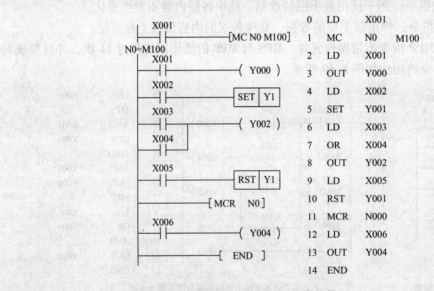

图 5-42　MC/MCR 指令的使用

其他要求：

1）主控 MC 触点与母线垂直，紧接在 MC 触点之后的触点用 LD/LDI 指令。

2）主控 MC 与主控复位 MCR 必须成对使用。

3）N 表示主控的层数。主控嵌套最多可以为 8 层，用 N0～N7 表示。

4）M100 是 PLC 的辅助继电器，每个主控 MC 指令对应用一个辅助继电器表示。

5.2.3.11　微分指令 PLS/PLF（脉冲输出指令）

上升沿/下降沿微分指令 PLS/PLF，也称为脉冲输出指令。其功能是：当驱动信号的上升沿/下降沿到来时，操作元件接通一个扫描周期。如图 5-43 所示，当输入 X000 的上升沿到来时辅助继电器 M0 接通一个扫描周期，其余时间无论 X000 是接通还是断开，M0 都断开。同样，当输入 X001 的下降沿到来时，辅助继电器 M1 接通一个扫描周期，然后断开。

【例 5-5】　微分指令应用 1

设计用单按钮控制台灯两档发光亮度的控制程序。

要求：按钮（X020）第一次合上，Y000 接通；X020 第二次合上，Y000 和 Y001 都接通；X020 第三次合上，Y000、Y001 都断开。

梯形图控制程序如图 5-44a 所示，波形图如图 5-44b 所示，指令表如图 5-44c 所示。当 X020 第一次合上时，M0 接通一个扫描周期。由于此时 Y000 还是初始状态没有接通，因此 CPU 从上往下扫描程序时 M1 和 Y001 都不能接通，只有 Y000 接通，台灯低亮度发光。在第二个扫描周期里，

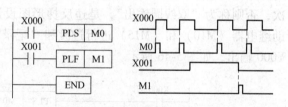

图 5-43　脉冲输出指令的用法

虽然 Y000 的常开触点闭合，但 M0 却又断开了，因此 M1 和 Y001 仍不能接通。直到 X020 第二次合上时，M0 又接通一个扫描周期。此时 Y000 已经接通，故其常开触点闭合使 Y001 接通，台灯高亮度发光。X020 第三次合上时，M0 接通，因 Y001 常开触点闭合使 M1 接通，切断 Y000 和 Y001，台灯熄灭。

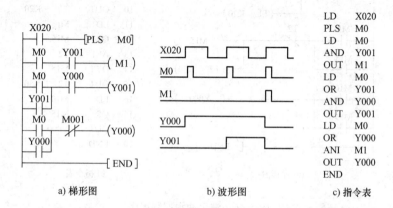

a) 梯形图　　　　　　b) 波形图　　　　　　c) 指令表

图 5-44　单按钮控制两档发光亮度台灯的控制程序

【例 5-6】　微分指令应用 2

某宾馆洗手间的控制要求为：当有人进去时，光电开关使 X000 接通，3s 后 Y000 接通；使控制水阀打开，开始冲水，时间为 2s；使用者离开后，再一次冲水，时间为 3s。

根据本任务的控制要求，可以画出输入 X000 与输出 Y000 的波形图关系，如图 5-45 所示。

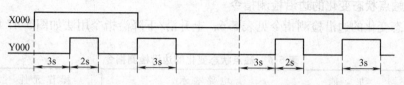

图 5-45　洗手间冲水控制的输入/输出波形图

从波形图上可以看出，有人进去一次（X000 接通一次）则输出 Y000 要接通 2 次。X000 接通后延时 3s 后将 Y000 第一次接通，这用定时器就可以实现。然后是当人离开（X000 的下降沿到来）时 Y000 第二次接通，且前后两次接通的时间长短不一样，分别是 2s 和 3s。这需要用到 PLC 的边沿指令或微分指令 PLS/PLF。

设计洗手间的冲水清洗程序时，可以分别采用 PLS 和 PLF 指令作为 Y000 第一次接通前

的开始定时信号和第二次接通的启动信号。同一编号的继电器线圈不能在梯形图中出现两次，否则称为"双线圈输出"，是违反梯形图设计规则的，所以 Y000 前后两次接通要用辅助继电器（M10）和（M15）进行过渡和"记录"，再将 M10 和 M15 的常开触点并联后驱动 Y000 输出，如图 5-46 所示。

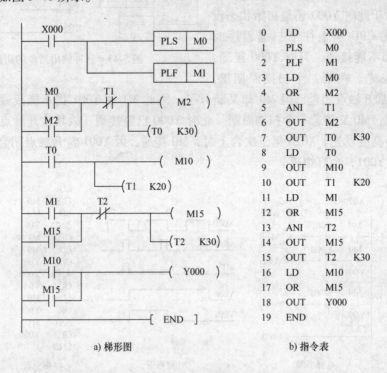

a) 梯形图　　　　　　　　　　　　b) 指令表

图 5-46　洗手冲水控制程序

M0 和 M1 都是微分短信号，要使定时器正确定时，就必须设计成启保停电路。而 PLC 的定时器只有在设定时间到的时候其触点才会动作，换句话说，PLC 的定时器只有延时触点而没有瞬时触点。因此用 M0 驱动辅助继电器 M2 接通并自保，给 T0 定时 30s 提供长信号保证，再通过 M10 将输出 Y000 接通。同样，M15 也是供 T2 完成 30s 定时的辅助继电器，而且通过 M15 将 Y000 第二次接通。

5.2.3.12　触点状态变化的边沿检测指令

触点状态变化的边沿检测指令见表 5-6，上升沿/下降沿指令用法如图 5-47 所示。

表 5-6　触点状态变化的边沿检测指令

符号、名称	功　能	电　路　表　示	操作元件	程　序　步
LDP 取上升沿脉冲	取上升沿脉冲与母线连接	X,Y,M,S,T,C ——|↑|——（Y,M,S）	X, Y, M, S, T, C	2
LDF 取下降沿脉冲	取下降沿脉冲与母线连接	X,Y,M,S,T,C ——|↓|——（Y,M,S）	X, Y, M, S, T, C	2

（续）

符号、名称	功　能	电路表示	操作元件	程序步
ANDP 与上升沿脉冲	串联连接上升沿脉冲	X,Y,M,S,T,C ⊣⊢ ⇑ (Y,M,S)	X, Y, M, S, T, C	2
ANDF 与下降沿脉冲	串联连接下降沿脉冲	X,Y,M,S,T,C ⊣⊢ ⇓ (Y,M,S)	X, Y, M, S, T, C	2
ORP 或上升沿脉冲	并联连接上升沿脉冲	⊣⊢ (Y,M,S) / X,Y,M,S,T,C ⇑	X, Y, M, S, T, C	2
ORF 或下降沿脉冲	并联连接下降沿脉冲	⊣⊢ (Y,M,S) / X,Y,M,S,T,C ⇓	X, Y, M, S, T, C	2

说明：

1）这是一组与 LD、AND、OR 指令相对应的脉冲式触点指令。

2）对 LDP、ANDP 及 ORP 指令检测触点状态变化的上升沿，当上升沿到来时，使其操作对象接通一个扫描周期。LDF、ANDF 及 ORF 指令检测触点变化的下降沿，当下降沿到来时，使其操作对象接通一个扫描周期。

3）这组指令只是在某些场合为编程提供方便，当以辅助继电器 M 为操作元件时，M 序号会影响程序的执行情况（注：M0 ~ M2799 和 M2800 ~ M3071 两组动作有差异）。

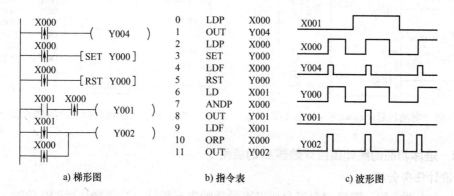

a) 梯形图　　　　　　　b) 指令表　　　　　　c) 波形图

图 5-47　上升沿/下降沿指令的用法

5.2.4　PLC 的基本指令应用举例

5.2.4.1　定时器运用

1. 接触器控制原理图分析

图 5-48 所示为三相电动机延时起动的继电器—接触器控制原理图。按下起动按钮 SB1，延时继电器 KT 得电并自保，延时一段时间后接触器 KM 线圈得电，电动机起动运行。按下停止按钮 SB2，电动机停止运行。延时继电器 KT 使电动机完成延时起动的任务。

2. PLC 设计分析

（1）分配 I/O 地址，画出 I/O 接线图　根据本控制任务，要实现电动机延时起动，只需选择发送控制信号的起动、停止按钮和传送热过载信号的 FR 常闭触点作为 PLC 的输入设备；选择接触器 KM 作为 PLC 的输出设备，控制电动机的主电路即可。时间控制功能由 PLC 的内部元件（T）完成，不需要在外部考虑。根据选定的 I/O 设备分配 PLC 地址如下：

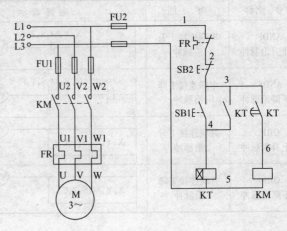

X020——SB1 起动按钮；

X021——SB2 停止按钮；

Y020——接触器 KM。

根据上述分配的地址，绘制的 I/O 接线图，如图 5-49 所示。

图 5-48　三相电动机延时起动的继电器—接触器控制原理图

（2）设计 PLC 程序　根据继电器—接触器电气原理图，可得出 PLC 的软件程序，如图 5-50 所示。程序采用 X020 提供起动信号，辅助继电器 M000 自保以后供 T000 定时用。这样就将外部设备的短信号变成了程序所需的长信号。

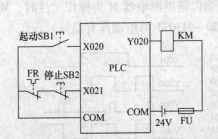

图 5-49　电动机延时起动的 I/O 接线图

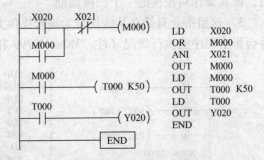

```
LD    X020
OR    M000
ANI   X021
OUT   M000
LD    M000
OUT   T000 K50
LD    T000
OUT   Y020
END
```

图 5-50　电动机延时起动的 PLC 程序

5.2.4.2　进库物品的统计监控计数器 C 的应用

1. 设计任务分析

有一个小型仓库，需要对每天存放进来的货物进行统计。当货物达到 150 件时，仓库监控室的绿灯亮；当货物数量达到 200 件时，仓库监控室的红灯以 1s 的频率闪烁报警。

本控制任务的关键是要对进库物品进行统计计数。解决的思路是在进库口设置传感器检测是否有物品进库，然后对传感器检测信号进行计数。这需要用到 PLC 的另一编程元件——计数器。

2. PLC 设计分析

（1）分配地址，绘制 I/O 接线图　根据控制任务要求，需要在进库口设置传感器，检测是否有进库物品到来，这是输入信号。传感器检测到信号以后送给计数器进行统计计数，计数器是 PLC 的内部元件，不需要选择相应的外部设备。但计数器需要有复位信号，从本控制任务来看，需要单独配置一个按钮供计数器复位，同时也作为整个监控系统的起动按钮。本控制任务的输出设备，就是两个监控指示灯（红灯和绿灯），分配地址如下：

X000——进库物品检测传感器；

X001——监控系统起动按钮（计数复位按钮）SB；

Y000——监控室红灯 L0；

Y001——监控室绿灯 L1。

图 5-51 所示为仓库监控系统的 I/O 接线图。

（2）设计 PLC 程序　图 5-52 所示为监控系统的梯形图控制程序。当有一件物品进库时，传感器就通过 X000 输入一个信号，计数器 C0、C1 分别计数一次，C0 计满 150 件时其触点动作，使绿灯（Y001）点亮；C1 计满 200 件时其触点动作，与 M8013（1s 时钟脉冲）串联后实现 Y000 红灯以 1s 的频率闪烁报警。

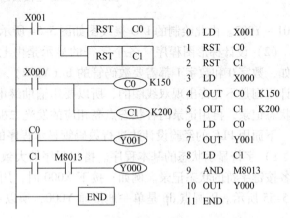

```
0   LD    X001
1   RST   C0
2   RST   C1
3   LD    X000
4   OUT   C0    K150
5   OUT   C1    K200
6   LD    C0
7   OUT   Y001
8   LD    C1
9   AND   M8013
10  OUT   Y000
11  END
```

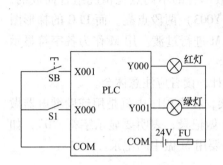

图 5-51　仓库监控系统 I/O 接线图　　　　图 5-52　监控系统的梯形图控制程序

（3）程序调试　按照 I/O 接线图接好电源线、通信线及 I/O 信号线，输入程序进行调试，直至满足要求。

5.2.4.3　LED 数码管显示设计应用

1. 设计任务及要求

LED 数码管由七段条形发光二极管和一个小圆点二极管组成，根据各段管的亮暗可以显示 0 ~ 9 的 10 个数字和许多字符。设计用 PLC 控制的数码管显示程序，要求：分别按下 X000、X001 和 X002 时，数码管相应显示数字 0、1 和 2；按下 X0003 时，数码管显示小圆点。每个字符显示 1s 后自动熄灭。

LED 七段数码管的结构如图 5-53 所示，有共阴极和共阳极两种接法，本书采用共阴极接法。在共阴极接法中，COM 端一般接低电位，这样只需控制阳极端的电平高低就可以控制数码管显示不同的字符。例如，当 b 端和 c 端输入为高电平、其他各端输入为低电平时，数码管显示为"1"；当 a、b、c、d、e、f 端输入全为高电平时，数码管显示为"0"。

2. PLC 设计分析

（1）拟订方案，分配地址，绘制 I/O 接线图　根据本任务的控制要求，输入地址已经确定。按下 X000 要求数码管显示字符"0"，即 X000 应为"0"按键；同理，X001 为"1"按键；X002 为"2"按键；X003 为"圆点"按键。本任务的输出设备就是一个数码管，但因为它是由七段长形管 a、b、c、d、e、f、g 和一个圆点管组成的，所以需要占用 8 个输出地址。本控制任务的输出地址分配是：数码管圆点 dp 对应 Y000；数码管 a ~ g 段对应

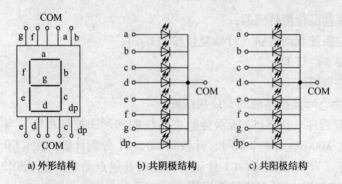

a) 外形结构　　　b) 共阴极结构　　　c) 共阳极结构

图 5-53　LED 七段数码管的结构

Y001 ~ Y007。由此绘制的 I/O 接线图如图 5-54 所示。

（2）设计梯形图程序　各个字符的显示是由七段数码管的不同点亮情况组合而成的，例如，数字 0 和数字 1 都需要数码管的 b（Y002）、c（Y003）两段点亮。而 PLC 的梯形图设计规则是不允许出现双线圈的，所以要用辅助继电器 M 进行过渡。用 M 作为各字符显示的状态记录，再用记录的各状态点亮相应的发光二极管。

下面用 PLC 的经验设计法进行数码管显示程序的设计，读者应注意体会。

1）字符显示状态的基本程序。搭建程序的大致框架，在本程序中就是用辅助继电器做好各按键字符的状态记录。例如，按下 X000 时，用 M0 做记录，表明要显示字符"0"，如图 5-55 所示。因圆点 dp 是单一地接通 Y000，所以不需要用 M 做中间记录。

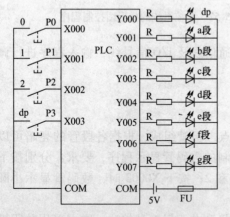

图 5-54　数码管显示的 I/O 接线图

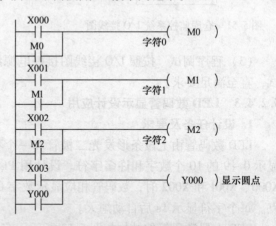

图 5-55　字符显示状态的基本程序

2）字符的数码管显示程序。将上一步记录的各状态用相应的输出设备进行输出。例如，M0 状态是要输出字符"0"，那就要点亮 a、b、c、d、e、f 段，也就是要将 Y001 ~ Y006 接通；M1 状态是要输出字符"1"，那么要点亮 b、c 段，也就是要将 Y002、Y003 接通。据此设计的梯形图程序如图 5-56 所示。

3）数码管显示 1s 的定时程序。各个字符都显示 1s，所以就用 M0 ~ M2 各状态及 Y000 的常开触点将定时器 T0 接通定时 1s，如图 5-57 所示。

4）数码管显示的最终梯形图程序。将前面各步的程序段组合在一起，并进行总体功能检查（有无遗漏或者相互冲突的地方，若有就要进行添加或者衔接过渡），最后完善成总体

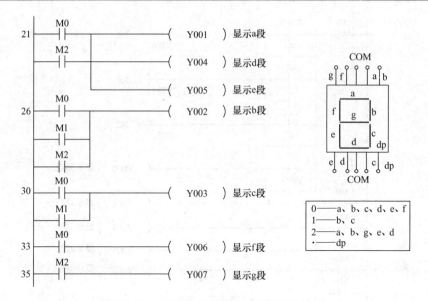

图 5-56　字符的数码管显示的梯形图程序

程序，如图 5-58 所示。本程序中 T0 常闭触点切断 M 各状态和 Y000，就是最后检查出来的属于遗漏的地方。

（3）编写指令表程序及进行程序调试　按照 I/O 接线图，接好电源线、通信线及 I/O 信号线，输入梯形图程序或编写指令表程序并调试运行，直至满足控制要求。现场调试时要注意数码管的接线应正确。

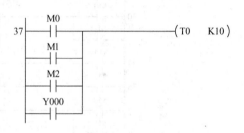

图 5-57　数码管显示 1s 的定时程序

5. 2. 4. 4　梯形图程序设计规则与梯形图优化、经验设计法

（1）梯形图程序设计规则与梯形图优化

1）输入/输出继电器、内部辅助继电器、定时器、计数器等器件的触点可以多次重复使用，无须复杂的程序结构来减少触点的使用次数。

2）梯形图每一行都是从左母线开始的，经过许多触点的串、并联，最后用线圈终止于右母线。触点不能放在线圈的右边，任何线圈都不能直接与左母线相连，如图 5-59 所示。

3）在程序中，除步进程序外，不允许同一编号的线圈多次输出（不允许双线圈输出），如图 5-60 所示。

4）不允许出现桥式电路。当出现图 5-61a 所示的桥式电路时，必须转换成图 5-61b 的形式才能进行程序调试。

5）为了减少程序的执行步数，梯形图中并联触点多的应放在左边，串联触点多的应放在上边。如图 5-62 所示，优化后的梯形图比优化前少一步。

6）尽量使用连续输出，避免使用多重输出的堆栈指令，如图 5-63 所示，连续输出的梯形图比多重输出的梯形图在转化成指令程序时要简单得多。

（2）PLC 经验设计法　所谓的经验设计法，就是在传统的继电器—接触器控制图和 PLC 典型控制电路的基础上，依据积累的经验进行翻译、设计修改和完善，最终得到优化的控

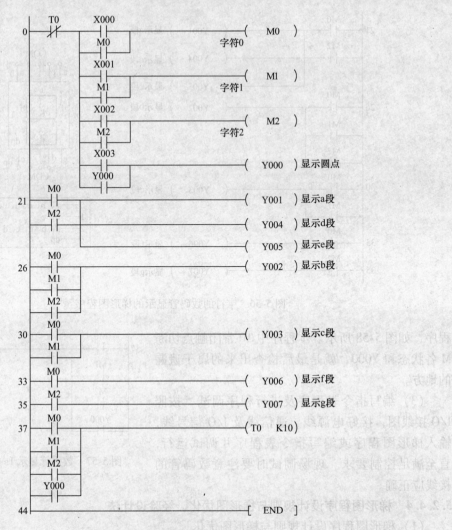

图 5-58　数码管显示的最终程序

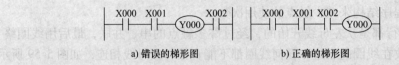

图 5-59　触点不能放在线圈的右边

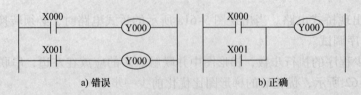

图 5-60　不允许双线圈输出

制程序。需要注意如下事项：

1）在继电器—接触器控制电路中，所有的继电器—接触器都是物理元件，其触点都

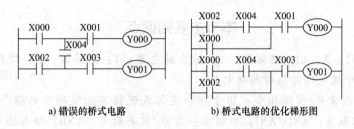

a) 错误的桥式电路　　　　　　　　　b) 桥式电路的优化梯形图

图 5-61　不允许出现桥式电路

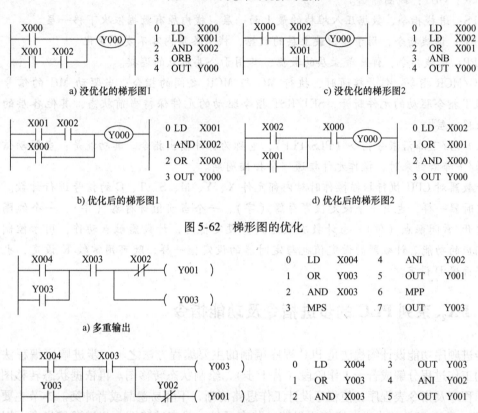

a) 没优化的梯形图1

```
0  LD   X000
1  LD   X001
2  AND  X002
3  ORB
4  OUT  Y000
```

c) 没优化的梯形图2

```
0  LD   X000
1  LD   X002
2  OR   X001
3  ANB
4  OUT  Y000
```

b) 优化后的梯形图1

```
0 LD   X001
1 AND  X002
2 OR   X000
3 OUT  Y000
```

d) 优化后的梯形图2

```
0 LD   X002
1 OR   X001
2 AND  X000
3 OUT  Y000
```

图 5-62　梯形图的优化

```
0  LD   X004     4  ANI  Y002
1  OR   Y003     5  OUT  Y001
2  AND  X003     6  MPP
3  MPS            7  OUT  Y003
```

a) 多重输出

```
0  LD   X004     3  OUT  Y003
1  OR   Y003     4  ANI  Y002
2  AND  X003     5  OUT  Y001
```

b) 连续输出

图 5-63　多重输出与连续输出

是有限的。因而控制电路中要注意触点是否够用，要尽量合并触点。但在 PLC 控制中，所有的编程软元件都是虚拟器件，都有无数的内部触点供编程使用，不需要考虑怎样节省触点。

2）在继电器—接触器控制电路中，要尽量减少元器件的使用数量和通电时间的长度，以降低成本、节省电能和减少故障概率。但在 PLC 控制中，当 PLC 的硬件型号选定以后其价格就定了。编制程序时可以使用 PLC 丰富的内部资源，使程序功能更加强大和完善。

3）在继电器—接触器控制电路中，满足条件的各条支路是并行执行的，因而要考虑复杂的联锁关系和临界竞争。然而在 PLC 控制中，由于 CPU 扫描梯形图的顺序是从上到下（串行）执行的，因此可以简化联锁关系，不考虑临界竞争问题。

本节主要知识点

基本编程元件：X：输入继电器；Y：输出继电器；T：定时器；M：辅助继电器。定时器 T 的作用相当于通电延时型时间继电器。

LD/LDI：装载常开/常闭指令，用于指令运算或逻辑单元块的开始指令；OR/ORI：并联单一常开/常闭触点；AND/ANI：串联单一常开/常闭触点；ANB：块与块串联；ORB：块与块并联；OUT：线圈输出。

MPS：进栈指令，数据压入堆栈的最上面一层，栈内原有数据依次下移一层。

MRD：读栈指令，用于读出最上层的数据，栈中各层内容不发生变化。

MPP：出栈指令，弹出最上层的数据，其用于公共触点的连接。

MC/MCR 指令：信号接通时，执行 MC 与 MCR 之间的指令；当驱动 MC 的信号断开时，OUT 指令驱动的元件断开，SET/RST 指令驱动的元件保持当前状态，其他各层的内容依次上移一层。

上升沿/下降沿微分指令（PLS/PLF），也称为脉冲输出指令。其功能是：当驱动信号的上升沿/下降沿到来时，操作元件接通一个扫描周期。

计数器对 CPU 执行扫描操作时对内部元件 X、Y、M、S、T、C 的信号进行计数。计数器同定时器一样，也有一个设定值寄存器（字）、一个当前值寄存器（字）、一个线圈及无数个常开/常闭触点（位）。当计数次数达到其设定值时，计数器触点动作，用于控制系统完成相应的功能。计数器的设定值也与定时器的设定值一样，既可用常数 K 设定，也可用数据寄存器 D 设定。

5.3　FX$_{2N}$系列 PLC 的步进指令及功能指令

步进顺序功能设计编程法是 PLC 程序编制的主要编程方法之一。步进顺序编程法是将系统的工作过程分解成若干工作阶段（若干步），绘制状态转移图。再依据状态转移图设计梯形图程序及指令表程序，使程序设计工作思路清晰，不容易遗漏或者冲突。本节主要介绍三菱 FX$_{2N}$系列 PLC 的步进顺序编程思路、状态元件、状态转移图、步进顺控指令，以及单分支、选择分支、并行分支三种流程的编程方法。

5.3.1　顺序控制的基本概述及状态转移图

5.3.1.1　PLC 状态元件及单一流向的步进设计法

1. 步进顺序概述

FX$_{2N}$系列 PLC 有两条专用于编制步进顺控程序的指令——步进触点驱动指令 STL 和步进返回指令 RET。

一个控制过程可以分为若干个阶段，这些阶段称为状态或者步。状态与状态之间由转换条件分隔。当相邻两状态之间的转换条件得到满足时就实现状态转换。状态转移只有一种流向的称为单分支流程顺控结构。

2. FX$_{2N}$系列 PLC 的步进顺控指令

步进顺控编程的思路是依据状态转移图，从初始步开始，首先编制各步的动作，再编制转换条件和转换目标，这样逐步地将整个控制程序编制完毕。

（1）STL STL 指令的含义是取步状态元件的常开触点与母线连接，如图 5-64 所示。使用 STL 指令的触点称为步进触点。

图 5-64 STL 指令的用法

STL 指令有主控含义，即 STL 指令后面的触点要用 LD 指令或 LDI 指令。

STL 指令有自动将前级步复位的功能（在状态转换成功的第二个扫描周期时自动将前级步复位），因此使用 STL 指令编程时不考虑前级步的复位设置。

（2）RET 在步进程序的结尾处必须使用 RET 指令，表示步进顺序控制功能（主控功能）结束，如图 5-65 所示。

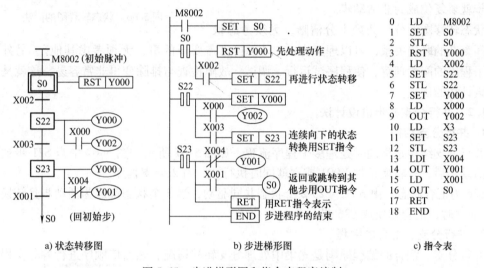

a) 状态转移图　　　　　　　　b) 步进梯形图　　　　　　　　c) 指令表

图 5-65 步进梯形图和指令表程序编制

根据状态转移图，应用步进 STL、RET 指令编制的梯形图程序和指令表程序如图 5-65 所示，需要考虑以下几个方面。

1）先进行驱动动作处理，然后进行状态转移处理，不能颠倒顺序。

2）驱动步进触点用 STL 指令，驱动动作用 OUT 输出指令。若某一动作在连续的几步中都需要被驱动，则用 SET/RST（置位/复位）指令。

3）接在 STL 指令后面的触点用 LD/LDI 指令，连续向下的状态转换用 SET 指令，否则用 OUT 指令。

4）CPU 只执行活动步对应的电路块，因此，步进梯形图允许双线圈输出。

5）相邻两步的动作若不能同时被驱动，则需要安排相互制约的联锁环节。

6）步进顺控的结尾必须使用 RET 指令。

3. 状态转移图（SFC）的绘制规则

状态转移图也称为功能表图，用于描述控制系统的控制过程，具有简单、直观的特点，是设计 PLC 顺控程序的一种有力工具。状态转移图中的状态有驱动动作、指定转移目标和指定转移条件三个要素。其中，转移目标和转移条件是必不可少的，驱动动作则视具体情况而定，也可能没有实际的动作。如图 5-66 所示，初始步 S0 没有驱动动作，S20 为其转移目标，X000、X001 为串联的转移条件；在 S20 步，Y001 为其驱动动作，S21 为其转移目标，

X002 为转移条件。

　　步与步之间的有向线段表明了流程方向，其中向下和向右方向的箭头可以省略。图 5-66 中流程方向始终向下，因而省略了方向箭头。

4. 状态转换的实现

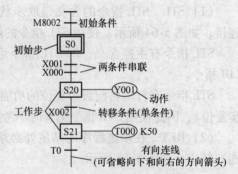

图 5-66　状态转移图的画法

　　步与步之间的状态转换需要满足两个条件：一是前级步必须是活动步；二是对应的转换条件要成立。满足上述两个条件就可以实现步与步之间的转换。值得注意的是，一旦后续步转换成为活动步，前级步就要复位成为非活动步。

　　状态转移图的分析条理十分清晰，无须考虑状态之间繁杂的联锁关系，可以理解为："只干自己需要干的事，无须考虑其他"。另外，也方便了程序的阅读理解，使程序试运行、调试、故障检查与排除变得非常容易，这就是步进顺控设计法的优点。

5.3.1.2　并行分支的步进设计法

1. 并行分支结构

　　并行分支结构是指同时处理多个程序流程，如图 5-67 所示。图 5-67 中当 S21 步被激活成为活动步后，若转换条件 X001 成立就同时执行左、右 2 分支程序。

　　S26 为汇合状态，由 S23、S25 2 个状态共同驱动，当 2 个状态都成为活动步且转换条件 X004 成立时，汇合转换成 S26 步。

2. 并行分支、汇合的编程

　　并行分支、汇合的编程原则是先集中处理分支转移情况，然后依顺序进行各分支程序处理，最后集中处理汇合状态，如图 5-68 所示。根据步进梯形图可以写出指令表程序。

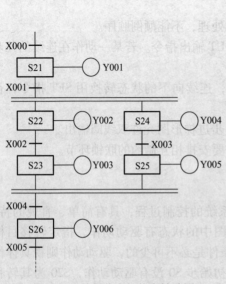

图 5-67　并行分支的状态转移图

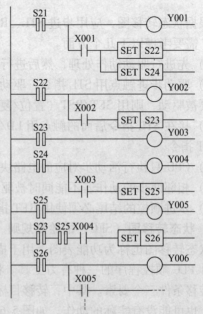

图 5-68　并行分支的步进梯形图程序

3. 并行分支结构编程的注意事项

1）并行分支结构最多能实现 8 个分支汇合。

2）在并行分支、汇合处不允许有图 5-69a 的转移条件，而必须将其转化为图 5-69b 的结构后再进行编程。

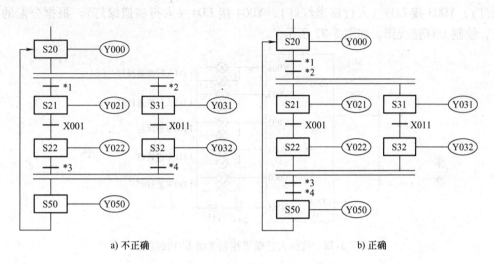

a) 不正确   b) 正确

图 5-69 并行分支、汇合处的编程

4. 并行分支结构编程应用举例

【例 5-7】 按钮人行横道交通灯控制。

（1）举例分析 在只需要纵向行驶的交通系统中，也需要考虑人行横道的控制。这种情况下人行横道控制系统通常用按钮进行启动，交通情况如图 5-70 所示。由图可知，东西方向是车道，南北方向是人行横道。正常情况下，车道上有车辆行驶，如果有行人要通过交通路口，先要按动按钮，等到绿灯亮时方可通过，此时东西方向车道上红灯亮。延时一段时间后，人行横道的红灯亮，车道上的绿灯亮，各段时序如图 5-71 所示。车道和人行横道同时要进行控制，该结构称为并行分支结构。

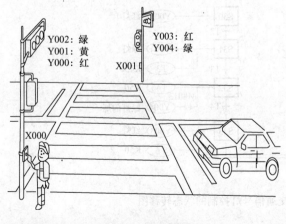

图 5-70 交通情况

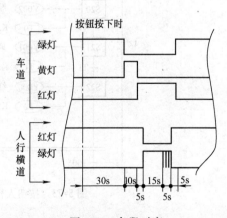

图 5-71 各段时序

（2）PLC 设计分析

1）选择 I/O 设备，分配 I/O 地址，画出 I/O 接线图。要求 I/O 设备比较简单。输入设备是两个按钮，X000 接 SB1（人行横道南按钮），X001 接 SB2（人行横道北按钮）；输出设备是彩色信号灯，Y000 接 LD0（车道红灯），Y001 接 LD1（车道黄灯），Y002 接 LD2（车道绿灯），Y003 接 LD3（人行横道红灯），Y004 接 LD4（人行横道绿灯）。根据分配的 I/O 地址，绘制 I/O 接线图，如图 5-72 所示。

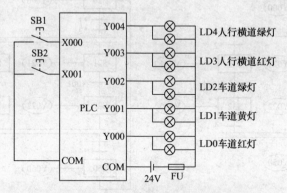

图 5-72　按钮人行横道控制系统 I/O 接线图

2）设计按钮人行横道控制系统的状态转移图。根据控制要求，绘制的状态转移图如图 5-73 所示。初始状态是车道绿灯、人行横道红灯。按下人行横道按钮（X000 或 X001）后系统进入并行运行状态，车道绿灯、人行横道红灯，并且开始延时。30s 后车道变为黄灯，再经 10s 变为红灯。5s 后人行横道变为绿灯，15s 后人行横道绿灯开始闪烁，5s 后人行横道变为红灯，再过 5s 返回初始状态。

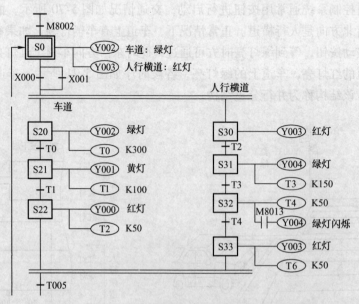

图 5-73　按钮人行横道交通信号灯控制的状态转移图

3）设计按钮人行横道控制系统的 PLC 程序。根据上述状态转移图，编制的步进梯形图程序和指令表程序分别如图 5-74 和图 5-75 所示。程序中"人行横道绿灯闪烁 5s"用 T4 定时器串联特殊辅助继电器 M8013 完成。也可以采用定时器闪烁电路完成亮、灭灯控制和计数器计数组合，共同完成绿灯的闪烁任务。如图 5-76 所示，绿灯每次亮 0.5s、灭 0.5s，计数器计数一次，记录 5 次时其触点动作，状态转移，人行横道变为红灯。

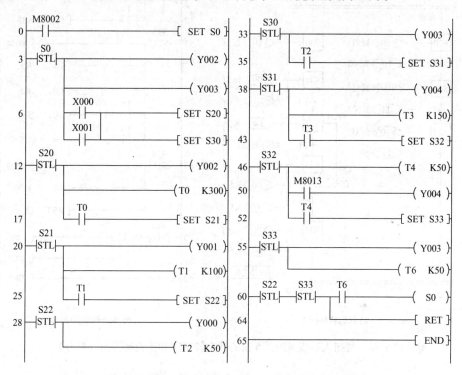

图 5-74　按钮人行横道交通信号灯控制的步进梯形图

0	LD	M8002	21	OUT	Y001	
1	SET	S0	22	OUT	T1	K100
3	STL	S0	25	LD	T1	
4	OUT	Y002	26	SET	S22	
5	OUT	Y003	28	STL	S22	
6	LD	X000	29	OUT	Y000	
7	OR	X001	30	OUT	T2	K50
8	SET	S20	33	STL	S30	
10	SET	S30	34	OUT	Y003	
12	STL	S20	35	LD	T2	
13	OUT	Y002	36	SET	S31	
14	OUT	T0	K300	38	STL	S31
17	LD	T0	39	OUT	Y004	
18	SET	S21	40	OUT	T3	K150
20	STL	S21	43	LD	T3	
			44	SET	S32	

46	STL	S32	
47	OUT	T4	K50
50	LD	M8013	
51	OUT	Y004	
52	LD	T4	
53	SET	S33	
55	STL	S33	
56	OUT	Y003	
57	OUT	T6	K50
60	STL	S22	
61	STL	S33	
62	LD	T6	
63	OUT	S0	
64	RET		
65	END		

图 5-75　按钮人行横道交通信号灯控制的指令表程序

4）程序调试。按照 I/O 接线图接好外部各线，输入程序，运行调试，观察结果。

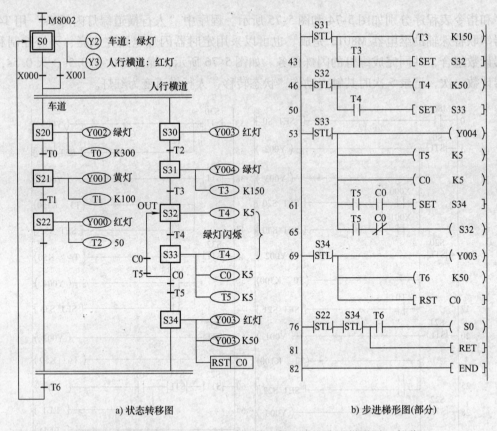

a) 状态转移图　　　　　　　　　　　　　　b) 步进梯形图(部分)

图 5-76　按钮人行横道闪烁 5 次的状态转移图和步进梯形图（部分）

5.3.1.3　选择分支步进设计法

1. 选择性分支结构

从多个分支流程中选择执行某一个单支流程，称为选择性分支结构，如图 5-77 所示。图中 S20 为分支状态，该状态转移图在 S20 步以后分成了 3 个分支，供选择执行。

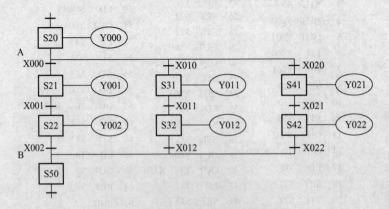

图 5-77　选择性分支的状态转移图

当 S20 步被激活成为活动步后，若转换条件 X000 成立就执行左边的程序，若 X010 成立就执行中间的程序，若 X020 成立则执行右边的程序，转换条件 X000、X010 及 X020 不能同时成立。

S50 为汇合状态，可由 S22、S32、S42 中任意状态驱动。

2. 选择性分支的编程

选择性分支结构的编程原则是先集中处理分支转移情况，然后依顺序进行各分支程序处理和汇合，如图 5-78 所示。

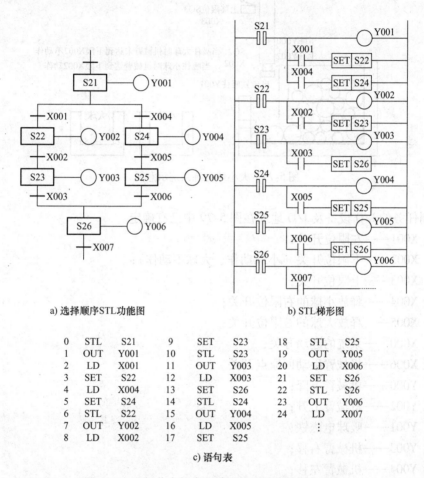

a) 选择顺序STL功能图　　　　　　　　b) STL梯形图

0	STL	S21	9	SET	S23	18	STL	S25
1	OUT	Y001	10	STL	S23	19	OUT	Y005
2	LD	X001	11	OUT	Y003	20	LD	X006
3	SET	S22	12	LD	X003	21	SET	S26
4	LD	X004	13	SET	S26	22	STL	S26
5	SET	S24	14	STL	S24	23	OUT	Y006
6	STL	S22	15	OUT	Y004	24	LD	X007
7	OUT	Y002	16	LD	X005		⋮	
8	LD	X002	17	SET	S25			

c) 语句表

图 5-78　选择分支的步进梯形图编程和指令表编程

3. 选择性分支的编程

【例 5-8】 物料分拣机构的自动控制。

（1）举例分析　图 5-79 所示为使用传送机将大、小球分类后分别传送的系统示意图。左上为原点，动作顺序是：向下→吸住球→向上→向右运行→向下→释放→向上→向左运行至左上点（原点），抓球和释放球的时间均为 1s。

当机械臂下降时，若电磁铁吸着的是大球，下限位开关 SQ2 断开，若吸着小球则 SQ2 接通（以此判断是大球还是小球）。这是选择分支的流程结构。

（2）PLC 设计分析

1）选择 I/O 设备，分配 I/O 地址，画出接线图。

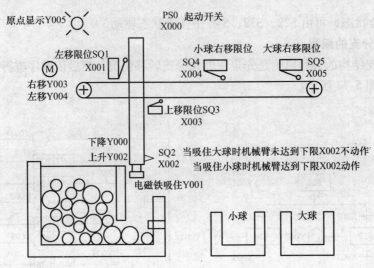

图 5-79　大小球分拣系统示意图

本控制任务的 I/O 设备及 I/O 地址在图 5-79 中已有确定。

输入：X001——左限位开关；

　　　　X002——下限位开关（小球动作、大球不动作）；

　　　　X003——上限位开关；

　　　　X004——释放小球的右限位开关；

　　　　X005——释放大球的右限位开关；

　　　　X000——系统的起动开关；

　　　　X006——机械臂手动回原点开关。

输出：Y000——机械臂下降；

　　　　Y002——机械臂上升；

　　　　Y001——吸球电磁铁；

　　　　Y003——机械臂右移；

　　　　Y004——机械臂左移；

　　　　Y005——机械臂在原点的指示灯。

根据上述地址，绘制 I/O 接线图，如图 5-80 所示。

2）设计大、小球分拣系统的状态转移图。

根据控制要求画出大、小球分拣系统的状态转移图，如图 5-81 所示。从机械臂下降吸球（状态 S21）时开始进入选择分支，若吸着的是大球（下限位开关 SQ2 断开），执行右边的分支程序；若吸着的是小球（SQ2 接通），执行左边的分支程序。在状态 S28（机械臂碰着右限位开关）结束分支进行汇合，以后就进入单序列流程结构。需要注意的是，只有机械臂在原点才能开始自动工作循环。状态转移图中在初始步 S0 设置了回原点操作。若开始的时候机械臂不在原点，可以用 X006 手动使其回到原点（Y005 指示灯被点亮）。

3）设计大、小球分拣系统的步进梯形图程序和指令表程序。

根据图 5-81 所示的状态转移图，可以很容易地画出大、小球分拣系统的步进梯形图程序，如图 5-82 所示，并写出其指令表程序，如图 5-83 所示。

接好各信号线，输入程序，调试并观察运行结果。

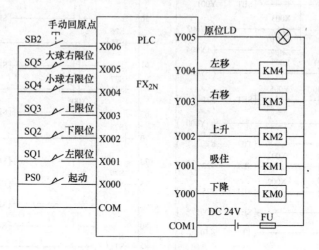

图 5-80　大、小球分拣系统的 I/O 接线图

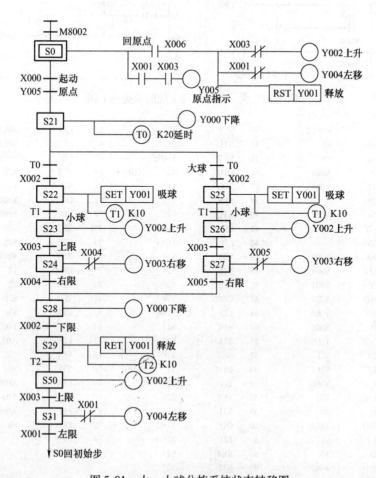

图 5-81　大、小球分拣系统状态转移图

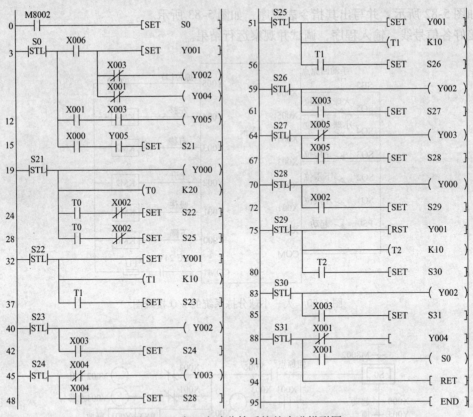

图 5-82　大、小球分拣系统的步进梯形图

0	LD	M8002	30	SET	S25	65	LDI	X005
1	SET	S0	32	STL	S22	66	OUT	Y003
3	STL	S0	33	SET	Y001	67	LD	X005
4	LD	X006	34	OUT	T1　K10	68	SET	S28
5	RST	Y001	37	LD	T1	70	STL	S28
6	MPS		38	SET	S23	71	OUT	Y000
7	ANI	X003	40	STL	S23	72	LD	X002
8	OUT	Y002	41	OUT	Y002	73	SET	S29
9	MPP		42	LD	X003	75	STL	S29
10	ANI	X001	43	SET	S24	76	RST	Y001
11	OUT	Y004	45	STL	S24	77	OUT	T2　K10
12	LD	X001	46	LDI	X004	80	LD	T2
13	AND	X003	47	OUT	Y003	81	SET	S30
14	OUT	Y005	48	LD	X004	83	STL	S30
15	LD	X000	49	SET	S28	84	OUT	Y002
16	AND	Y005	51	STL	S25	85	LD	X003
17	SET	S21	52	SET	Y001	86	SET	S31
19	STL	S21	53	OUT	T1　K10	88	STL	S31
20	OUT	Y000	56	LD	T1	89	LDI	X001
21	OUT	T0　K20	57	SET	S26	90	OUT	Y004
24	LD	T0	59	STL	S26	91	LD	X001
25	AND	X002	60	OUT	Y002	92	OUT	S0
26	SET	S22	61	LD	X003	94	RET	
28	LD	T0	62	SET	S27	95	END	
29	ANI	X002	63	STL	S27			

图 5-83　大、小球分拣系统的指令表程序

5.3.2 步进指令综合运用举例

【例 5-9】 自动送料小车的运行控制。

1. 举例分析

某自动送料小车在初始位置时，限位开关 SQ1 被压下，按下起动按钮 SB，小车按照如图 5-84 所示的顺序运动，完成一个工作周期。

1）电动机正转，小车右行碰到限位开关 SQ2 后电动机停转，小车原地停留。

2）停留 5s 后电动机反转，小车左行。

3）碰到限位开关 SQ3 后，电动机又开始正转，小车右行至原位压下限位开关 SQ1，停在初始位置。

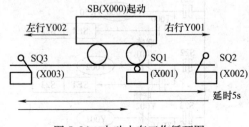

图 5-84 自动小车工作循环图

这是典型的顺序控制实例。小车的一个工作周期可以分为 4 个阶段，分别是起动右行、暂停等待、换向左行和右行回原位。这种类型的程序最适合用步进顺控的思想编程。

2. PLC 设计分析

（1）选择 I/O 设备，分配地址，绘制 I/O 接线图 根据控制任务要求起动自动小车后能按图 5-84 中箭头指出的线路运行一个周期后停止在原位，这种运行方式称为单周期运行。因而输入设备中只需要起动按钮，不需要停止按钮。另外，还需要 3 个行程开关 SQ1、SQ2 和 SQ3，分别安装在原位、右端极限位和左端极限位。小车向右运行或向左运行实际上就是用电动机的正、反转来驱动的，因此本控制任务的输出设备就是电动机的正转接触器 KM1 和反转接触器 KM2。依据图 5-84 中已分配好的 I/O 地址绘制的 I/O 接线图如图 5-85 所示。

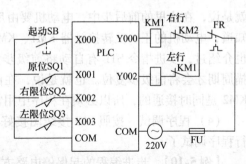

图 5-85 自动小车的 I/O 接线图

（2）编制自动送料小车的状态转移图 根据自动小车的运行情况，将一个工作周期分为 4 个阶段，分别是起动右行、停留等待、换向左行和右行回原位。据此绘制的状态转移图如图 5-86 所示。

（3）编制自动小车的步进梯形图程序和指令表程序 根据上述状态转移图，编制对应的步进梯形图程序和指令表程序，如图 5-87 所示。在每一步中都是先处理驱动动作，再用转移条件进行状态转移处理。因为使用了 STL 指令编程，所以无须考虑前级步的复位问题。

需要说明的是，当由 S22 步转到 S23 步时，小车由"换向左行"转移到"右行回原位"。也

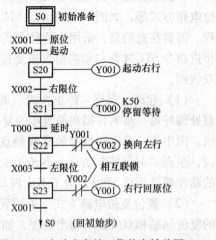

图 5-86 自动小车的工作状态转移图

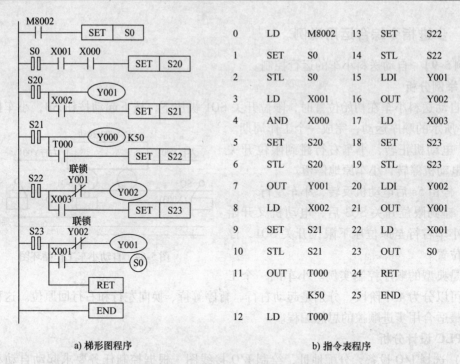

a) 梯形图程序				b) 指令表程序	
0	LD	M8002	13	SET	S22
1	SET	S0	14	STL	S22
2	STL	S0	15	LDI	Y001
3	LD	X001	16	OUT	Y002
4	AND	X000	17	LD	X003
5	SET	S20	18	SET	S23
6	STL	S20	19	STL	S23
7	OUT	Y001	20	LDI	Y002
8	LD	X002	21	OUT	Y001
9	SET	S21	22		X001
10	STL	S21	23	OUT	S0
11	OUT	T000	24	RET	
		K50	25	END	
12	LD	T000			

图 5-87　自动小车的步进梯形图程序和指令表程序

就是说，在这里的前后步中，电动机要由反转直接换到正转。通过继电器 - 接触器控制可以知道，电动机的正、反转接触器 KM1、KM2 是不允许同时接通的，否则电源会短路。前面也介绍过，步进指令 STL 有自动将前级步复位的功能，但那是在状态转换成功的第二个扫描周期才会将前级步复位。也就是说，在由 S22 步刚刚转移到 S23 步的那个周期里，KM1、KM2 是同时接通的，所以必须在程序中用常闭触点进行电气互锁。

（4）程序调试　按照 I/O 接线图接好各信号线、电源线等，然后输入程序，便可以进行程序调试了。

【例 5-10】　步进编程的起保停电路方式、置位复位电路方式

步进顺控程序也可以不用步进指令而用其他方式进行编制，如起保停电路方式、置位复位电路方式等，如图 5-88 所示。可以用状态器直接编程，也可以用 SET 和 RST 指令进行编程。需要注意的是，采用这两种方式编制程序时一定要处理好前级步的复位问题，因为只有步进指令 STL 才能自动将前级步复位，其他指令没有这个功能。另外，还要注意不要出现双线圈。

（1）起动 - 保持 - 停止方式　采用起动 - 保持 - 停止方式编制步进顺控程序时，要注意处理好每一步的自锁和前级步的复位问题，还要注意处理好双线圈的问题，如图 5-88b 所示。图中每一步都用自身的常开触点自锁、用后续步的常闭触点切断前级步的线圈使其复位，呈现"起保停"方式。各步的驱动动作可以和状态器线圈并联。S20 步的动作和 S23 步的动作都是驱动 Y001，为了不出现双线圈，将两步的常开触点并联后驱动 Y001。

（2）置位复位电路方式　采用置位复位方式编制步进顺控程序时，注意处理好前级步的复位问题和双线圈的输出处理，如图 5-88c 所示。图中每一步都是先处理动作，再将前级步复位，最后用转移条件将后续步置位，所以称为"置位复位"方式。

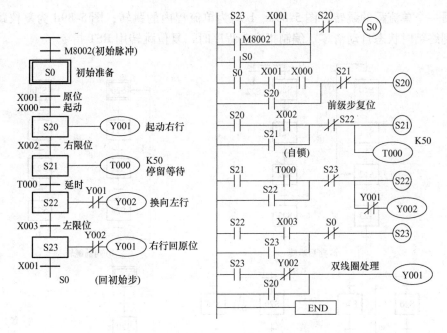

a) 状态转移图　　　　　　b) 起保停电路方式的步进梯形图

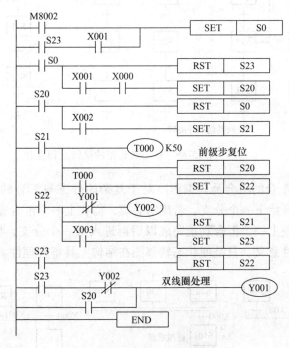

c) 置位复位方式的步进梯形图

图 5-88　不用 STL 指令的小车步进顺控程序

【例 5-11】　单周期/连续运行的按钮人行横道交通灯系统状态转移图

（1）流程跳转的程序编制　流程跳转分为单流程内的跳转执行与单流程之间的跳转执行，如图 5-89 所示。在编制指令表程序时，所有跳转均使用 OUT 指令。图 5-89c 为一个单流程向另一个单流程的跳转；图5-89a、b 均为单流程内的跳转；图5-89d 为复位跳转，即当执行到终结时状态自动清零。编制指令表程序时，复位跳转用 RST 指令。

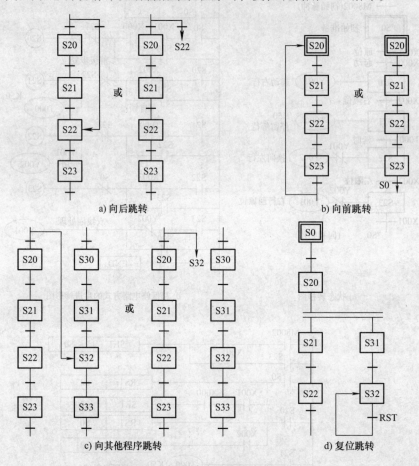

图 5-89　状态转移图的跳转流程变化

（2）分支与汇合的组合及其编程　对于复杂的分支与汇合的组合，不允许上一个汇合还没完成就直接开始下一个分支。若确实必要，需在上一个汇合完成到下一个分支开始之间加入虚拟状态，使上一个汇合真正完成以后再进入下一个分支，如图5-90 所示。虚拟状态在这里没有实质性意义，只是使状态转移图在结构上具备合理性。

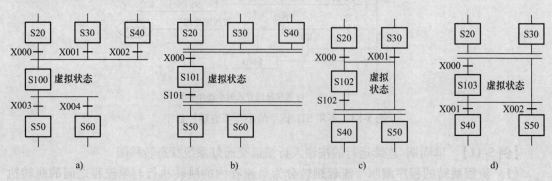

图 5-90　正确的分支与汇合的组合

若将图 5-89 所示的状态转移图设计成既能选择单周期工作方式，又能选择连续工作方式，则结果如图 5-91 所示。图 5-91 中 S25 是虚拟步，没有动作。用工作方式开关（单周期 $\overline{X002}$／X002 连续）来决定是回到 S0 步等待还是到 S26 步继续工作。

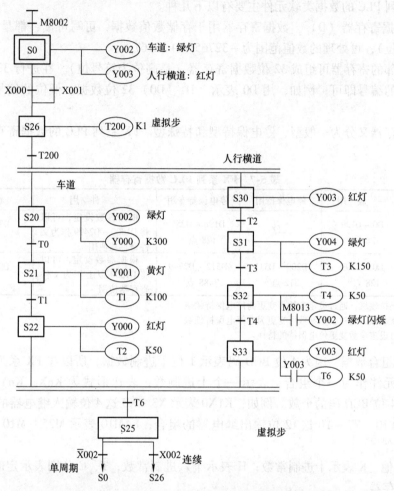

图 5-91　单周期／连续运行的按钮人行横道交通灯系统状态转移图

5.3.3　功能指令及应用

早期的 PLC 是为取代继电器控制电路而产生和发展起来的，并且大多用于开关量控制，基本指令和步进指令已经能满足控制要求。为满足用户对控制系统的一些特殊控制要求，从 20 世纪 80 年代开始，PLC 生产厂家在小型 PLC 上增设了大量的功能指令（也称应用指令）。这些功能指令实际上是一些功能不同的子程序，由厂家开发，用户通过规定的格式可以随意调用以完成不同的控制功能。功能指令的出现大大方便了用户的编程，使 PLC 的应用范围得到了极大的拓宽，从而大大提高了 PLC 的应用价值。

5.3.3.1　功能指令的概述

PLC 中，基本指令的操作对象都是位元件，如 Y000、M000 等，主要用于开关量信息的处理，因而编程时需要逐个表示。但功能指令的操作对象都是字元件或者位组合元件，就是将相同类别相邻位元件组合在一起作为字存储单位，因此与使用基本指令相比，使用功能指令编制的程序更简单，且功能更强大。

1. 功能指令的操作数——FX$_{2N}$系列 PLC 的数据类软元件

FX$_{2N}$系列 PLC 的数据类软元件主要有以下几种。

（1）数据寄存器（D）　数据寄存器用于存储数值数据，可写可读，都是 16 位的（最高位为符号位），可处理的数值范围为 − 32765 ～ + 32767。

两个相邻的寄存器可组成 32 位数据寄存器（最高位为符号位）。在进行 32 位操作时只要指定低位的编号即可，例如，用 D0 表示（D1、D0）32 位数据。低位的编号一般采用偶数编号。

数据寄存器又分为一般型、停电保持型和特殊型。FX 系列 PLC 的数据寄存器编号见表5-7。

表 5-7　FX 系列 PLC 数据寄存器

机　型	一　般　用	停电保持用	停电保持专用	文　件　用	特　殊　用
FX$_{1S}$	D0 ～ D129 128 点③	—	D128 ～ D255 128 点③	根据参数设定，可以将 D1000 ～ D2499 作为文件寄存器使用	D8000 ～ D8255 256 点
FX$_{2N}$ FX$_{2NC}$	D0 ～ D199 128 点①	D200 ～ D511 312 点②	D512 ～ D7999 7488 点③	根据参数设定，可以将 D1000 以上作为文件寄存器使用	D8000 ～ D8255 256 点

① 非停电保持领域，通过设定参数可变更为停电保持领域。
② 停电保持领域，通过设定参数可变更为非停电保持领域。
③ 无法通过设定参数变更停电保持的特性。

（2）位组合数据　因为 4 位 BCD 码表示 1 位十进制数据，所以在 FX 系列 PLC 中，用相邻 4 个位元件作为一个组合，表示一个十进制数，表达形式为 KnX、KnY、KnM、KnS等。n 是指 4 位 BCD 码的个数。例如，K1X0 表示 X3 ～ X0 这 4 位输入继电器的组合；K3Y0表示 Y13 ～ Y10、Y7 ～ Y0 这 12 位输出继电器的组合；K4M10 表示 M25 ～ M10 这 16 位辅助继电器的组合。

（3）其他　K 表示十进制常数；H 表示十六进制常数；T、C 分别表示定时器、计数器的当前值寄存器。

2. 功能指令的表达形式

功能指令与基本指令不同，功能指令类似一个子程序，直接由助记符（功能代号）表达本条指令的功用。FX 系列 PLC 功能指令梯形图表达形式如图 5-92 所示。

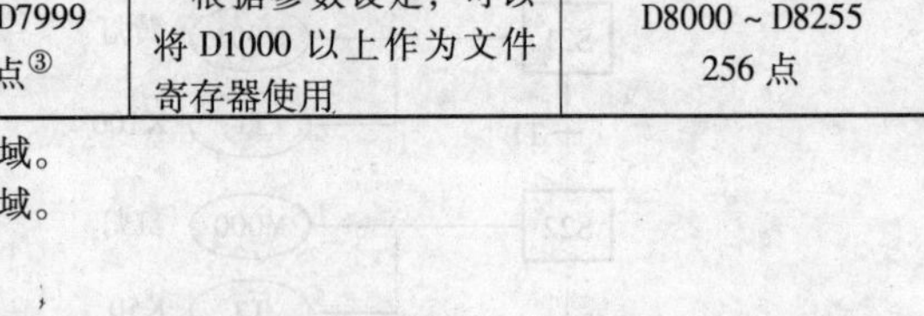

［S］表示源操作数，其内容不随指令执行变化而变化。源操作数量较多时，用［S1］、［S2］等表示。

［D］表示目标操作数，其内容随指令执行改变而改变。目标操作数量较多时，用［D1］、［D2］等表示。

图 5-92　功能指令的梯形图表达形式

3. 数据长度和指令类型

（1）数据长度　功能指令可处理 16 位数据和 32 位数据，其中"D"表示处理 32 位数据，如图 5-93 所示。

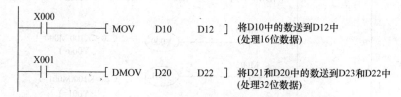

图 5-93　16 位/32 位数据传输指令梯形图表达形式

（2）指令类型　　FX 系列 PLC 的功能指令有连续执行型和脉冲执行型两种形式。32 位连续执行型功能指令的梯形图表达形式如图 5-94 所示。当 X001 = 1 时，功能指令在每个扫描周期都执行一次。

16 位脉冲执行型功能指令的梯形图表达形式如图 5-95 所示，X000 每接通一次，功能指令就在第一扫描周期被执行一次。

图 5-94　32 位连续执行型功能指令的　　　　图 5-95　16 位脉冲执行型功能指令的
梯形图表达形式　　　　　　　　　　　梯形图表达形式

4. 传送指令

传送指令 MOV 是将源操作数内的数据传送到指定的目标操作数内，即 [S] → [D]，源操作数内的数据不改变。如图 5-96 所示，当 X000 接通（X000 = 1）时，源操作数 [S] 中的常数 K100 传送到目标操作元件 D10 中。当指令执行时，常数 K100 自动转换成二进制数。当 X000 断开时，指令不执行，数据保持不变。

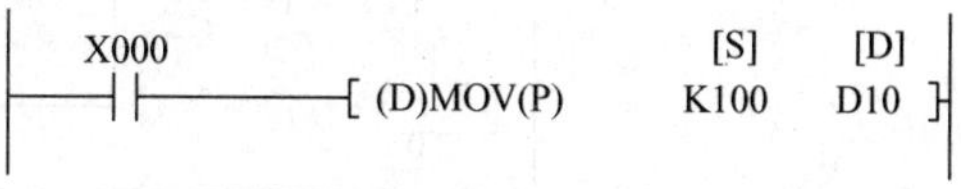

图 5-96　传送指令基本形式

5. 比较指令

比较指令 CMP 是将源操作数 [S1] 和 [S2] 进行比较，然后根据比较结果对目标操作数 [D] 进行相应的操作。如图 5-97 所示，X000 = 1 时，将 C20 的当前值与常数 K100 进行比较。若当前值小于 K100，将 [D] 指定的 M0 自动置 1（即 Y000 接通）；若当前值等于 K100，M1 自动置 1（即 Y001 接通）；若当前值大于 K100，M2 自动置 1（即 Y002 接通）。在 X000 断开，即不执行 CMP 指令时，M0 ~ M2 保持 X000 断开前的状态。因此若要清除比较结果需要用 RST 或 ZRST 指令。

数据比较是进行代数值大小比较（即带符号比较），所有的源数据均按二进制处理。

以下为一个比较指令应用实例。

【例 5-12】　有一高性能的密码锁，由两组密码数据锁定。开锁时只有输入两组正确的密码才能打开，锁打开后，经过 5s 再重新锁定。

图 5-98 所示是高性能密码锁的梯形图程序。程序运行时用初始脉冲 M8002 预先设定好密码（两个十六进制数 H5A 和 H6C）。开锁的过程实际上就是将从 K2X000 输入的数据与事

```
        X000
        ┤├                    [ (D)CMP(P)    [S1]    [S2]    [D]        ]
                                             K100    C20     M000
              M000
              ┤├                                    ( Y000 )        C20<K100.M000=1
                                                                         Y000=1
              M001
              ┤├                                    ( Y001 )        C20=K100.M001=1
                                                                         Y001=1
              M002
              ┤├                                    ( Y002 )        C20>K100.M002=1
                                                                         Y002=1
```

图 5-97 比较指令基本形式

先安排好的密码进行比较的过程。因为密码设定为 2 位十六进制数，所以输入只需要 8 位 K2X000 即可。在两次比较中，只有从输入点 K2X000 送进来的二进制数恰好等于所设定的 H5A 和 H6C 时才能打开密码锁。

```
        M8002
        ┤├    ┌──────────────────[ MOVP    H5A     D0     ]
              │
              └──────────────────[ MOVP    H6C     D1     ]
        M8000
        ┤├    ┌──────────────────[ CMP     D0    K2X000  M0  ]
              │
              └──────────────────[ CMP     D1    K2X000  M3  ]
        M1
        ┤├                        [ SET     M11    ]
        M4
        ┤├                        [ SET     M14    ]
        M11   M14
        ┤├────┤├                          ( Y000 )
                                          ( T0    K50 )
        T0
        ┤├                        [ ZRST    M0     M14   ]
                                  [ END     ]
```

图 5-98 高性能密码锁的梯形图程序

因要从 K2X000 两次输入数据进行比较，而 CMP 指令中定义的目标操作数的通、断是随机的，即进行第二次比较时，第一次比较结果将自动清零，所以梯形图中使用了中间变量 M11 和 M14，对应 M1 和 M4，这样就将两次比较的结果保存下来，再用 M11 和 M14 的常开触点串联以后驱动 Y000（打开密码锁）。

6. 区间比较指令 ZCP

ZCP 指令的使用说明如图 5-99 所示。它是将一个数据 [S] 与两个源操作数 [S1]、[S2] 进行代数比较，然后根据比较结果对目标操作数

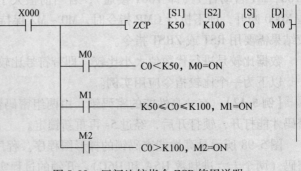

```
        X000                         [S1]   [S2]   [S]   [D]
        ┤├              [ ZCP   K50   K100   C0    M0 ]
              M0
              ┤├            C0<K50，M0=ON
              M1
              ┤├            K50≤C0≤K100，M1=ON
              M2
              ┤├            C0>K100，M2=ON
```

图 5-99 区间比较指令 ZCP 使用说明

［D］进行相应的操作。当 X000 = 1 时，将 C0 的当前值与 K50、K100 比较。若 C0 < K50，M0 置 1；若 K50≤C0≤K100，M1 置 1；若 C0 > K100，M2 置 1。

7. 触点比较指令

16 位数据比较指令的助记符、操作数等属性见表 5-8。

表 5-8　16 位数据触点比较指令

	FNC 编号	助　记　符	比　较　条　件	逻辑功能
取比较触点	224	LD =	S1 = S2	S1 与 S2 相等
	225	LD >	S1 > S2	S1 大于 S2
	226	LD <	S1 < S2	S1 小于 S2
	228	LD < >	S1≠S2	S1 与 S2 不相等
	229	LD < =	S1≤S2	S1 小于等于 S2
	230	LD > =	S1≥S2	S1 大于等于 S2
串联比较触点	232	AND =	S1 = S2	S1 与 S2 相等
	233	AND >	S1 > S2	S1 大于 S2
	234	AND <	S1 < S2	S1 小于 S2
串联比较触点	236	AND < >	S1≠S2	S1 与 S2 不相等
	237	AND < =	S1≤S2	S1 小于等于 S2
	238	AND > =	S1≥S2	S1 大于等于 S2
并联比较触点	240	OR =	S1 = S2	S1 与 S2 相等
	241	OR >	S1 > S2	S1 大于 S2
	242	OR <	S1 < S2	S1 小于 S2
	244	OR < >	S1≠S2	S1 与 S2 不相等
	245	OR < =	S1≤S2	S1 小于等于 S2
	246	OR > =	S1≥S2	S1 大于等于 S2

触点比较指令的应用实例如图 5-100 所示。图 5-100a 表示 C0 的当前值等于 K10 时，线圈 Y000 被驱动；D10 的值大于 K-30 且 X000 = 1 时，Y001 被置位。图 5-100b 表示 X000 = 1 且 D20 的值小于 K50 时，Y000 被复位；X001 = 1 或 K10 大于等于 C0 当前值时，Y001 被驱动。

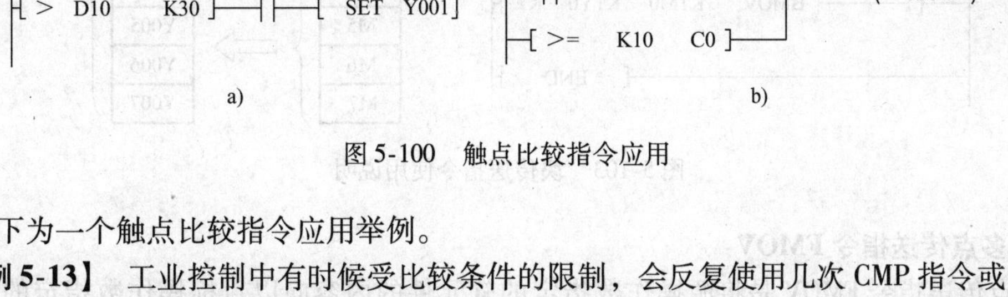

图 5-100　触点比较指令应用

以下为一个触点比较指令应用举例。

【例 5-13】　工业控制中有时候受比较条件的限制，会反复使用几次 CMP 指令或 ZCP 指令。这时候改用触点比较指令编程会方便得多。如图 5-101 所示为用功能指令设计的交替点亮 12 盏彩灯的控制程序。

12 盏彩灯接在 Y013 ~ Y000 点，当 X000 接通后系统开始工作。小于等于 2s 时第 1 ~ 6 盏灯点亮；2 ~ 4s 之间第 7 ~ 12 盏灯点亮；大于等于 4s 时 12 盏灯全亮；保持到 6s 再循环。当 X000 为 OFF 时，彩灯全部熄灭。

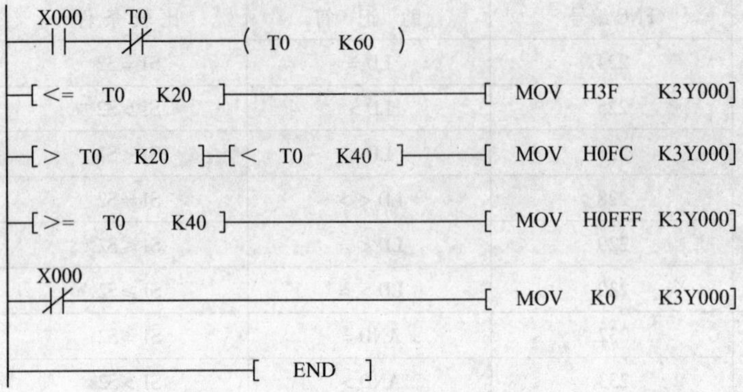

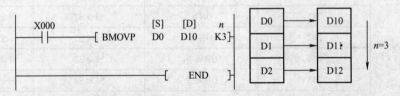

图 5-101　　触点比较指令应用实例

8. 块传送指令 BMOV

块传送指令的使用如图 5-102 所示，当 X000 = 1 时，从源操作数指定的软元件（D0）开始的 n（K3）个数据传送到指定的目标操作数（D10）开始的 K3 个软元件中。

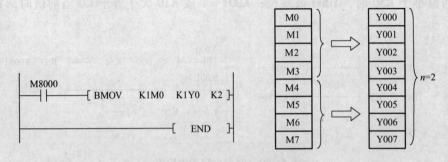

图 5-102　　块传送指令 BMOV

BMOV 指令中的源与目标是位组合元件时，源与目标要采用相同的位数，如图 5-103 所示。

图 5-103　　块传送指令使用说明

9. 多点传送指令 FMOV

多点传送指令 FMOV 是将源操作数指定的软元件的内容向以目标操作数指定的软元件

开头的 n 个软元件传送。n 个软元件的内容都一样。如图 5-104 所示，将 D0 ~ D99 共 100 个软元件的内容全部置 0。

10. 区间复位指令 ZRST

区间复位指令 ZRST 是将 [D1]、[D2] 指定的元件号范围内的同类元件成批复位。目标操作数可取 T、C、D（字元件）或 Y、M、S（位元件）。[D1]、[D2] 指定的应为同一类元件，[D1] 的元件号应小于 [D2] 的元件号。如图 5-105 所示，将 M0 ~ M100 的 101 位辅助继电器全部置 0。

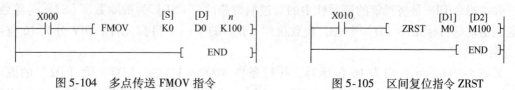

图 5-104　多点传送 FMOV 指令　　　　图 5-105　区间复位指令 ZRST

5.3.3.2　四则运算指令

FX$_{2N}$ 系列 PLC 提供的 4 条四则运算指令的操作数只能为整数，当运算结果出现小数时，按自动去掉小数部分的原则进行处理。非整数参加运算需先取整，除法运算的结果分为商和余数。

1. 加法指令 ADD

加法指令 ADD 是将指定的源元件中的二进制数相加，结果送到指定的目标元件中去。如图 5-106 所示，当执行条件 X000 = 1 时，将 [D10]
+ [D12] → [D14]。ADD 指令是代数运算，如 5 +
(−8) = −3。

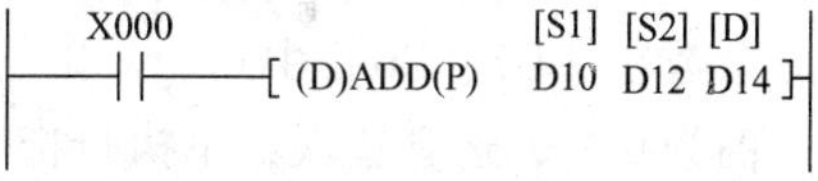

图 5-106　加法指令 ADD

ADD 加法指令有 3 个常用标志：M8020 为零标志，M8021 为借位标志，M8022 为进位标志。

如果运算结果为 0，则零标志 M8020 自动置 1；如果运算结果超过 32 767（16 位）或 2 147 483 647（32 位），则进位标志 M8022 置 1；如果运算结果小于 − 32 767（16 位）或 − 2 147 483 647（32 位），则借位标志 M8021 置 1。

在 32 位运算中，被指定的字元件是低端 16 位元件，而下一个元件为高端 16 位元件。源和目标元件可以用相同的元件号。若源和目标元件号相同而采用连续执行的 ADD、(D) ADD 指令时，加法的结果在每个扫描周期都会改变。

2. 减法指令 SUB

减法指令 SUB 是将指定的源元件中的二进制数相减，结果送到指定的目标元件中去。如图 5-107 所示，当执行条件 X000 = 1 时，[D10] −
[D12] → [D14]。SUB 也是代数运算，如 5 − (−8)
= 13。

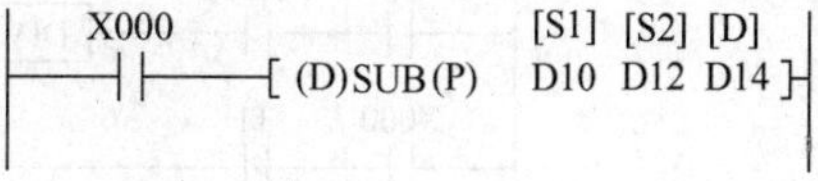

各种标志位的动作、32 位运算中软元件的指定　　　　图 5-107　减法指令 SUB
方法、连续执行型和脉冲执行型的差异均与 ADD 加法指令相同。

3. 乘法指令 MUL

乘法指令 MUL 是将指定的源元件中的二进制数相乘，结果送到指定的目标元件中去。MUL 分为 16 位和 32 位两种情况，源操作数是 16 位时，目标操作数为 32 位；源操作数是

32 位时，目标操作数是 64 位。最高位为符号位，0 为正，1 为负。

如图 5-108 所示，当为 16 位运算，执行条件 X000 = 1 时，[D0]×[D2]→[D5、D4]。当为 32 位运算，执行条件 X0 = ON 时，[D1、D0]×[D3、D2]→[D7、D6、D5、D4]。

例如，将位组合元件用于目标操作数时，限于 K 的取值，只能得到低端 32 位的结果，不能得到高端 32 位的结果。这时，应将数据移入字元件再进行计算。

用字元件时，也不可能监视 64 位数据，只能分别监视高端 32 位和低端 32 位。

4. 除法指令 DIV

除法指令 DIV 是将指定的源元件中的二进制数相除，[S1] 为被除数，[S2] 为除数，商送到指定的目标元件 [D] 中去，余数送到 [D] 的下一个目标元件。DIV 分为 16 位和 32 位两种情况。

如图 5-109 所示，当为 16 位运算，执行条件 X000 = 1 时，[D0] 除 [D2] 的商→[D4]，余数→[D5]。例如，[D0] =19，[D2] =3 时，则执行指令后 [D4] =6，[D5] =1。

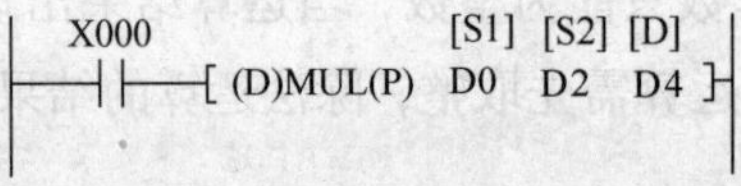

图 5-108　乘法指令 MUL 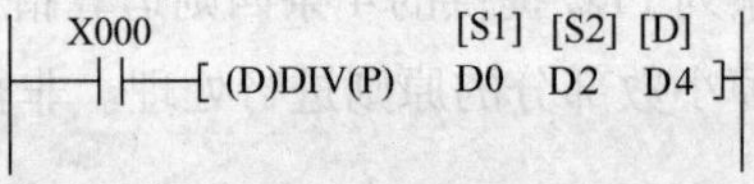　　　　　　　图 5-109　除法指令 DIV

当为 32 位运算，执行条件 X000 = 1 时，[D1、D0] 除 [D3、D2]，商在 [D5、D4] 中，余数在 [D7、D6] 中。

商为 0 时，运算错误，不执行指令。若 [D] 指定位元件，则得不到余数。商和余数的最高位是符号位。被除数或余数中有一个为负数，商为负数；被除数为负数时，余数为负数。

5. 乘除法指令拓展应用举例

四则运算指令除了能进行最基本的加、减、乘、除运算之外，还能巧妙地利用其运算功能实现某些特定的控制关系。图 5-110 所示为利用乘除法指令实现灯组移位循环的实例。

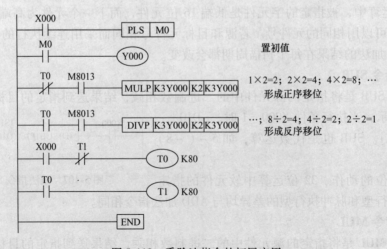

图 5-110　乘除法指令的拓展应用

【例 5-14】　有一组灯, 共 8 盏, 接于 Y000 ~ Y007, 当 K3 Y000 × 2 时, 相当于将其二进制数码左移了一位。所以执行乘 2 运算, 实现了 Y000 ~ Y007 的正序变化; 同理, 除 2 运算实现了 Y007 ~ Y000 的反序变化。程序中 T000 和 M8013 配合, 使两条运算指令轮流执行。先从 Y000 ~ Y007 每隔 1s 移一位, 再从 Y007 →Y000 每隔 15s 移一位, 并循环, 如图 5-111 所示。

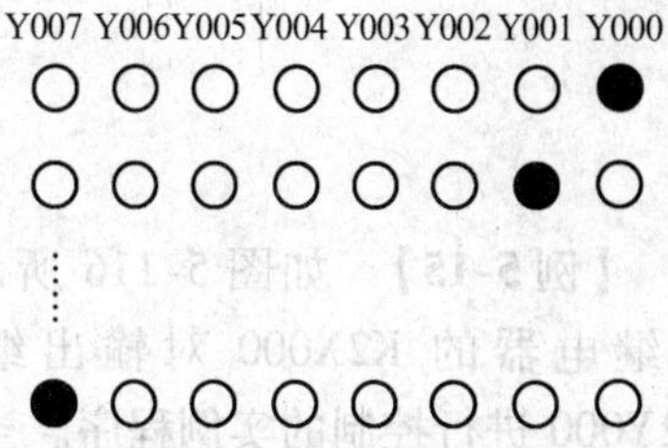

图 5-111　乘 2/除 2 运算效果图

5.3.3.3　加 1 和减 1 指令、逻辑运算指令

1. 加 1 指令 INC、减 1 指令 DEC

图 5-112a 所示为加 1 指令, 当 X000 由 OFF→ON 时, 由 [D] 指定的目标元件 [D] 中的二进制数自动加 1。如图 5-112b 所示为减 1 指令, 当 X001 由 OFF→ON 时, 由 [D] 指定的目标元件 D1 中的二进制数自动减 1。若用连续指令时, 每个扫描周期都要加 1、减 1, 不容易精确判断结果, 所以 INC、DEC 指令应采用脉冲执行型。

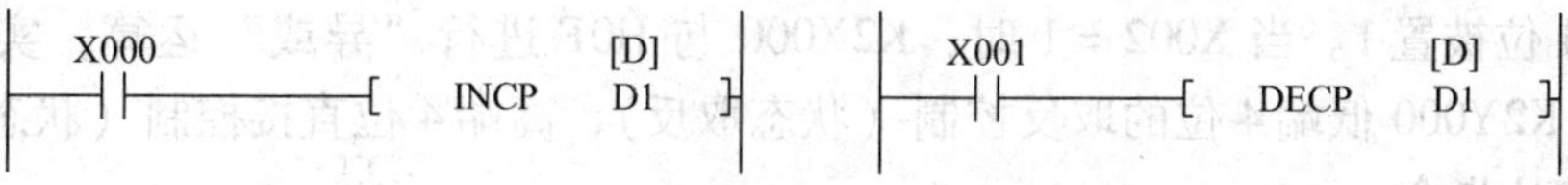

a) 加1指令INC　　　　　　b) 减1指令DEC

图 5-112　INC、DEC 指令说明

注意: INC、DEC 指令的运算结果不影响标志位 M8020、M8021 和 M8022。

2. 逻辑字 "与" 指令 WAND

如图 5-113 所示, 当 X000 = 1 时, 将 [S1] 指定的 D10 和 [S2] 指定的 D12 中的数据按位对应, 进行逻辑 "与" 运算, 结果存于由 [D] 指定的目标元件 D14 中。

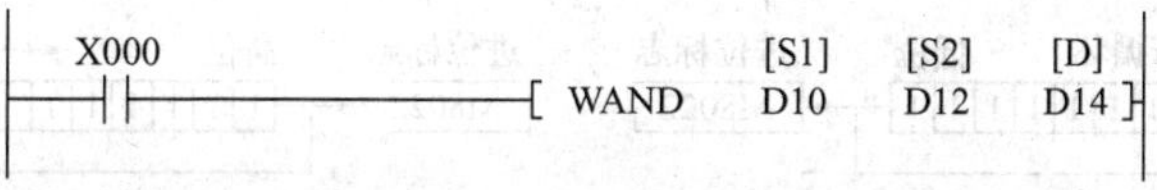

图 5-113　WAND 指令说明

3. 逻辑字 "或" 指令 WOR

如图 5-114 所示, 当 X010 = 1 时, 将 [S1] 指定的 D10 和 [S2] 指定的 D12 中的数据按位对应, 进行逻辑 "或" 运算, 结果存于由 [D] 指定的目标元件 D14 中。

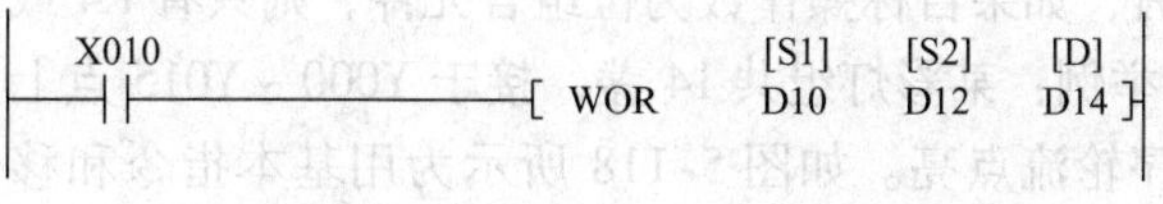

图 5-114　WOR 指令说明

4. 逻辑字 "异或" 指令 WXOR

如图 5-115 所示, 当 X020 = 1 时, 将 [S1] 指定的 D10 和 [S2] 指定的 D12 中的数据按位对应, 进行逻辑 "异或" 运算, 结果存于由 [D] 指定的目标元件 D14 中。

以下为一个逻辑运算指令的应用举例。

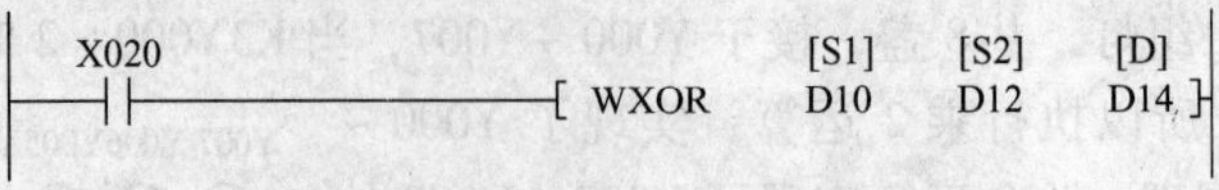

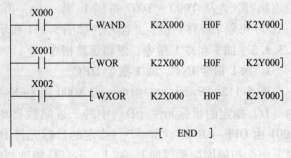

图 5-115　WXOR 指令说明

【例 5-15】　如图 5-116 所示为用输入继电器的 K2X000 对输出继电器的 K2Y000 进行控制的实例程序。当 X000 = 1 时，K2X000 与 H0F 进行"与"运算，实现 K2X000 低端 4 位对 K2Y000 低端 4 位的直接控制（状态保持），高端 4 位被屏蔽。当 X001 = 1 时，K2X000 与 H0F 进行"或"运算，实现 K2X000 高端 4 位对 K2Y000 高端 4 位的直接控制（状态保持），低端 4 位被置 1。当 X002 = 1 时，K2X000 与 H0F 进行"异或"运算，实现 K2X000 低端 4 位对 K2Y000 低端 4 位的取反控制（状态取反），高端 4 位直接控制（状态保持）。

图 5-116　逻辑运算指令应用举例

5.3.3.4　移位指令

1. 循环左移及循环右移指令

循环移位是一种环形移动，循环右移指令 ROR 使［D］中各位数据向右循环移 n 位，最后从最低端位移出的状态存于进位标识 M8022 中，如图 5-117a 所示。

循环左移指令 ROL 使［D］中各位数据向左循环移 n 位，最后从最高位移出的状态存于进位标识 M8022 中，如图 5-117b 所示。

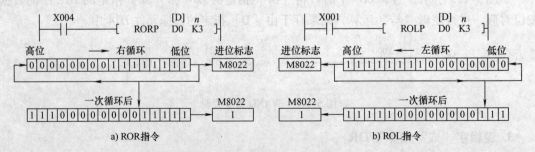

图 5-117　ROR/ROL 指令说明

执行这两条指令时，如果目标操作数为位组合元件，则只有 K4 或 K8 才有效。

【例 5-16】　设计举例：某彩灯组共 14 盏，接于 Y000 ~ Y015 点上，要求灯组以 0.1s 的点亮间隔时间正、反序轮流点亮。如图 5-118 所示为用基本指令和移位指令编制的控制程序。X000、X001 分别为起动和停止按钮。按下起动按钮时首先赋初值 K1 给 K4Y000，然后每隔 0.1s 左移位一次，形成正序移动；当最后一盏灯（接在 Y015 点上）点亮 0.1s 后移位到 Y16 点时，立即将 M1 置位切断正序移位，并将 M2 复位接通反序的右移位，使 Y16 中的"1"又移回到 Y15 中，也就是说，Y016 只起到转换信息的作用，以后每隔 0.1s 右移位一次，形成反序点亮。反序到 Y000 接通后又进入正序，依次循环。

2. 位右移及位左移指令

位右移指令的源操作数和目标操作数都是位元件。当执行条件满足时，［S］中的数据和［D］中的数据向右移动 n_2 位，共有 n_1 位参与移动。如图 5-119 所示，当 X010 = 1 时，(M3 ~ M0)溢出，（M7 ~ M4）→（M3 ~ M0），(M11 ~ M8) → (M7 ~ M4)，(M15 ~ M12) →(M11 ~ M8)，（X003 ~ X000）→（M15 ~ M12）。

位左移指令与位右移指令的方向相反。当执行条件满足时，［S］中的数据和［D］中的数据向左移动 n_2 位，共有 n_1 位参与移动。如图 5-120 所示，当 X010 = 1 时，（M15 ~ M12）溢出，（M11 ~ M8）→（M15 ~ M12），（M7 ~ M4）→（M11 ~ M8），（M3 ~ M0）→（M7 ~ M4），（X003 ~ X000）→（M3 ~ M0）。

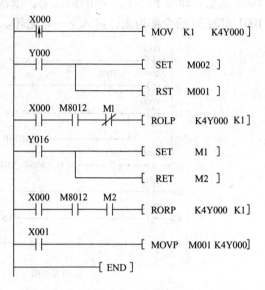

图 5-118　彩灯组正、反序轮流点亮的控制程序

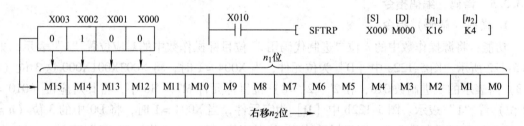

图 5-119　位右移指令 SFTR 说明

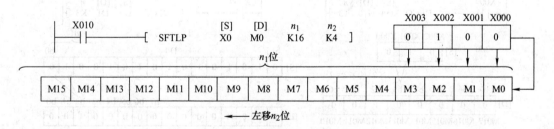

图 5-120　位左移指令 SFTL 说明

【例 5-17】　设计实例：现有 5 行 3 列 15 盏彩灯组成的点阵，自行编号，按照中文"王"字的书写顺序依次以 1s 间隔点亮，形成"王"字，保持 3s 后熄灭，再循环。

为方便编程，可按照书写顺序进行地址编号，如图 5-121 所示。共有 11 个输出点，按书写顺序依次为（Y000 ~ Y012），用 X000 做起动地址，设计的梯形图程序如图 5-121a 所示。当 X000 = 1 时，将常数 K7 分别传到 K1M000 和 K3Y000，Y000 ~ Y002 被点亮，也就是写下了"王"字的第一笔。同时 T0 自复位电路开始定时，1s 后进行左移位，（M2 ~ M0）→（Y002 ~ Y000），（Y002 ~ Y000）→（Y005 ~ Y003），其他位也依次左移 3 位，使 Y005 ~

Y003 点亮，即写下"王"字的第二笔。依次进行将 Y012 ~ Y000 全部点亮形成"王"字。T001 定时 3s 后全部熄灭，进入下一轮循环。

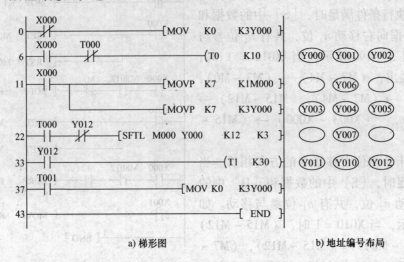

a) 梯形图　　　　　　　　　　　　　　b) 地址编号布局

图 5-121　中文"王"字的书写（一笔接一笔地写）

5.3.3.5　译码、编码指令

1. 译码（解码）指令

功能：将源操作数中的 n 位二进制代码用 2^n 位目标操作数中的对应位置"1"表示，如图 5-122 所示。图 5-122a 中 [D] 为位元件，当 X004 = 1 时，将 X002X001X000 这 3 位（n = 3）所表示的二进制数 010，在 2^n（$2^3 = 8$）位目标元件 M7 ~ M0 中，将其对应位（010 = b2 位）置"1"表示。图 5-122b 中 [D] 为字元件，当 X004 = 1 时，将 D0 中的 3 位（n = 3）所表示的二进制数 010，用目标元件 D1 的对应位（010 = b2 位）置"1"表示。

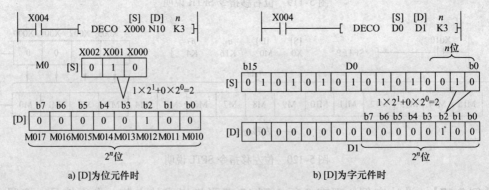

a) [D] 为位元件时　　　　　　　　　　b) [D] 为字元件时

图 5-122　译码（解码）指令功能说明

2. 编码指令

功能：与译码指令相反，在源操作数的 2^n 位数据中，将最高位为 1 的位用目标操作数的 n 位二进制代码表示出来，$n = 1 ~ 8$（位元件）或 $n = 1 ~ 4$（字元件）。图 5-123a 中 [S] 为位元件，当 X005 = 1 时，将 [S] 指定的 8 位（$2^n = 2^3 = 8$）数据 M17 ~ M10 中最高位为 1 的 M13（b3）位用目标操作地址的 n 位（$n = 3$）二进制代码 011（b3 = 011）表示出来。图

5-123b 中［S］为字元件，当 X005 = 1 时，将［S］指定的 8 位（$2^n = 2^3 = 8$）数据（00001011）中最高位为 1 的 b3 位用目标操作地址的 n 位（$n = 3$）二进制代码 011（b3 = 011）表示出来。

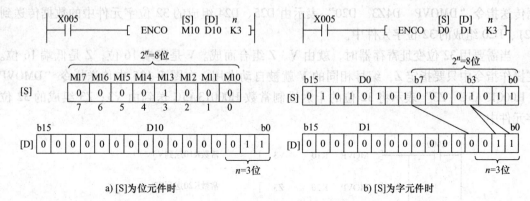

a) [S]为位元件时　　　　　　　　　　　b) [S]为字元件时

图 5-123　编码指令功能说明

【例 5-18】　设计实例：用一个开关实现 5 台电动机的顺序起动控制。要求：合上开关时，M1 ~ M5 按顺序间隔一定的时间起动运行；断开开关时，5 台电动机同时停止工作。

梯形图程序如图 5-124 所示。合上开关，X000 = 1，执行加 1 操作使 M10 = 1，经 DECOP 译码后将第一台电动机 M1 起动（Y000置位）。间隔 6s 后 T0 接通，再次执行加 1、译码等操作使第二台电动机 M2 起动（Y001 位置），如此下去，将 5 台电动机全部起动起来。断开 X000，下降沿边沿指令将辅助继电器和 Y000 ~ Y004 复位，5 台电动机全部停止。

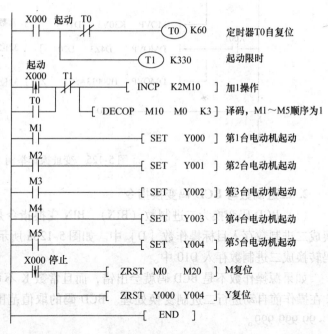

图 5-124　单开关控制 5 台电动机起停的梯形图程序

5.3.3.6　变址寄存器、BCD 码变换、七段译码、位传送

1. 变址寄存器（V、Z）——功能指令的操作数

变址寄存器 V、Z 是两组 16 位的数据寄存器，分别为 V0 ~ V7 和 Z0 ~ Z7。变址寄存器除了与通用数据寄存器有相同的存储数据功能外，主要用于操作数地址的修改或数据内容的修改。变址的方法是将 V 或 Z 放在操作数的后面，充当修改操作数地址或内容的偏移量，修改后其实际地址等于操作数的原地址加上偏移量的代数和。若是修改数据，则修改后实际数据等于原数据加上偏移量的代数和。

变址功能可以使地址像数据一样被操作，极大地增强了程序的功能。可充当变址操作数的有 K、H、KnX、KnY、KnM、KnS、P、T、C、D。

如图 5-125 所示的变址操作程序中，当 X000 = 1 时，变址寄存器 V3 中的数据是 10、Z3 中的数据是 20，则地址 D0Z3 = D（0 + 20）= D20；常数 K30V3 = K（30 + 10）= K40；32 位数据传送指令"DMOVP　D4Z3　D20"表示由 D25、D24 组成的 32 位字元件中的数据传送到 D21、D20 组成的 32 位字元件中。

当需要用 32 位变址寄存器时，就由 V、Z 组合而成。V 是高端 16 位，Z 是低端 16 位。在操作指令中只要指定 Z，编号相同的 V 就被自动占用。在图 5-125 中传送指令"DMOVP　H00013A5C　Z3"表示将 32 位的十六进制常数 H00013A5C 送到由 V3、Z3 组成的 32 位字元件中。

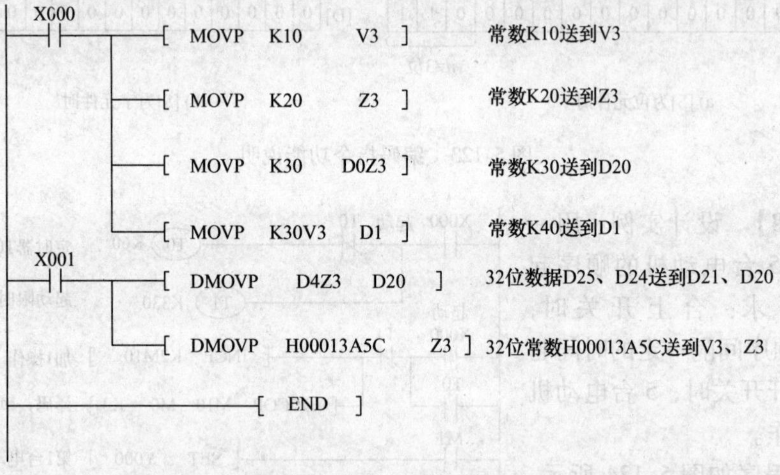

图 5-125　变址操作举例

2. 二进制数与 BCD 码变换指令

（1）BCD 码变换为二进制数（BIN）　BIN 变换指令是将源操作数［S］中的 BCD 码转换成二进制数存入目标操作数［D］中。如图 5-126a 所示，当 X000 = 1 时，K2X0 中的 BCD 码转换成二进制数存入 D10 中。

如果源操作数不是 BCD 码就会出错，而且常数 K 不可作为该指令的操作数，因为常数 K 在操作前自动进行二进制变换处理。BCD 码的取值范围：16 位时为 0 ~ 9999，32 位时为 0 ~ 99 999 999。

（2）二进制数变换为 BCD 码　BCD 码变换指令是将源操作数［S］中的二进制数转换成 BCD 码送到目标操作数［D］。如图 5-126b 所示，当 X000 = 1 时，D10 中的二进制数转换成 BCD 码送到输出端 K2Y0 中。

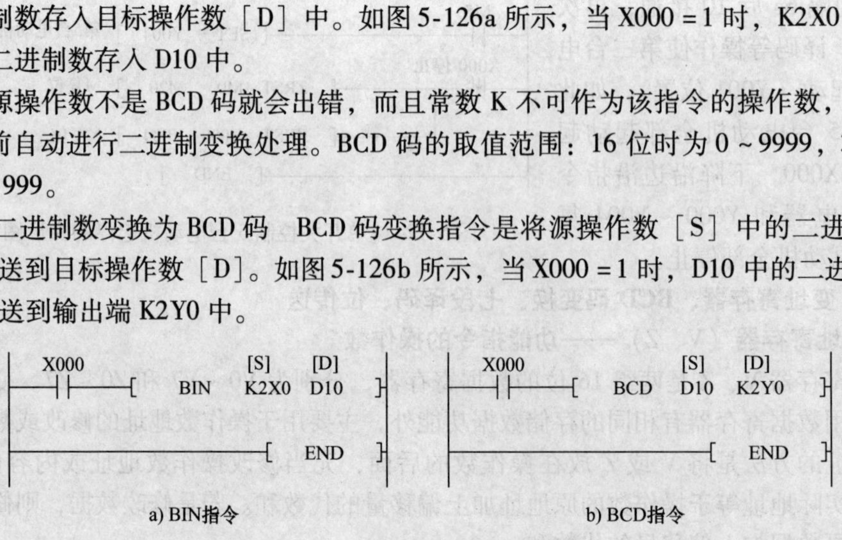

a) BIN 指令　　　　　　　　　　　　　b) BCD 指令

图 5-126　BIN 与 BCD 指令说明

BCD 码变换指令可用于将 PLC 的二进制数据变为 LED 七段显示码所需的 BCD 码。可直接用于带译码器的 LED 数码显示，如图 5-127 所示。

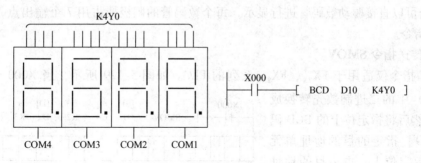

图 5-127　BCD 码变换指令应用举例

3. 七段码译码指令 SEGD

SEGD 指令是将 [S] 指定元件的低端 4 位（只用低 4 位）所确定的十六进制数（0 ~ F）经译码驱动 LED 七段显示器进行显示。SEGD 译码真值表见表 5-9。

表 5-9　SEGD 译码真值表

[S]		七段码显示器	[D]								显 示 数 据
十六进制	二进制		B7	B6	B5	B4	B3	B2	B1	B0	
0	0000		0	0	1	1	1	1	1	1	0
1	0001		0	0	0	0	0	1	1	0	1
2	0010		0	1	0	1	1	0	1	1	2
3	0011		0	1	0	0	1	1	1	1	3
4	0100		0	1	1	0	0	1	1	0	4
5	0101		0	1	1	0	1	1	0	1	5
6	0110		0	1	1	1	1	1	0	1	6
7	0111		0	0	1	0	0	1	1	1	7
8	1000		0	1	1	1	1	1	1	1	8
9	1001		0	1	1	0	1	1	1	1	9
A	1010		0	1	1	1	0	1	1	1	A
B	1011		0	1	1	1	1	1	0	0	b
C	1100		0	0	1	1	1	0	0	1	C
D	1101		0	1	0	1	1	1	1	0	d
E	1110		0	1	1	1	1	0	0	1	E
F	1111		0	1	1	1	0	0	0	1	F

注：B0 代表目标位元件的首位或目标字元件的最低位。

如图 5-128 所示，当 X000 = 1 时，D0 中的低端 4 位所确定的十六进制数（0 ~ F）经 K2Y0 所连接的七段码进行显示。

```
X000                    [S]    [D]
─┤ ├─────────────[ SEGD   D0    K2Y0 ]
```

图 5-128　七段码译码指令 SEGD

BCD 指令和 SEGD 指令都可以驱动 LED 数码管进行数码显示。不同的是，BCD 指令驱动的数码管需要自带译码器，每个数码管的阳极只需占用 4 个输出点，属于 PLC 机外译码；SEGD 指令可以直接驱动数码管进行显示，每个数码管的阳极要占用 7 个输出点，属于 PLC 机内译码指令。

4. 位传送指令 SMOV

SMOV 指令仅适用于 FX_{2N}、FX_{2NC} 系列的 PLC。如图 5-129 所示，当 X000 = 1 时，将 [S]（D1）中的二进制数先转换成 BCD 码，然后将指定位上的 BCD 码传送到 [D] 指定的目的地址单元（D2）的指定位上，再将目的地址单元中的 BCD 码转换成二进制数。如图 5-129 中，将（D1）中（已转换成 BCD 码）的数据第 4 位（因为 m_1 = K4）起的低端 2 位（因为 m_2 = K2）一起向目标 D2 中传送，传送至 D2 的第 3 位和第 2 位（因 n = K3）。D2 中的其他位（第 1 位和第 4 位）数据不变。传送完毕后再转换成二进制数。

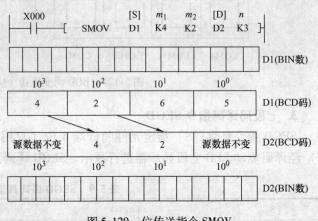

图 5-129　位传送指令 SMOV

BCD 码的数值若超过 0 ~ 9999 范围则会出错。

以下为位传送指令的应用举例。

【例 5-19】位传送指令的应用如图 5-130 所示。将 D1 的第 1 位（BCD 码）传送到 D2 的第 3 位（BCD 码）并自动转换成 BIN 数，这样 3 位 BCD 码数字开关的数据被合成后以二进制数方式存入 D2 中。

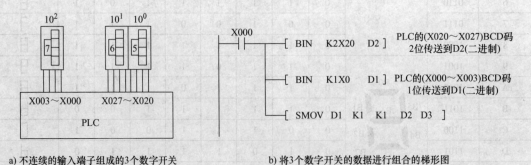

a) 不连续的输入端子组成的 3 个数字开关　　　b) 将 3 个数字开关的数据进行组合的梯形图

图 5-130　位传送指令的应用

5.3.3.7　跳转指令、子程序指令、循环指令

1. 跳转指令 CJ

跳转指令可用来选择执行指定的程序段，跳过暂时不需要执行的程序段。条件跳转指令 CJ 的助记符、操作数等指令属性见表 5-10。

表 5-10　跳转指令 CJ 属性

指令名称	助 记 符	指令编号操作位数	操 作 数	程 序 步
条件跳转	CJ（P）	FNC0（16）	P0 ~ P127 P63 表示跳转到 END	CJ（P）　3 步 标号 P　1 步

图 5-131 所示为条件跳转指令 CJ 的应用实例。X000 是手动/自动运行选择开关。X001、X002 分别是电动机 M1 和 M2 在手动操作方式下的起动按钮（点动控制按钮），X003 是自动运行方式下两电动机的起动按钮。Y001、Y002 分别为控制电动机 M1 起动和 M2 起动的输出信号。

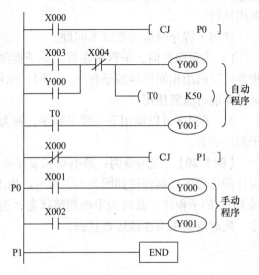

当 X000 常开触点接通时，执行"CJ　P0"指令，跳到标号为 P0 处执行手动操作程序。此时分别按下 X001 和 X002，可对 M1 和 M2 进行电动机进行点动调整；而当 X010 常闭触点接通时，不执行"CJ　P0"指令，顺序执行自动运行程序。此时若按下起动按钮 X003，电动机 M1 先起动，5s 后电动机 M2 自行起动运行，按下停止按钮可同时停止两台电动机。然后执行"CJ　P1"指令，跳过自动程序直接转到标号 P1 处结束。X010 的常开/常闭触点起联锁作用，使手动操作和自动运行两个程序只能选择其中之一。

图 5-131　条件跳转指令 CJ 的应用实例

使用跳转指令应注意以下几个问题。

1）FX$_{2N}$系列 PLC 的指针标号 P 有 128 点（P0 ~ P127），用于分支和跳转程序。多条跳转指令可以使用相同的指针标号，但同一个指针标号只能出现一次，否则程序会出错。

2）如果跳转条件满足，则执行跳转指令，程序跳到以指针标号 P 为入口的程序段开始执行；否则不执行跳转指令，按顺序执行下一条指令。

3）P63 是 END 所在的步序，在程序中不需要设置 P63。

4）如果用 M8000 常开触点作为跳转条件，则 CJ 变成无条件跳转指令。

5）不在同一个指针标号的程序段中出现的同一线圈不看作是双线圈。

6）处于被跳过的程序段中的 Y、M、S，由于该段程序不执行，故即使驱动它们的工作条件发生了变化，也依然保持跳转前的状态不变。同理，T、C 如果被跳过，则跳转期间它们的当前值被锁定，当跳转中止、程序继续执行时，定时计数接着进行。

2. 子程序指令

在程序编制中，经常会遇到一些逻辑功能相同的程序段需要反复被运行，为了简化程序结构，可以编写成子程序，然后在主程序中根据需要反复调用。子程序调用指令 CALL 和返回指令 SRET 的助记符、操作数等指令属性见表 5-11。

表 5-11　　子程序调用指令 CALL、返回指令 SRET 属性

指 令 名 称	助 记 符	指令编号操作位数	操 作 数	程 序 步
子程序调用	CALL	FNC1 （16）	P0 ~ P62 P64 ~ P127	CALL3 步 标号 P　1 步
子程序返回	SRET	FNC2	无	1 步
主程序结束	FEND	FNC6	无	1 步

子程序的使用如图 5-132 所示。当 X000 常开触点接通时，执行"CALL　P1"指令，即程序转到标号 P1 处，执行子程序。当执行到子程序的最后一句"SRET"时，程序返回到主程序，从步序号 4 开始继续往下执行。当 X000 常开触点断开时，标号为 P1 的子程序不能被调用执行。

使用子程序时应注意以下问题。

1）主程序在前，子程序在后，即子程序要放在 FEND 指令之后。不同位置的"CALL"指令可以调用相同标号的子程序，但同一标号的指针只能使用一次，跳转指令中用过的指针标号不能再重复使用。

2）子程序可以调用下一级子程序，称为子程序嵌套，FX$_{2N}$ 系列的 PLC 最多可以有 5 级子程序嵌套。

【例 5-20】　应用举例：某电动机要求有连续运行和手动调整两种工作方式，用子程序设计的梯形图控制程序如图 5-133 所示。当工作方式开关 X000 的常开触点接通时，运行标号为 P2 的子程序，此时为手动调整状态；当 X000 常开触点断开时，运行标号为 P1 的子程序，此时电动机为连续运行状态。

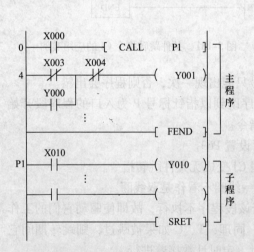

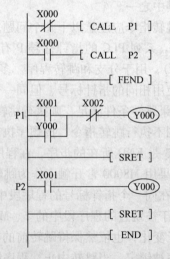

图 5-132　子程序指令使用说明　　　　图 5-133　两种运行方式的电动机梯形图控制程序

3. 循环指令 FOR、NEXT

循环指令用于某种操作反复进行的场合，使用循环指令可以使程序变得简洁、方便。循环指令 FOR、NEXT 的助记符、操作数等指令属性见表 5-12。循环指令由 FOR 和 NEXT 两条指令构成，因此这两条指令是要成对使用的。

表 5-12　循环指令 FOR、NEXT 属性

指令名称	助 记 符	指令编号 操作位数	操 作 数	程 序 步
循环开始	FOR	FNC8（16）	K、H、KnX、KnY、KnM、 KnS、T、C、D、V、Z	3 步
循环结束	NEXT	FNC9	无	1 步

【例 5-21】　应用举例：有 10 个数据放在从 D0 开始的连续 10 个数据寄存器中，编制程序计算它们的和。

编制的梯形图程序如图 5-134 所示。当计算控制开关 X000 接通时，首先将变址寄存器 Z1 和数据寄存器 D10、D11 清零，然后用循环指令从 D0 单元开始进行连续的求和运算，并将所求之和送到 D10 中。若有进位，则标志位 M8022 置 1，向高端 16 位 D11 中加 1。然后变址寄存器 Z1 中数据加 1，循环 10 次，最后结果存于 D11 和 D10 中。

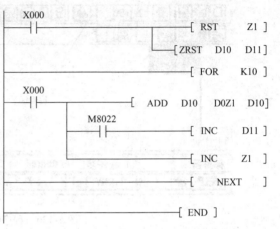

图 5-134　求连续 10 个单元数据和的控制程序

【实践技能训练 1】　PLC 基本操作：编程软件的使用

1. PLC 与微机通信

通过 PLC 通信接口，利用 PC-09 编程电缆，连接 PLC 与微机。

2. 启动 FXGP/WIN-C 软件

运行 SWOPC-FXGP/WIN-C 软件后，将出现初始启动界面，单击初始启动界面菜单栏中的"文件"菜单，并在下拉菜单条中选取"新文件"菜单条，即出现如图 5-135 所示的界面。

选择"FX2N"机型，单击"确认"按钮后，则出现程序编辑主界面，如图 5-136 所示。主界面包含以下几个分区：菜单栏（包括 11 个主菜单项），工具栏（快捷操作窗口），用户编辑区，编辑区下边分别是状态栏及功能键栏，界面右侧还可以看到功能图栏。下面分别予以说明。

（1）菜单栏　菜单栏是以下拉菜单形式进行操作的，菜单栏中包含"文件""编辑""工具""查找""视图""PLC""遥控""监控/测试"等菜单项。单击某项菜单项，弹出该菜单项的菜单条，如"文件"菜单项包含新建、打开、保存、另存为、打印、页面设置等菜单条，"编辑"菜单项包含剪

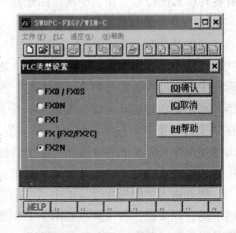

图 5-135　启动界面

切、复制、粘贴、删除等菜单条，这两个菜单项的主要功能是管理、编辑程序文件。菜单条中的其他项目，如"视图"菜单项功能涉及编程方式的变换，"PLC"菜单项主要进行程序的下载、上传传送，"监控/测试"菜单项的功能为程序的调试及监控等操作。

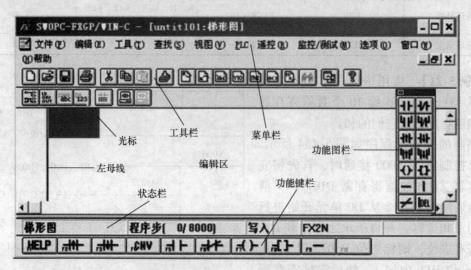

图 5-136　程序编辑主界面

（2）工具栏　工具栏提供简便的鼠标操作，将最常用的 SWOPC-FXGP/WIN-C 编程操作以按钮形式设定到工具栏上。可以利用菜单栏中的"视图"菜单选项来显示或隐藏工具栏。菜单栏中涉及的各种功能在工具栏中都能找到。

（3）编辑区　编辑区用来显示编程操作的工作对象，可以使用梯形图、指令表等方式进行程序的编辑工作。例如，可以使用菜单栏中"视图"菜单项中的梯形图及指令表菜单条，实现梯形图程序与指令表程序的转换；也可以利用工具栏中梯形图及指令表的按钮实现梯形图程序与指令表程序的转换。

（4）状态栏、功能键栏及功能图栏　编辑区下部是状态栏，用于表示编程 PLC 类型、软件的应用状态及所处的程序步数等。状态栏下为功能键栏，其与编辑区中的功能图栏都含有各种梯形图符号，相当于梯形图绘制的图形符号库。

3. 程序编辑操作

（1）采用梯形图方式时的编辑操作　采用梯形图编程是在编辑区中绘出梯形图，打开"文件"菜单项目中的"新文件"菜单条时，主窗口左侧可以见到一根竖直的线，这就是梯形图中的左母线。蓝色的方框为光标，梯形图的绘制过程是取用图形符号库中的符号，"拼绘"梯形图的过程。例如，要输入一个常开触点，可单击功能图栏中的常开触点，也可以在"工具"菜单中选择"触点"菜单条，并在下拉菜单中单击"常开触点"的符号，这时出现如图 5-137 所示的对话框，在对话框中输入触点的地址及其他有关参数后单击"确认"按钮，要输入的常开触点及其地址就出现在蓝色光标所在的位置。

如需输入功能指令时，单击"工具"菜单中的"功能"菜单或单击功能图栏及功能键栏中的功能按钮，即可弹出如图 5-138 所示的对话框。然后在对话框中填入功能指令的助记符及操作数，单击"确认"按钮即可。

图 5-137 "输入元件"对话框

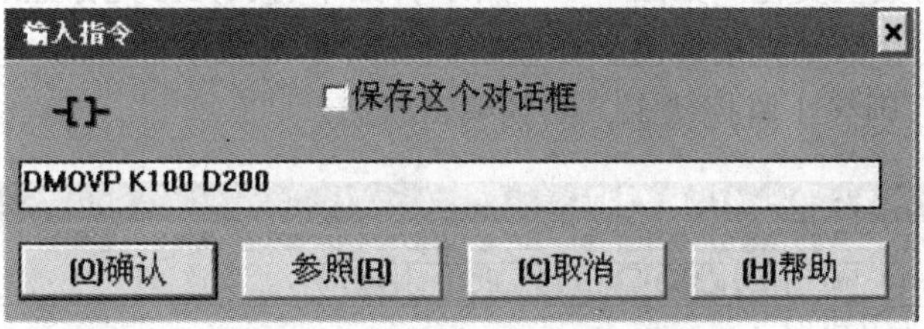

图 5-138 "输入指令"对话框

这里要注意的是,功能指令的输入格式一定要符合要求,如助记符与操作数间要空格,指令的脉冲执行方式中加的"P"与指令间不空格,32 位指令需在指令助记符前加"D"且不空格。梯形图符号间的连线可通过工具菜单中的"连线"菜单选择水平线与竖线完成。另外还需注意,不论绘制什么图形,先要将光标移到需要绘制这些符号的地方。梯形图符号的删除可利用计算机的删除键,梯形图竖线的删除可利用菜单栏中"工具"菜单中的竖线删除。梯形图元件及电路块的剪切、复制和粘贴等方法与其他编辑类软件操作相似。还有一点需强调的是,当绘出的梯形图需保存时要先单击菜单栏中"工具"项下拉菜单的"转换"菜单条,转换成功后才能保存,梯形图若未经转换,单击"保存"按钮存盘即关闭编辑软件,编绘的梯形图将丢失。

(2)采用指令表方式的编程操作 采用指令表编程时可以在编辑区光标位置直接输入指令表,一条指令输入完毕后,按回车键光标移至下一条指令,则可输入下一条指令。指令表编辑方式中指令的修改也十分方便,将光标移到需修改的指令上,重新输入新指令即可。

程序编制完成后,可以利用菜单栏中的"选项"菜单项下"程序检查"功能对程序做语法及双线圈的检查,如有问题,软件会提示程序存在的错误。

请完成图 5-139 给出的示例程序的输入。

4. 程序的下载

程序编辑完成后需下载到 PLC 中运行,这时需单击菜单栏中的"PLC"菜单,在下拉菜单中选择"传送"及"写入"项,即可将编辑完成的程序下载到 PLC 中,"传送"菜单中的"读入"命令则用于将 PLC 中的程序读入编程计算机中修改。PLC 中一次只能存入一个程序，下载新程序后，旧的程序即被删除。

5. 程序的调试及运行监控

程序的调试及运行监控是程序开发的重要环节，很少有程序一经编制就是完善的，只有经过试运行甚至现场运行才能发现程序中不合理的地方并且进行修改。SWOPC-FXGP/WIN-C 编程软件具有监控功能，可用于程序的调试及监控。

（1）程序的运行及监控　程序下载后仍保持编程计算机与 PLC 的联机状态并启动程序运行，在编辑区显示梯形图状态下，单击菜单栏中的"监控/测试"菜单项后，选择"开始监控"菜单条即进入元件的监控状态。此时，梯形图上将显示 PLC 中各触点的状态

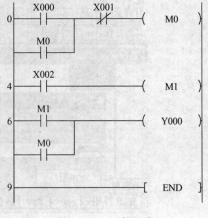

图 5-139　示例程序

及各数据存储单元的数值变化。如图 5-140 所示，图中有长方形光标显示的位元件处于接通状态，数据元件中的存数则直接标出。在监控状态时单击菜单栏中的"监控/测试"菜单项并选择"停止监控"则终止监控状态，回到编辑状态。

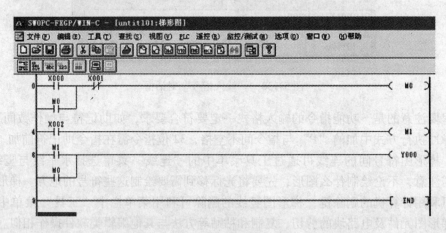

图 5-140　程序监控界面

元件状态的监控还可以通过表格方式实现。在编辑区显示梯形图或指令表状态下，单击菜单栏中的"监控/测试"菜单后再选择"进入元件监控"菜单条，进入元件监控状态对话框，这时可在对话框中设置需监控的元件，则当 PLC 运行时就可显示运行中各元件的状态。

（2）位元件的强制状态　在调试中可能需要 PLC 的某些位元件处于 ON 或 OFF 状态，以便观察程序的反应。这可以通过"监控/测试"菜单项中的"强制 Y 输出"及"强制 ON/OFF"命令实现。选择这些命令时将弹出对话框，在对话框中设置需强制的内容并单击"确定"按钮即可。

（3）改变 PLC 字元件的当前值　在调试中有时需改变字元件的当前值，如定时器、计算器的当前值及存储单元的当前值等。具体操作也是从"监控/测试"菜单中进入，选择"改变当前值"并在弹出的对话框中设置元件及数值后单击"确定"按钮即可。

【实践技能训练 2】　PLC 的编程与调试

十字路口交通灯的控制。

一、实训目的

1）掌握步进顺控指令的编程方法。
2）掌握单流程、选择分支及并行分支结构的程序编制方法。

二、实训器材

1）可编程序控制器 1 台（FX2N-48MR）。
2）按钮 2 个；开关 3 个；熔断器 2 个。
3）实训控制台 1 个。
4）十字路口交通信号灯演示版 1 个。
5）计算机 1 台（装有编程软件且配有通信线缆）。
6）电工常用工具 1 套；连接导线若干。

三、实训要求

设计十字路口交通信号灯自动控制系统。信号灯分东西和南北两组，分别有"红""黄""绿" 3 种颜色，其工作状态分白天和黑夜两种方式。白天和黑夜的工作时序图分别如图 5-141 所示。按下起动按钮开始工作，按下停止按钮停止工作。白天/黑夜开关闭合时为黑夜工作状态，断开时为白天工作方式。遇到紧急情况时，东西、南北某一方向可以保持绿灯长亮，另一方向则保持红灯长亮。

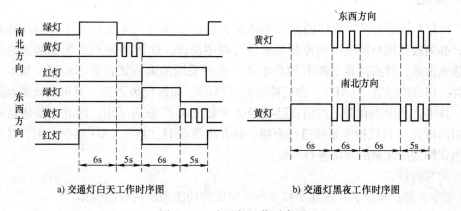

图 5-141　交通灯工作时序图

四、软件设计

1）I/O 地址分配：根据控制要求和选定的 I/O 设备，分配 I/O 地址，绘制 PLC 的 I/O 接线图。

2）梯形图程序设计：根据控制要求和 I/O 地址分配，编制状态转移图，绘制梯形图程序，并反复修改检查。

五、系统接线

根据系统控制要求和 I/O 接线图进行接线。

六、系统调试

1）输入程序。

2）静态调试。断开输出端的用户电源，连接好输入设备，进行 PLC 的模拟静态调试。按下各输入按钮，观察 PLC 的输出端子各信号的亮灭情况是否与控制要求相符。若不相符，就打开编程软件的在线监控功能，检查并修改程序，直至指示正确。

3）动态调试。接好用户电源和输出设备，进行系统的动态调试，观察演示版上各方向信号灯能否按控制要求动作；否则，检查电路的连接情况，直至能按控制要求动作。

七、实训报告

1）实训总结：给梯形图加必要的注释说明，描述实训过程中所见到的现象及解决的方法。

2）实训思考：能否采用基本指令和经验设计法设计本交通信号灯的控制程序？画出基本指令控制的梯形图程序。

【拓展资源】　S7-200 PLC 的基本知识

一、概述

PLC 控制系统通常是以程序的形式来体现其控制功能的，所以 PLC 工程师在进行软件设计时，必须按照用户所提供的控制要求进行程序设计，使用某种 PLC 的编程语言，将控制任务描述出来。目前世界上各个 PLC 生产厂家所采用的编程语言各不相同，基本上可以分为 5 类：梯形图语言（LAD）、助记符语言（STL）、布尔代数语言、逻辑功能图和其他高级语言。其中，梯形图和助记符语言已被绝大多数 PLC 厂家所采用，因此本节将通过以上两种常用的语言对 PLC 指令系统进行介绍。在介绍指令时，将以 LAD 指令为主，对 STL 指令则采用在例题中注解的方法进行介绍。

指令的共同特点：

1）指令名称：指令名称描述了指令所要完成的功能和所进行的操作。

2）EN：输入使能条件。当能流到达时允许指令执行，在两个扫描周期之间的 EN 有效输入视为连续的能流。STL 指令中没有对应的 EN 输入指令，该指令对应的 STL 语句能够执行的条件为栈顶值必须为逻辑 1。

3）ENO：ENO 是 LAD 中盒指令的布尔量输出，是一个能流信号。如果盒指令的 EN 输入有能流，并且执行没有错误，则 ENO 将能流传递下去。

STL 中没有对应的 ENO 输出指令，具有 ENO 输出的 LAD 指令所对应的 STL 指令中有一个 ENO 位，可以通过 AENO 指令访问。可以将 ENO 作为指令成功完成的使能标志位。

4）IN：参加指令运算的操作数。对不同的盒指令，存储器中的数据以 BIT、BYTE、INT、WORD、DINT 及指针等各种形式参与运算。

5）OUT：将输入操作数的运算结果通过 OUT 输出到存储器中的某一位置，用来修改存储器中的值。一般情况下，OUT 支持允许的所有数据类型，当 OUT 为逻辑值时，也可以作为条件使用。

6）关于指针类型的数据参加运算，只是指明了所允许的指针类型。指针指向的存储区的范围要受到指令所允许的范围的限制，越界会发生错误。

二、位逻辑指令

位逻辑指令包括：位逻辑运算指令、输入/输出指令、置位/复位指令、位正/负跳变指令和堆栈指令。

指令功能：从存储器得到位逻辑值，参与中间控制运算或从输入映像寄存器中得到被控对象的状态值（I/O 值）和操作台发出的命令等，通过位逻辑运算，来决定用户程序的执行和输出。在梯形图中用触点来描述所使用的开关量的状态，梯形图的每个触点状态为 ON 或 OFF，取决于分配给它的位操作数的状态。如果位操作数是"1"，则与其对应的常开触点为 ON，常闭触点为 OFF。如果位操作数是"0"，则与其对应的常开触点为 OFF，常闭触点为 ON。触点条件为 ON 时，允许能流通过；触点条件为 OFF 时，不允许能流通过。能流到达才允许相应的指令执行。多个触点的串、并逻辑组合组成了一个梯级。

1. 输入指令

输入指令用于输入触点的状态。输入指令的 LAD 指令格式如图 5-142 所示。

输入形式：能流。

输出形式：能流。

能流通过条件：BIT = 1。

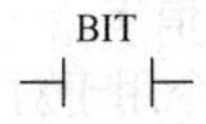

$$
\begin{array}{c}
\text{BIT} \\
\dashv\ \vdash
\end{array}
$$

图 5-142　输入指令的 LAD 指令格式

执行过程：如果输入有能流到达，当 BIT = 1 时，允许能流通过，输出有能流；当 BIT = 0 时，则输出没有能流。

输入指令的 STL 指令格式：

LD　　　　BIT

A　　　　 BIT

O　　　　 BIT

"LD BIT" 起始指令对应着梯形图中触点与母线的连接，表示一个梯级的开始。该指令将相应的操作数 BIT 的逻辑值放入栈顶，准备参加逻辑运算。

"A　BIT" 指令将 BIT 值与栈顶做与运算，结果放入栈顶，不可以作为一个梯级的开始。

"O　BIT" 指令将 BIT 值与栈顶做或运算，结果放入栈顶，不可以作为一个梯级的开始。

它们一起描述了触点条件的串、并逻辑关系，是后续指令能否被执行的条件或控制输出的条件。

BIT 输入取值范围：I、Q、V、M、SM、S、T、C、L 存储区中的 BOOL 值。

2. 输入取反指令

输入取反指令用于输入触点相反的逻辑状态。

输入取反指令的 LAD 指令格式如图 5-143 所示。

输入形式：能流。

输出形式：能流。

$$\dashv \diagup \vdash$$

图 5-143　输入取反指令的 LAD 指令格式

能流通过条件：BIT = 0。

执行过程：如果输入有能流，当 BIT = 1 时，不允许能流通过，输出没有能流；当 BIT = 0 时，则输出有能流。

输入取反指令的 STL 指令格式：

```
LDN    BIT
AN     BIT
ON     BIT
```

"LDN BIT" 起始指令对应着梯形图中触点与母线的连接，一个梯级的开始，表示将相应的操作数 BIT 的逻辑值取反后放入栈顶，准备参加逻辑运算。

"AN BIT" 指令将 BIT 值取反后与栈顶做与运算，结果放入栈顶，不可以作为一个梯级的开始。

"ON BIT" 指令将 BIT 值取反后与栈顶做或运算，结果放入栈顶，不可以作为一个梯级的开始。

它们一起描述了触点条件的串、并逻辑关系，是后续指令能否被执行的条件或控制输出的条件。

BIT 的取值范围：I、Q、V、M、SM、S、T、C、L 存储区中的 BOOL 值。

3. 取反指令

取反指令用于对某一位的逻辑值取反。

取反指令的 LAD 指令格式如图 5-144 所示。

输入形式：能流。

输出形式：能流。

$$\dashv \text{NOT} \vdash$$

图 5-144　取反指令的 LAD 指令格式

执行过程：该指令为无条件执行指令。当输入有能流到达时，阻断能流，则输出没有能流。当输入没有能流到达时，输出有能流。取反指令只是作为条件参与控制，不与存储区中任何单元发生联系。

取反指令的 STL 指令格式：NOT。

该指令为无操作数指令，它将栈顶的值取反后，放入栈顶。

4. 正、负跳变指令

正、负跳变指令用于检测开关量状态的变化方向。正、负跳变指令为无条件执行指令，该指令也是无操作数指令。正、负跳变指令的 LAD 指令格式如图 5-145 和图 5-146 所示。

$$\dashv P \vdash$$ 　　　　　　　　　　$$\dashv N \vdash$$

图 5-145　正跳变指令的 LAD 指令格式　　　　　图 5-146　负跳变指令的 LAD 指令格式

输入形式：能流。

输出形式：能流。

执行过程：正跳变指令每检测到一次输入的能流由无到有（0~1）的正跳变，让能流接通一个扫描周期。负跳变指令每检测到一次输入的能流由有到无（1~0）的负跳变，让能流接通一个扫描周期。

正、负跳变指令的 STL 指令格式：EU（正跳变指令）、ZD（负跳变指令）。

执行 EU 指令时，若第 n 次扫描时栈顶值是 0，第 $n+1$ 次扫描时其值为 1，则 EU 指令将栈顶值置 1，允许其后的指令执行，否则栈顶值置 0。

执行 ED 指令时，若第 n 次扫描时栈顶值是 1，第 $n+1$ 次扫描时值是 0，则 ED 指令将栈顶值置 1，允许其后的指令执行，否则栈顶值置 0。

5. 输出指令

输出指令将逻辑的运算结果写入输出映像寄存器中，从而决定下一扫描周期中的输出端子的状态，输出端子的状态改变要等到集中刷新处理后才能表现出来。输出指令也可将结果写入内部存储器中，以备后面的程序使用。对于 STL 指令，就是将栈顶的逻辑位值复制到存储器中指定的位置。

一般情况下，输出以线圈的形式表示。为了使输出与指令所在的位置无关，在程序中输出指令只出现一次。输出指令的 LAD 指令格式如图 5-147 所示。

输入形式：能流。

输出形式：BIT 的位值。

执行过程：在一个扫描周期中，当有能流到达时，使 BIT 的位逻辑值置 1，否则置 0。

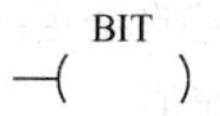

图 5-147 输出指令的 LAD 指令格式

输出指令的 STL 指令格式：= BIT。

将栈顶值复制到指定的 BIT 位。

BIT 的取值范围：I、Q、V、M、SM、S、T、C、L 存储区中的 BOOL 值。

6. 立即 I/O 指令

PLC 程序是循环扫描执行的，对 I/O 集中进行处理。这样虽然解决了计算机顺序执行的问题，但同时造成了 I/O 响应的延迟。为此 S7-200 提供了立即 I/O 指令，程序可以对 I/O 进行立即刷新处理。显然，立即 I/O 指令加强了程序的实时性，但在总体上延长了 PLC 的循环扫描时间。立即 I/O 指令的 LAD 指令格式如图 5-148 ~ 图 5-150 所示。

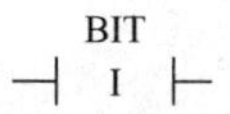

图 5-148 立即输入指令的 LAD 指令格式 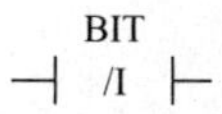　　　图 5-149 立即输入取反指令的 LAD 指令格式 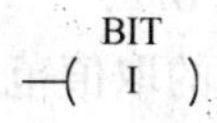　　　图 5-150 立即输出指令的 LAD 指令格式

输入形式：能流。

输出形式：能流。

执行过程：执行立即输入指令时，由当前 BIT 值决定能流是否通过。如果输入有能流，当 BIT = 1 时，允许能流通过，则输出有能流。当 BIT = 0 时，输出没有能流。

当执行立即输入取反指令时，由当前 BIT 值取反后决定能流是否通过。在执行立即输出指令时，物理输出点立即被置成能流值；在 STL 编程语言中，立即输出指令将栈顶的值立即复制到物理输出点指定的位置。与立即输入指令不同的是，立即输出指令同时将修改的值写入输出映像寄存器中，指令后面的程序可以使用新值。

立即输入指令与输入指令不同的是，立即输入指令的 BIT 值由物理输入点的当前状态决定。当程序执行到此指令时，立即对物理输入点进行采样。物理输入点的状态为 1 时，相当于常开触点立即闭合，将相应的物理值存入栈顶，但过程映像寄存器并不刷新。BIT 的取值范围只限于 BOOL 型的 I 存储器区。

立即输入取反指令的 STL 指令格式：

LDNI　　BIT

ANI　　BIT

ONI　　BIT

立即输出指令的 STL 指令格式：＝I　BIT

对于立即输入指令、立即输入取反指令，BIT 的取值范围只限于 BOOL 型的 I 存储区；对于立即输出指令，BIT 的取值范围为 Q 存储器区。

7. 置位/复位指令

置位（S）和复位（R）指令用于置位或复位从指定的地址开始的 N 个点的逻辑值。该指令可以一次置位或复位 1 ~ 255 个存储器中的连续 BOOL 值，由 BIT 指定起始地址。如果复位指令指定的是定时器或计数器，指令不但复位定时器位或计数器位，而且清除定时器或计数器的当前值。

1）置位/复位指令的 LAD 指令格式如图 5-151 所示。

2）置位/复位指令的 STL 指令格式：

S　BIT，　N

R　BIT，　N

BIT 的取值范围：I、Q、V、M、SM、S、T、C、L 存储区中的 BOOL 值。

N 的取值范围：IB、QB、VB、MB、SMB、SB、LB、AC、＊VD、＊LD、＊AC 及常数。

8. 立即置位/复位指令

1）立即置位/复位指令的 LAD 指令格式如图 5-152 所示。

2）立即置位/复位指令的 STL 指令格式：

SI　BIT，　N

RI　BIT，　N

BIT 的取值范围：Q 存储器区。

N 的取值范围：IB、QB、VB、MB、SMB、SB、LB、AC、＊VD、＊LD、＊AC 及常数。

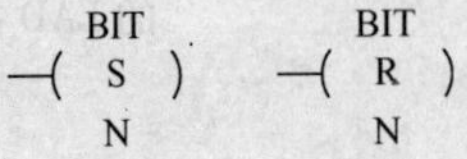

图 5-151　置位/复位指令的 LAD 指令格式 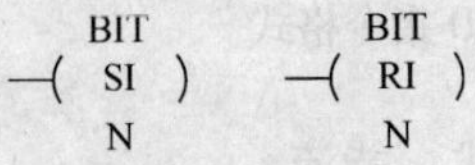　　　图 5-152　立即置位/复位指令 LAD 指令格式

9. 逻辑堆栈指令

在 LAD 中没有对应的堆栈指令格式，但在 LAD 转化为 STL 的过程中，编译系统软件会自动为 LAD 加上相应的堆栈指令。当使用 STL 时，必须自己操作管理逻辑堆栈。堆栈操作从本质上较好地解决了逻辑位值的与、或运算问题，即控制电路的串、并联问题。

1）栈装载与指令将堆栈中 IV0 和 IV1 的值进行逻辑与操作，结果放入栈顶（IV0）并使栈中 IV2 及以后的值依次前移，堆栈深度减 1。栈装载与指令可以解决并联控制电路的分支问题。

STL 指令格式：ALD

2）栈装载或指令将堆栈中 IV0 和 IV1 的值进行逻辑或操作，结果放入栈顶（IV0）并使栈中 IV2 及以后的值依次前移，堆栈深度减 1。栈装载或指令可以解决多分支并联控制电路的汇合问题。

STL 指令格式：OLD

3）逻辑推入栈指令复制栈顶的值，并将这个值推入栈，推入栈时栈底的值丢失，所以用户要自己对其管理。

STL 指令格式：LPS

4）逻辑读栈指令将 IV1 复制到 IV0，即栈顶值被更新，其他不变。

STL 指令格式：LRD

5）逻辑出栈指令是逻辑推入栈的反操作，IV1 成为栈顶新值，栈底加入一随机值。

STL 指令格式：LPP

6）装入堆栈：装入堆栈指令复制堆栈中的第 N 个值，并将其推入栈中，是逻辑推入栈指令的加强。

STL 指令格式：LDS N

其中 N 为 0 ~ 7 的常数。

如图 5-153 所示为一个梯形图程序，梯形图的右方为该程序执行时的时序图。在图 5-153 中使用了输入、输出、取反、正/负跳变、置/复位等指令。

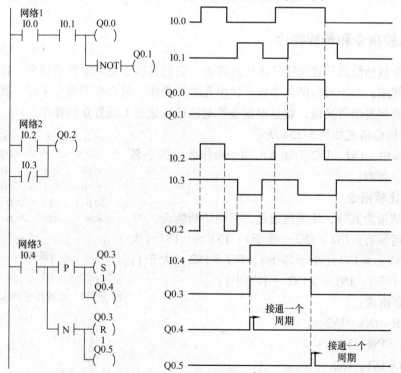

图 5-153　位逻辑指令的应用

对应的 STL 程序如下：

NETWORK 1

LD I0.0

A　I0.1

=　Q0.0

NOT

=　Q0.1

　NETWORK 2

LD I0.2

ON I0.3

=　Q0.2

NETWORK　3

LD　I0.4

LPS

EU

SQ0.3, 1

=Q0.4

LPP

ED

R　Q0.3, 1

=Q0.5

三、比较指令和传输指令

比较指令包括数值比较和字符串比较两类，它们都属于逻辑运算类指令。比较指令只是作为条件来使用，并不对存储器中的具体单元进行操作。对梯形图指令来说，就是接通或切断能流；对语句表语言来说，就是根据条件对栈顶实施置 1 或置 0 的操作。

其 LAD 指令格式如图 5-154 所示。

图 5-154 中，IN1、IN2 为输入的两个操作数，指令名称可以为以下名称：

==B	==I	==D	==R
<>B	<>I	<>D	<>R
>=B	>=I	>=D	>=R
<=B	<=I	<=D	<=R
>B	>I	>D	>R·
<B	<I	<D	<R

```
      IN1
──┤操作├──
      IN2
```

图 5-154　比较指令的 LAD 指令格式

1. 数值比较指令

当比较结果为真时，使能流通过，否则切断能流。

比较的运算有：IN1 = IN2（等于）；IN1 > = IN2（大于等于）；IN1 < = IN2（小于等于）；IN1 > IN2（大于）；IN1 < IN2（小于）；IN1 < > IN2（不等于）。

STL 指令格式：

　LDB = IN1，IN2

　AB = IN1，IN2

　OB = IN1，IN2

IN1、IN2 的取值类型：单字节无符号数、有符号整数、有符号双字、有符号实数。

IN1、IN2 的数据类型要匹配。

IN1、IN2 的取值范围：

BYTE：IB、QB、VB、MB、SMB、SB、LB、AC、＊VD、＊LD、＊AC 及常数；

INT：IW、QW、VW、MW、SMW、SW、LW、TC、AC、AIW、＊VD、＊LD、＊AC 及常数；

DINT：ID、QD、VD、MD、SMD、SD、LD、AC、HC、＊VD、＊LD、＊AC 及常数；

REAL：ID、QD、VD、MD、SMD、SD、LD、AC、HC、＊VD、＊LD、＊AC 及常数。

2. 字符串比较指令

字符串比较指令用于比较两个 ASCII 码字符串。

如果比较结果为真，使能流通过，允许其后续指令执行，否则切断能流。

能够进行的比较运算有：IN1 = IN2（字符串相同）；IN1 < >IN2（字符串不同）。

其 STL 指令格式：

LDS = IN1，IN2

AS = IN1，IN2

OS = IN1，IN2

LDS < >IN1，IN2

AS < >IN1，IN2

OS < >IN1，IN2

当比较结果为真时，将栈顶数值置1，否则置0。

IN1、IN2 的取值范围：VB、LB、＊VD、＊LD、＊AC。

无论是否有能流，比较指令都将执行。如果没有能流输入，输出为 0；如果有能流输入，则能流输出的情况取决于比较指令的执行结果。结果为真，允许能流通过；结果为假，不允许能流通过。

3. 传输指令

S7-200 提供了多种方式的数据传输指令，可以灵活方便地对存储器中各个位置的值以不同的方式进行修改。

指令介绍：

（1）字节、字、双字和实数传输指令　其 LAD 指令格式如图 5-155 所示。

指令名称可以是 MOV_B、MOV_W、MOV_D、MOV_R，分别表示进行字节传输、字传输、双字传输、实数传输。

图 5-155　传输指令的 LAD 指令格式

其 STL 指令格式：　　MOVB　IN，OUT

MOVW　IN，OUT

MOVD　IN，OUT

MOVR　IN，OUT

指令功能：将操作数 IN 中指明的存储区中的值传输到 OUT 指明的存储区中。当需要使用指针时，可以使用双字传输指令创建一个指针。

ENO =0 的错误条件：0006（间接寻址错）。

IN 取值范围：

BYTE：IB、QB、VB、MB、SMB、SB、LB、AC、＊VD、＊LD、＊AC 及常数；

INT：IW、QW、VW、MW、SMW、SW、LW、TC、AC、AIW、＊VD、＊LD、＊AC 及常数；

DINT：ID、QD、VD、MD、SMD、SD、LD、AC、HC、＊VD、＊LD、＊AC 及常数；

REAL：ID、QD、VD、MD、SMD、SD、LD、AC、HC、＊VD、＊LD、＊AC 及常数。

OUT 取值范围：

BYTE：IB、QB、VB、MB、SMB、SB、LB、AC、＊VD、＊LD、＊AC 及常数；

INT：IW、QW、VW、MW、SMW、SW、LW、TC、AC、AIW、＊VD、＊LD、＊AC 及常数；

DINT：ID、QD、VD、MD、SMD、SD、LD、AC、HC、＊VD、＊LD、＊AC 及常数；

REAL：ID、QD、VD、MD、SMD、SD、LD、AC、HC、＊VD、＊LD、＊AC 及常数。

（2）字节立即传输指令　字节立即传输指令包括字节立即读指令和字节立即写指令两种。

指令名称可以是 MOV_BIR、MOV_BIW，分别表示进行字节立即读、字节立即写。字节立即传输指令是立即 I/O 指令功能的扩展，允许以字节为单位在 I/O 点和存储器之间进行数据传输。

STL 指令格式：BIR IN，OUT

　　　　　　　BIW IN，OUT

字节立即读指令（BIR）读物理输入 IN，并将结果存入 OUT 中，但过程映像寄存器并不刷新。字节立即写指令（BIW）从存储器 IN 读取数据，写入物理输出 OUT，同时刷新相应的输出过程映像区。

使 ENO = 0 的出错条件：0006（间接寻址错）；不能访问扩展模块。

字节立即读指令操作数的取值范围：

IN　　　BYTE　　　IB、＊AC、＊VD、＊LD。

OUT　　BYTE　　　IB、QB、VB、MB、SMB、SB、LB、AC＊、VD、＊LD、＊AC。

字节立即写指令操作数的取值范围：

IN　　　BYTE　　　IB、QB、VB、MB、SMB、SB、LB、AC＊、VD、＊LD、＊AC 及常数。

OUT　　BYTE　　　QB、＊VD、＊LD、＊AC。

（3）块传输指令　其 LAD 指令格式如图 5-156 所示。

字节块传输（BLKMOV_B）、字块传输（BLK-MOV_W）和双字块传输（BLKMOV_D）指令可传输指定数量的数据到一个新的存储区，数据的起始地址为 IN，数据长度为 N 字节、字或者双字，新块的起始地址为 OUT。

图 5-156　块传输指令的 LAD 指令格式

例如：当指令名称是 BLKMOV_W 时表示进行字块传输。

其 STL 指令格式：BMB　　IN，OUT，N

BMW   IN, OUT, N

BMD   IN, OUT, N

操作数 IN 的取值范围：

BYTE：IB、QB、VB、MB、SMB、SB、LB、＊VD、＊LD、＊AC；

WORD：QW、VW、SMW、SW、LW、T、C、AC、AIW、＊VD、＊LD、＊AC 及常数；

INT：QW、VW、SMW、SW、LW、T、C、AC、AIW、＊VD、＊LD、＊AC 及常数；

DINT：ID、QD、VD、MD、SMD、SD、LD、＊VD、＊LD、＊AC。

操作数 OUT 的取值范围：

BYTE：IB、QB、VB、MB、SMB、SB、LB、＊VD、＊LD、＊AC；

WORD：IW、QW、VW SMW、SW、LW、T、C、AC、AIW、＊VD、＊LD、＊AC 及常数；

INT：IW、QW、VW、SMW、SW、LW、T、C、AC、AIW、＊VD、＊LD、＊AC 及常数；

DINT：ID、QD、VD、MD、SMD、SD、LD、＊VD、＊LD、＊AC。

操作数 N 的取值范围：

BYTE：IB、QB、VB、MB、SMB、SB、LB、AC、＊VD、＊LD、＊AC 及常数。

ENO＝0 的错误条件：0006（间接寻址错），0091（操作数超出范围）。

（4）传输指令举例　图 5-157 所示为一个块传输指令的梯形图程序。该程序将 VB20 开始的 4 个字节放到 VB1000 开始的存储区域，其所占空间大小不变。

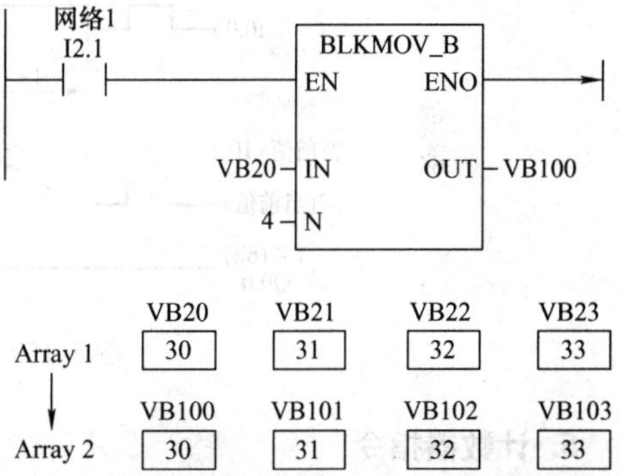

4. 定时器指令

由于现场设备动作速度比较缓慢且存在差异，高速的 PLC 在控制这些设备时需要使用定时器，以使设备协调地运行。

定时器指令的 LAD 指令格式如图 5-158 所示。

定时器分为接通延时定时器（TON）、有记忆的接通延时定时器（TONR）和断开延时定时器（TOF）三种。

IN：表示输入的是一个位值逻辑信号，起着一个使能输入端的作用。

Txxx：表示定时器的编号。

PT：定时器的初值。

定时器工作方式及类型见表 5-13。

图 5-157　传输指令的应用

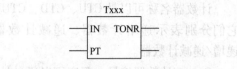

图 5-158　定时器指令的 LAD 指令格式

【例 5-22】　指令举例：图 5-159 所示为一个使用定时器指令的 LAD 程序。在程序中的定时器为 TON 定时器，其初值为 10。当 I0.0 有效时，定时器开始计时；I0.0 无效时，定时器被复位。图 5-159 中，LAD 程序的下方为程序对应的时序图。

表 5-13　定时器工作方式及类型

工作方式	用毫秒表示的分辨率	用秒表示的最大当前值	定时器号
TONR	1	32.767	T0，T64
	10	327.67	T1 ~ T4，T65 ~ T68
	100	3276.7	T5 ~ T31，T69 ~ T95
TON/TOF	1	32.767	T32，T96
	10	327.67	T33 ~ T36，T97 ~ T100
	100	3276.7	T37 ~ T63，T101 ~ T255

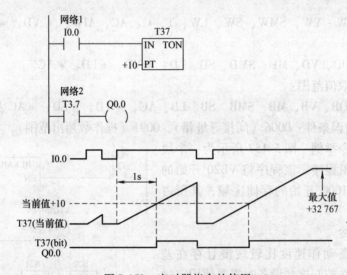

图 5-159　定时器指令的使用

5. 计数器指令

（1）指令介绍　计数器指令的 LAD 指令格式如图 5-160 所示。

计数器名称可以是 CTU、CTD、CTUD，它们分别表示递增计数器、递减计数器、递增/递减计数器。

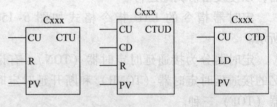

图 5-160　计数器指令的 LAD 指令格式

Cxxx：计数器编号。程序可以通过计数器编号对计数器位或计数器当前值进行访问。

CU：递增计数器脉冲输入端，上升沿有效。

CD：递减计数器脉冲输入端，上升沿有效。

R：复位输入端。

LD：装载复位输入端，只用于递减计数器。

PV：计数器预置值。

STL 指令格式：CTU Cxxx，PV

　　　　　　　CTUD Cxxx，PV

CTD Cxxx，PV

操作数的取值范围：

Cxxx：WORD、常数。

CU、CD、LD、R：BOOL 能流。

PV：INT、VW、IW、QW、MW、SW、SMW、LW、AIW、T、C、AC、＊VD、＊AC、＊LD 及常数。

递增计数器指令（CTU）在每一个 CU 输入的上升沿（从 OFF 到 ON）递增计数，当计数当前值（Cxxx）大于或等于预置计数值（PV）时，计数器位被置位。计数继续进行，一直到最大值 32 767 时停止计数。当复位输入端（R）置位时，计数器被复位。

递减计数器指令（CTD）在每一个输入 CD 的上升沿进行递减计数。当计数当前值（Cxxx）减为 0 时，计数器位被置位，并停止计数。当装入（LD）输入时，计数器将预设值（PV）装入计数器，同时复位计数器位，可以开始计数。

递增/递减计数器指令（CTUD）在每一个 CU 输入的上升沿递增计数；在每一个 CD 输入的上升沿递减计数。当计数当前值（Cxxx）大于或等于预置计数值（PV）时，计数器被置位。计数继续进行，计数器的当前值从 – 32 767 ~ 32 767 可循环往复地变化。当复位输入端（R）置位时，计数器被复位。

S7-200 提供了 C0 ~ C255 共 256 个计数器，每一个计数器都具有三种功能。由于每个计数器只有一个当前值，因此不能将一个计数器号当作几个类型的计数器来使用。在程序中，既可以访问计数器位（表明计数器状态），也可以访问计数器的当前值，它们的使用方式相同，都以计数器加编号的方式访问，可根据使用的指令方式的不同由程序确定。

（2）计数器指令举例　图 5-161、图 5-162 所示为使用计数器指令的 LAD 程序。这两个图所示程序中的两个计数器分别为递减计数器和递增/递减计数器，其初值分别为 3 和 4。LAD 程序的下方为程序对应的时序图。

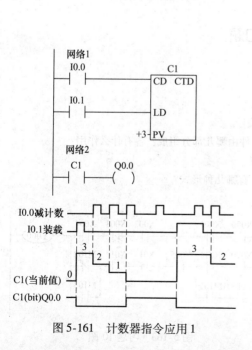

图 5-161　计数器指令应用 1

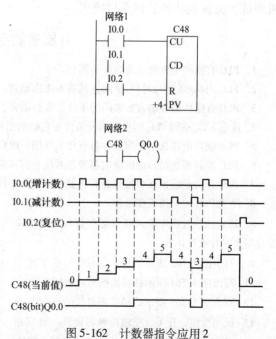

图 5-162　计数器指令应用 2

本 章 小 结

　　本章介绍了可编程序控制器（PLC）的发展、特点和应用概况，PLC 的系统组成及 PLC 的基本工作原理。并以 FX$_{2N}$ 系列小型 PLC 为例，介绍 PLC 的基本性能指标、指令系统和编程方法。在此基础上讲述 PLC 应用系统的设计方法和步骤，以及使用 PLC 时应注意的若干问题。

　　PLC（Programmable Logic Controller）是可编程序控制器的简称。它是专为工业应用而设计的电子控制装置，具有抗干扰能力强、可靠性高、功能强、体积小、编程简单及使用维护方便等特点，因此应用范围很广。

　　PLC 主要由 CPU、存储器、输入与输出模块、电源模块、I/O 扩展接口、外设功能接口及编程器等部分组成。采用周期性循环扫描的工作方式。

　　PLC 常用的编程语言有梯形图、语句表及功能表图等。在用梯形图编程时应用了"软继电器"和"能流"两个基本概念。所谓软继电器实际上是 PLC 内部的编程元件，每一个编程元件与 PLC 的元件映像寄存器的一个存储单元相对应，由于其状态可无数次地读出，故软继电器可提供无数个触点供编程使用。梯形图中的能流是一个假想的电流，在梯形图中只能做单向流动。需要注意的是，实际上在梯形图中是没有真正的电流流动的。

　　FX 系列 PLC 有多条基本逻辑指令和两条专供顺序控制编程的步进梯形图指令，还有功能非常强的特殊功能指令。编制用户程序时，要按照一定的编程规则和利用一定的编程技巧进行。

　　应用 PLC 时，必须根据控制系统的要求，合理地选择 PLC 和配置 I/O 设备，灵活地安排 PLC 的 I/O 点，正确地进行 I/O 连线，并按一定的步骤进行系统的硬/软件设计。经过联机调试，完善其功能后再交付使用。

思考题与习题

　　1. PLC 有哪些主要特点及应用范围？

　　2. PLC 的基本结构如何？试阐述其基本工作原理。

　　3. PLC 有哪些编程语言？常用的是什么编程语言？

　　4. 说明 FX$_{2N}$ 系列 PLC 的主要编程组件和它们的组件编号。

　　5. PLC 硬件由哪几部分组成？各有什么作用？PLC 软件由哪几部分组成？各有什么作用？

　　6. PLC 控制系统与传统的继电器控制系统有何区别？

　　7. PLC 开关量输出接口按输出开关器件的种类不同，有哪几种形式？

　　8. 简述 PLC 的扫描工作过程。

　　9. PLC 扫描过程中输入映像寄存器和元件映像寄存器各起什么作用？

　　10. 写出图 5-163 所示的梯形图对应的指令表。

　　11. 写出图 5-164 所示的梯形图对应的指令表。

　　12. 写出图 5-165 所示的梯形图对应的指令表。

　　13. 试用按钮、开关、交流接触器设计一台三相异步电动机正、反转控制电路（主电路及控制电路）。

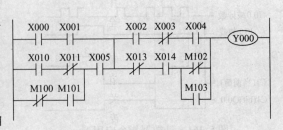

图 5-163　习题 10 图

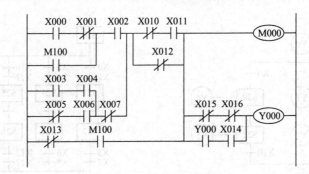

图 5-164　习题 11 图

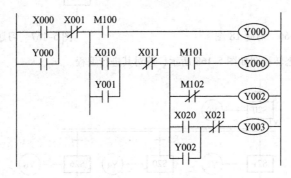

图 5-165　习题 12 图

（1）能实现起、停两地控制；

（2）能实现长动，正向点动调整；

（3）能实现正向的行程保护；电动机运行时有指示灯显示；

（4）有短路、过载保护；电路具有电气互锁、机械互锁保护。

要求：设计继电器、接触器控制电路，I/O 接线图，PLC 梯形图，语句表。

14. 试用 PLC 设计一控制电路。要求：

（1）按下起动开关第一台电动机起动，20s 后第二台电动机起动。按停止按钮两台电动机同时停止。

（2）画出主电路接线图、PLC 硬件 I/O 接线图、梯形图。

15. 用 PLC 设计一控制电路，要求第一台电动机起动 10s 以后，第二台电动机自行起动，运行 15s 以后，第三台电动机起动，再运行 15s 后，电动机全部停止。

要求：画出 PLC I/O 接口电路图，画出梯形图。

16. 有一条生产线，用光电感应开关 X001 检测传送带上通过的产品，有产品通过时 X001 为 ON，如果在 10s 内没有产品通过，由 Y000 发出报警信号，用 X001 输入端外接的开关解除报警信号，画出梯形图，并写出指令语句。

17. 设计一个节日礼花弹引爆程序。礼花弹用电阻点火引爆器引爆，为了实现自动引爆，以减轻工作人员频繁操作的负担，保证安全，提高动作的准确性，现用 PLC 控制，要求编制以下两种控制程序。

（1）1～12 个礼花弹，每个引爆间隔为 0.1s；13～14 个礼花弹，每个引爆间隔为 0.2s。

（2）1～6 个礼花弹引爆间隔为 0.1s，引爆完后停 10s，接着 7～12 个礼花弹引爆，间隔 0.1s，引爆完后又停 10s，接着 13～18 个礼花弹引爆，间隔 0.1s，引爆完后再停 10s，接着 19～24 个礼花弹引爆，间隔 0.1s。引爆用一个引爆起动开关控制。

18. 有一选择性分支状态转移图如图 5-166 所示，请对其进行编程。

19. 有一选择性分支状态转移图如图 5-167 所示，请对其进行编程。

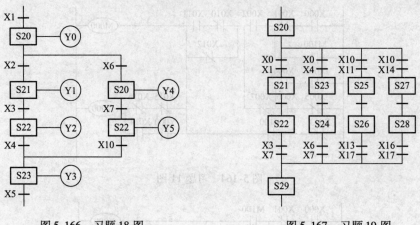

图 5-166　习题 18 图　　　　　　　图 5-167　习题 19 图

20. 有一并行分支状态转移图如图 5-168 所示，请对其进行编程。

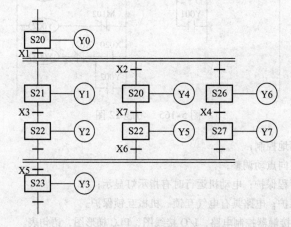

图 5-168　习题 20 图

附　　录

附录A　电气图常用图形及文字符号一览表

名　　称	GB/T 4728—2005、2008 图形符号	GB/T 7159—1987 文字符号	名　　称	GB/T 4728—2005、2008 图形符号	GB/T 7159—1987 文字符号
直流电			电容器一般符号		C
交流电					
交直流电			极性电容器		C
正、负极					
三角形联结的三相绕组			电感器、线圈、绕组		L
星形联结的三相绕组					
导线			带铁心的电感器		L
三根导线			电抗器		L
导线连接					
端子			可调压的单相自耦变压器		T
可拆卸的端子					
端子板	1 2 3 4 5 6 7 8	X	有铁心的双绕组变压器		T
接地		E			
插座		X	三相自耦变压器星形联结		T
插头		X			
滑动（滚动）连接器		E	电流互感器		TA
电阻器一般符号		R			
可变（可调）电阻器		R	电机扩大机		AR
滑动触点电位器		RP			

（续）

名　称	GB/T 4728—2005、2008 图形符号	GB/T 7159—1987 文字符号	名　称	GB/T 4728—2005、2008 图形符号	GB/T 7159—1987 文字符号
串励直流电动机		M	位置开关常闭触点		SQ
			熔断器		KM
并励直流电动机		M	接触器常开主触点		KM
			接触器常开辅助触点		KM
他励直流电动机		M	接触器常闭主触点		KM
三相笼型异步电动机		M3 ~	接触器常闭辅助触点		KM
三相绕线转子异步电动机		M3 ~	继电器常开触点		KA
			继电器常闭触点		KA
永磁式直流测速发电机		BR	热继电器常闭触点		FR
普通刀开关		Q	延时闭合的常开触点		KT
普通三相刀开关		Q	延时断开的常开触点		KT
			延时闭合的常闭触点		KT
按钮开关常开触点（起动按钮）		SB	延时断开的常闭触点		KT
按钮开关常闭触点（停止按钮）		SB	接近开关常开触点		SQ
位置开关常开触点		SQ	接近开关常闭触点		SQ

（续）

名　称	GB/T 4728—2005、2008 图形符号	GB/T 7159—1987 文字符号	名　称	GB/T 4728—2005、2008 图形符号	GB/T 7159—1987 文字符号
气压式液压继电器常开触点		SP	指示灯、信号灯一般符号		HL
气压式液压继电器常闭触点		SP	电铃		HA
速度继电器常开触点		KS	电喇叭		HA
速度继电器常闭触点		KS	蜂鸣器		HA
操作器件一般符号接触器线圈		KM	电警笛、报警器		HA
缓慢释放继电器的线圈		KT	普通二极管		VD
缓慢吸合继电器的线圈		KT	普通晶闸管		VTH
热继电器的驱动器件		FR	稳压二极管		VS
电磁离合器		YC	PNP 型晶体管		VT
电磁阀		YV	NPN 型晶体管		VT
电磁制动器		YB	单结晶体管		VU
电磁铁		YA	运算放大器		N
照明灯一般符号		EL			

附录 B 常见 Y 系列电动机技术数据

电动机型号	额定功率/kW	额定时				堵转电流/额定电流	堵转转矩/额定转矩	最大转矩/额定转矩
		转速/($r \cdot min^{-1}$)	电流/A	效率（%）	功率因数 $cos\varphi$			
Y801-2	0.75	2825	1.9	73	0.84	7.0	2.2	2.2
Y802-2	1.1	2825	2.6	76	0.86	7.0	2.2	2.2
Y90S-2	1.5	2840	3.4	79	0.85	7.0	2.2	2.2
Y90L-2	2.2	2840	4.7	82	0.86	7.0	2.2	2.2
Y100L-2	3.0	2880	6.4	82	0.87	7.0	2.2	2.2
Y112M-2	4.0	2890	8.2	85.5	0.87	7.0	2.2	2.2
Y132S1-2	5.5	2900	11.1	85.2	0.88	7.0	2.0	2.0
Y132S2-2	7.5	2900	15.0	86.2	0.88	7.0	2.0	2.2
Y160M1-2	11	2930	21.8	87.2	0.88	7.0	2.0	2.2
Y160M2-2	15	2930	29.4	88.2	0.88	7.0	2.0	2.2
Y160L-2	18.5	2930	35.5	89	0.89	7.0	2.0	2.2
Y801-4	0.55	1390	1.6	70.5	0.76	6.5	2.2	2.2
Y802-4	0.75	1390	2.1	72.5	0.76	6.5	2.2	2.2
Y90S-4	1.1	1400	2.7	79	0.78	6.5	2.2	2.2
Y90L-4	1.5	1400	3.7	79	0.79	6.5	2.2	2.2
Y100L1-4	2.2	1420	5.0	81	0.82	7.0	2.2	2.2
Y100L2-4	3.0	1420	6.8	82.5	0.81	7.0	2.2	2.2
Y112M-4	4.0	1440	8.8	84.5	0.82	7.0	2.2	2.2
Y132S-4	5.5	1440	11.6	85.5	0.84	7.0	2.2	2.2
Y132M-4	7.5	1440	15.4	87	0.85	7.0	2.2	2.2
Y160M-4	11	1460	22.6	88	0.84	7.0	2.2	2.2
Y1601-4	15	1460	30.3	88.5	0.85	7.0	2.2	2.2
Y180M-4	18.5	1470	35.9	91	0.86	7.0	2.0	2.2
Y90S-6	0.75	910	2.3	72.5	0.70	6.0	2.0	2.0
Y90L-6	1.1	910	3.2	73.5	0.72	6.0	2.0	2.0
Y100L-6	1.5	940	4.0	77.5	0.74	6.0	2.0	2.0
Y112M-6	2.2	940	5.6	80.5	0.74	6.0	2.0	2.0
Y132S-6	3.0	960	7.2	83	0.76	6.5	2.0	2.0
Y132M1-6	4.0	960	9.4	84	0.77	6.5	2.0	2.0
Y132M2-6	5.5	960	12.6	85.3	0.78	6.5	2.0	2.0
Y160M-6	7.5	970	17.0	86	0.78	6.5	2.0	2.0
Y160L-6	11	970	24.6	87	0.78	6.5	2.0	2.0
Y180L-6	15	970	31.6	89.5	0.81	6.5	1.8	2.0

（续）

电动机型号	额定功率/kW	额定时				堵转电流/额定电流	堵转转矩/额定转矩	最大转矩/额定转矩
		转速/(r·min^{-1})	电流/A	效率（%）	功率因数 cosφ			
Y200L1-6	18.5	970	37.7	89.8	0.83	6.5	1.8	2.0
Y132S-8	2.2	710	5.8	81	0.71	5.5	2.0	2.0
Y132M-8	3.0	710	7.7	82	0.72	5.5	2.0	2.0
Y160M1-8	4.0	720	9.9	84	0.73	6.0	2.0	2.0
Y160M2-8	5.5	720	13.3	85	0.74	6.0	2.0	2.0
Y100L-8	7.5	720	17.7	86	0.75	5.5	2.0	2.0
Y180L-8	11	730	25.1	86.5	0.77	6.0	1.7	2.0
Y200L-8	15	730	34.1	88	0.76	6.0	1.8	2.0
Y225S-8	18.5	730	41.3	89.5	0.76	6.0	1.7	2.0

参 考 文 献

[1]　王炳实. 机床电气控制 ［M］. 4 版. 北京：机械工业出版社，2010.

[2]　隋振有. 中低压电控实用技术 ［M］. 北京：机械工业出版社，2003.

[3]　卢斌. 数控机床及其使用维修 ［M］. 2 版，北京：机械工业出版社，2010.

[4]　王侃夫，机床数控技术基础 ［M］. 北京：机械工业出版社，2001.

[5]　杨克冲. 数控机床电气控制 ［M］. 武汉：华中科技大学出版社，2006.

[6]　赵俊生，数控机床电气控制技术基础 ［M］. 北京：电子工业出版社，2005.

[7]　唐光荣，微型计算机应用技术 ［M］. 北京：清华大学出版社，2000.

[8]　张凤池，现代工厂电气控制 ［M］. 北京：机械工业出版社，2000.

[9]　胡学林. 可编程序控制器应用技术 ［M］. 北京：高等教育出版社，2000.

[10]　程周. 电气控制与原理及应用 ［M］. 北京：电子工业出版社，2003.

[11]　项毅，机床电气控制 ［M］. 南京：东南大学出版社，2001.

[12]　张燕宾，变频器应用教程 ［M］. 北京：机械工业出版社，2007.

[13]　杨林建，机床电气控制技术 ［M］. 北京：北京理工大学出版社，2008.

[14]　许翠，许欣，工厂电气控制设备 ［M］. 3 版，北京：机械工业出版社，2009.

[15]　冯宁，可编程控制器技术应用 ［M］. 北京：人民邮电出版社，2009.

[16]　姚永刚. 数控机床电气控制 ［M］. 西安：西安电子科技大学出版社，2005.

[17]　杨林建，电气控制与 PLC ［M］. 北京：电子工业出版社，2010.